环球网校
移动学习 职达未来 hqwx.com

全国一级造价工程师职业资格考试

U0807685

建设工程造价案例分析

[适用于土木建筑/安装工程]

精选章节习题集

环球网校造价工程师考试研究院 组编

中国石化出版社
HTTP://WWW.SINOPEC-PRESS.COM
教·育·出·版·中·心

图书在版编目（CIP）数据

建设工程造价案例分析/环球网校造价工程师考试研究院组编．—北京：中国石化出版社，2020.5
ISBN 978-7-5114-5815-5

Ⅰ.①建… Ⅱ.①环… Ⅲ.①建筑造价管理—案例—资格考试—自学参考资料 Ⅳ.①TU723.3

中国版本图书馆 CIP 数据核字（2020）第 073126 号

中国石化出版社出版发行

地址：北京市东城区安定门外大街 58 号
邮编：100011　电话：（010）57512500
发行部电话：（010）57512575
http：//www.sinopec-press.com
E-mail：press@sinopec.com
三河市中晟雅豪印务有限公司印刷
全国各地新华书店经销

*

787×1092 毫米 16 开本 13.5 印张 334 千字
2020 年 6 月第 1 版　2020 年 6 月第 1 次印刷
定价：48.00 元

环球君带你学造价

根据《造价工程师职业资格制度规定》，国家对造价工程师实行准入类职业资格制度，纳入国家职业资格目录。凡从事工程建设活动的建设、设计、施工、造价咨询等单位，必须在建设工程造价工作岗位配备造价工程师。因此，一级造价工程师职业资格考试一直以来热度不减，具有通过率低、难度大等特点。

全国一级造价工程师职业资格考试分为建设工程造价管理、建设工程计价、建设工程技术与计量、建设工程造价案例分析共4个科目。其中，第三科目“建设工程技术与计量”及第四科目“建设工程造价案例分析”分为土木建筑工程、交通运输工程、水利工程、安装工程4个专业类别，考生在报名时可根据实际工作需要选择其中一个专业。这4个科目分别单独考试、单独计分。在连续的4个考试年度通过全部考试科目，方可获得一级造价工程师职业资格证书。

为帮助考生顺利通过考试，环球网校造价工程师考试研究院对繁杂的考试内容进行了系统的研究、思考、总结，编写了这本精选章节习题集。建议您按照如下方法使用本书：

◇ 科学规划备考进度，以题带学，高效备考

本套习题集对一级造价工程师职业资格考试的章节习题进行了梳理，按照章节顺序分配到8周中，帮助考生规划每周的学习任务。建议考生在强化阶段连续8周做题，养成坚持不懈、持之以恒的学习习惯。

案例科目难度较大，考生复习较为困难。对此，本书在体例上进行了创新，每章都设置了“知识脉络”“考试思路”“历年考点统计”等栏目，建议考生认真阅读，对每章的考察重点、知识脉络、命题趋势等了然于胸。此外，每章都分为“典型真题精讲”“精选章节习题”两个模块。“典型真题精讲”模块对历年的真题进行了深入剖析，以图形方式给出解题思路，并进行了适当拓展，考生可以掌握知识点之间的联系；“精选章节习题”模块不仅有本章同步习题，还提供了解析与点拨，建议考生通过此模块训练自己举一反三的能力，及时检测自己的学习情况。

◇ 夯实基础知识，重视错题分析

本书按照章节顺序呈现习题，并对习题进行了分类。标注“必会”的知识点及题目是需要考生重点掌握的；标注“重要”的知识点及题目需要考生会做并能运用；标注“了解”的知识点及题目，考生了解即可，不是考试重点。本书中的每道题都是环球网校造价工程师考试研究院根据考试频率和知识点的考查方向精挑细选出来的，相信考生通过做本套精选章节习题集，可以打好扎实的基础。

此外，建议考生对错题进行整理和分析，从每一道具体的错题入手，分析错误的知识原因、能力原因、解题习惯原因等，从而完善知识体系，达到高效备考的目的。

◎“码”上听章节导学课、真题视频解读

本书在每章都设置了章节导学课二维码，考生可以扫码听课。章节导学课与每章节的思维导图相结合，即可掌握每章主要知识架构，增强知识之间的联系，加深对知识的掌握程度。

做完章节练习题，掌握全书知识脉络后，一定要做套卷进行模拟考试。本书在最后设置了两套真题选编，精心选择近年的最新真题，旨在让读者进行模拟练习，检测自己的复习情况，进而胸有成竹地参加考试。

本套精选章节习题集由环球网校造价工程师考试研究院的蒋莉莉、武立叶、张静、胡倩倩、汤菁、王东、陈钰莹、刘晓溪等老师主笔编写，在此表示感谢！希望各位考生勤于思考、善于总结，灵活运用所学知识，提升抽丝剥茧、融会贯通的能力，从而通过造价工程师职业资格考试！

相信本套图书可以帮助您在短时间内熟悉出题“套路”、学会解题“思路”、找到破题“出路”。在造价工程师职业资格考试之路上，环球网校与您相伴，祝您一次通关！

请大胆写出您的得分目标：______________

环球网校造价工程师考试研究院

目录

第一章

建设项目投资估算与财务评价

（建议学习时间：1周）

学习计划（第1周）：

Day 1

Day 2

Day 3

Day 4

Day 5

Day 6

Day 7

扫码即听
本章导学

第一章　建设项目投资估算与财务评价

知识脉络

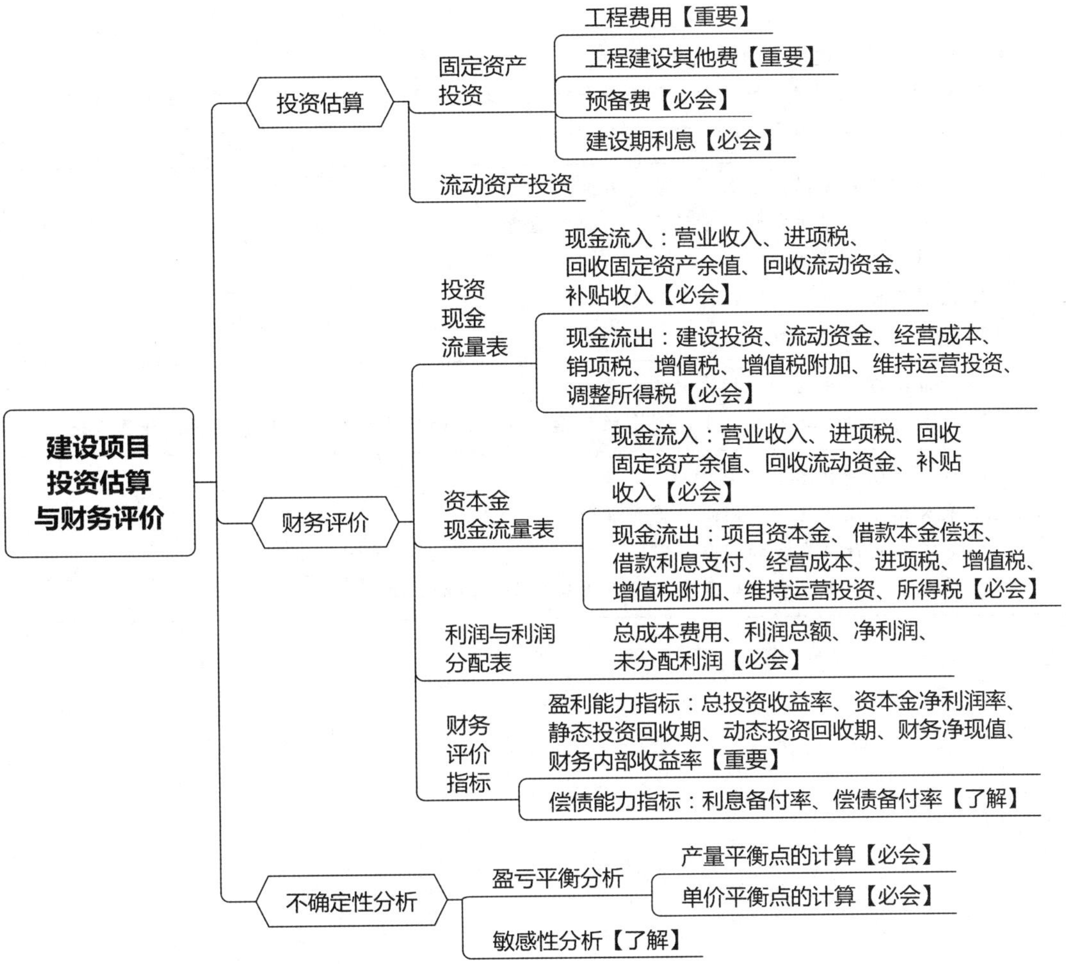

考试思路

第一章内容涉及的题目在2019年考试试卷中对应试题一，分值为20分。试题一涉及的知识点多考查会计、财务相关内容，大多数考生在工作中应用较少，因此理解和应用有一定的难度。本章主要考查建设项目投资构成与估算方法、投资现金流量表、资本金现金流量表、利润与利润分配表构成内容的计算以及相关财务指标的计算和判别。

历年考点统计

年份	考查内容
2019	1. 计算项目建设期贷款利息、年固定资产折旧额 2. 计算项目运营期第1年的增值税、税前利润、所得税、税后利润 3. 不借助其他资金来源能够满足建设投资贷款还款要求，盈亏平衡分析 4. 计算资本金净利润率
2018	1. 列式计算拟建项目的建设投资 2. 销项税、进项税、增值税、调整所得税的计算，计算项目投资现金流量表中的各项内容 3. 计算总投资收益率，并判断项目的可行性
2017	1. 计算建设期贷款利息、固定资产投资额 2. 等额还本付息方式计算偿还本金、利息金额 3. 计算总成本费用 4. 借款偿还来源 5. 资本金净利润率计算应用
2016	1. 计算拟建项目的建设投资（构成要素） 2. 计算有效利率，等额还本、利息照付偿还贷款，计算总成本费用和净利润，计算累计盈余资金
2015	1. 计算建设期利息 2. 最大偿还能力还款，固定资产折旧费 3. 等额本息计算本金和利息 4. 还款资金来源，资本金现金流量表中净现金流量的计算

模块一　典型真题精讲

【2019 真题】

某企业投资新建一项目，生产一种市场需求较大的产品。项目的基础数据如下：

1. 项目建设投资估算为 1600 万元（含可抵扣进项税 112 万元），建设期 1 年，运营期 8 年。建设投资（不含可抵扣进项税）全部形成固定资产，固定资产使用年限 8 年，残值率 4%，按直线法折旧。

2. 项目流动资金估算为 200 万元，运营期第 1 年年初投入，在项目的运营期末全部回收。

3. 项目资金来源为自有资金和贷款，建设投资贷款利率为 8%（按年计息），流动资金利率为 5%（按年计息）。建设投资贷款的还款方式为运营期前 4 年等额还本、利息照付方式。

4. 项目正常年份的设计产能为 10 万件，运营期第 1 年的产能为正常年份产能的 70%。目前市场同类产品的不含税销售价格约为 65～75 元/件。

5. 项目资金投入、收益及成本等基础测算数据见表 1-1-1。

6. 该项目产品适用的增值税税率为 13%，增值税附加综合税率为 10%，所得税税率为 25%。

表 1-1-1　项目资金投入、收益及成本表　　（单位：万元）

序号	项目＼年份	1	2	3	4	5	6～9
1	建设投资 其中：自有资金 贷款本金	1600 600 1000					
2	流动资金 其中：自有资金 贷款本金		200 100 100				
3	年产销量（万件）		7	10	10	10	10
4	年经营成本 其中：可抵扣的进项税		210 14	300 20	300 20	300 20	330 25

【问题】

1. 列式计算项目的建设期贷款利息及年固定资产折旧额。

2. 若产品的不含税销售单价确定为 65 元/件，列式计算项目运营期第 1 年的增值税、税前利润、所得税、税后利润。

3. 若企业希望项目运营期第 1 年不借助其他资金来源能够满足建设投资贷款还款要求，产品的不含税销售单价至少应确定为多少？

4. 项目运营后期（建设期贷款偿还完成后）考虑到市场成熟后产品价格可能下降，产品单价拟在 65 元的基础上下调 10%，列式计算运营后期正常年份的资本金净利润率。

（计算结果保留两位小数）

➤ 真题精讲

【问题1·解题思路】

问题1考核的核心知识点是建设期利息、年固定资产折旧费的计算。

本题中的计算需要注意是单利还是复利；年固定资产折旧费计算时需要注意固定资产原值的组成。解题思路如下：①

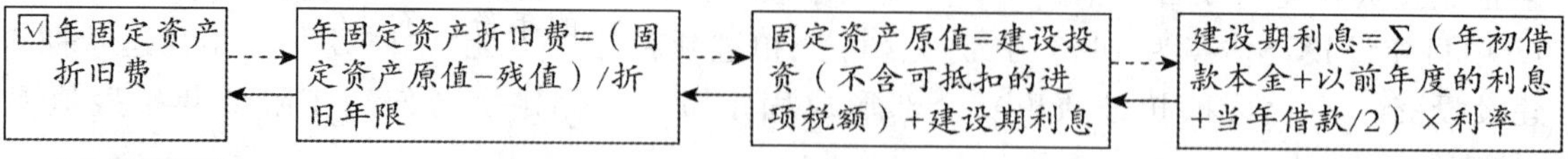

思路拓展

1. 固定资产原值

建设投资中形成固定资产的所有费用和建设期利息，但不包含固定资产中可抵扣的进项税。

2. 固定资产余值

固定资产余值≠固定资产残值。

固定资产余值＝（固定资产使用年限－运营期）×年折旧费＋残值。

固定资产残值＝（固定资产－固定资产中可抵扣的进项税额）×残值率。

3. 折旧费和摊销费

固定资产原值计算折旧费，无形资产和其他资产计算摊销费。

摊销费＝无形资产/摊销年限＋其他资产/摊销年限。

4. 建设期利息

题目条件默认情况下是当年借款按一半计算，当年利息＝（年初贷款本息累计＋当年新增贷款/2）×年有效利率。首先需要注意题目中的利息是否存在名义利率与有效利率的转换，其次要注意是否是“年初贷款”，若为年初贷款则整年计息题目中公式不能用，按照 $F=P(1+i)^n$ 计算，最后需要计算建设期利息的计算是一个逐年计算汇总求和的金额。

参考答案

（1）建设期贷款利息＝1000×1/2×8%＝40.00（万元）。

（2）固定资产原值＝1600－112＋40＝1528.00（万元）；

$$\text{年固定资产折旧额}=\frac{1528\times(1-4\%)}{8}=183.36\text{（万元）}。$$

【问题2·解题思路】

问题2考核的核心知识点是增值税、增值税附加、税前利润（利润总额）、所得税、税后利润（净利润）的计算。解题思路如下：

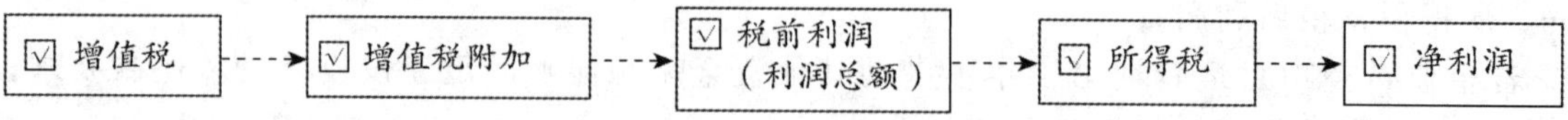

---

① 本书中，解题思路中的图形含义如下：

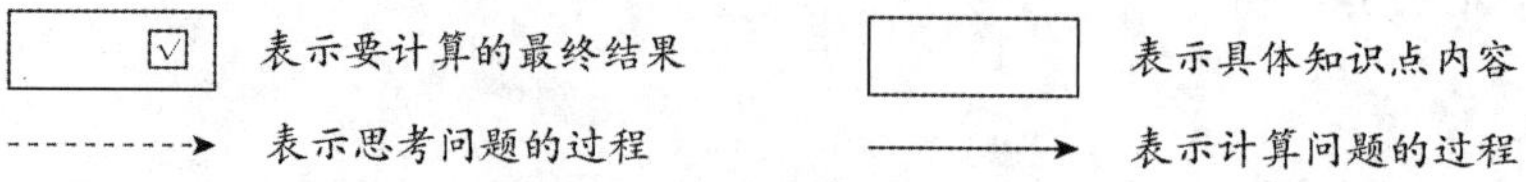

思路拓展

1. 增值税

本题计算的是应纳增值税税额，应纳增值税税额＝当期销项税－当期进项税－固定可抵扣的进项税。

2. 增值税附加

增值税附加＝应纳增值税×增值税附加税率。

增值税附加以增值税为基数进行计算，没有缴纳增值税的年份，不计算增值税附加。

3. 税前利润（利润总额）

注意含税与不含税的计算区别。

含税：税前利润（利润总额）＝销售收入（含销项税）－总成本费用（含进项税）－增值税－增值税附加。

不含税：税前利润（利润总额）＝销售收入（不含税）－总成本费用（不含税）－增值税附加。

4. 所得税

所得税＝税前利润（利润总额）×所得税税率。

5. 净利润

净利润＝税前利润（利润总额）－所得税＝税前利润（利润总额）×（1－所得税税率）。

注意区分：税前利润（利润总额）≠税后利润（净利润）≠息税前利润。

息税前利润＝净利润＋所得税＋利息。息税前利润是计算调整所得税的计算基数。

参考答案

（1）增值税。

运营期第1年销项税税额＝7×65×13%＝59.15（万元）；

运营期第1年增值税税额＝59.15－14－112＝－66.85（万元）＜0；

故运营期第一年增值税税额为0万元。

（2）税前利润。

运营期第1年税前利润（利润总额）＝销售收入（不含税）－总成本费用（不含税）－增值税附加；

销售收入＝65×7＝455.00（万元）；

总成本费用＝经营成本＋折旧费＋摊销费＋利息支出＝（210－14）＋183.36＋0＋[（1000＋40）×8%＋100×5%]＝467.56（万元）；

运营期第一年增值税附加为0万元。

故，税前利润＝455.00－467.56－0＝－12.56（万元）。

（3）所得税为0万元。

（4）税后利润（净利润）为－12.56万元。

【问题3·解题思路】

问题3考核的核心知识点是等额还本、利息照付方式借款的偿还、偿还本金来源（折旧费、摊销费、未分配利润）、盈亏平衡的计算。解题思路如下：

☑ 等额还本利息照付 → 1.每年偿还本金一样 2.利息根据当年借款本金单独计算 → 本金：运营期需要偿还的借款本金为“建设期贷款+建设期利息” 利息：当年年初借款本金×利率 → 在运营期借款偿还计算时，需要注意偿还的本金和偿还的利息资金来源是不一样的。偿还本金：折旧费+摊销费+未分配利润；偿还利息：在总成本费用中的利息支出中列支 → 本金和利息偿还的资金来源不同，因此某年年初贷款=上年贷款本金−已偿还本金（不含利息，仅本金的偿还）

☑ 偿还本金−资金来源 → 1.折旧费 2.摊销费 3.未分配利润 → 1.折旧费、摊销费的计算参见问题1的内容 2.未分配利润。未分配利润=可供投资者分配利润−应付各投资方的股利。若题目中未明确未分配利润的分配情况，则净利润=未分配利润。本题为此类情况

☑ 盈亏平衡 → 盈亏平衡的本质是利润总额=0 → 根据公式：利润总额=销售收入−总成本费用−增值税附加，列一元一次方程计算 → 此题计算的是利润总额为102.19万元时，售价是多少。利润总额（102.19）=售价×产量−（经营成本+折旧费+摊销费+利息支出）−增值税附加。其中利息支出包含长期借款利息和流动资金借款利息

思路拓展

1. 借款本金与利息偿还资金来源不同

本金：偿还本金的资金来源是折旧费、摊销费、未分配利润。

利息：利息的偿还通过总成本费用列支。

在计算剩余借款本金时，用年初借款余额减去当年偿还本金，不能扣减支付利息的额度。

2. 盈亏平衡分析

盈亏平衡计算的本质是利润为0时计算产量盈亏平衡点、产品单价盈亏平衡点。

税前利润（利润总额）＝销售收入（含销项税）－总成本费用（含进项税）－增值税－增值税附加。

在盈亏平衡分析中，总成本费用也可以是“年固定成本＋年可变成本”的形式。

年固定成本题目一般会给出，年可变成本＝年生产能力×（单位可变成本＋单位产品增值税×增值税附加税率）。

参考答案

运营期第1年还本＝（1000＋40）/4＝260.00（万元）；

若不借助其他资金来源能够满足建设期贷款还款要求，则折旧费＋摊销费＋未分配利润（净利润）＝运营期应还本金。

设净利润为x万元，则有：

183.63＋0＋x＝260，

计算净利润x＝76.64万元；

税前利润＝76.64/（1－25%）＝102.19（万元）；

根据利润总额公式列盈亏平衡分析式计算一元一次方程，销售收入－总成本费用－增值税附加＝利润总额，设不含税销售价格为y元/件，则有：

$7y$－［（210－14）＋183.36＋（1040×8%＋100×5%）］＝102.19，

解得：y＝81.39元/件。

【问题4·解题思路】

问题4考核的核心知识点是净利润、资本金净利润率的计算。解题思路如下：

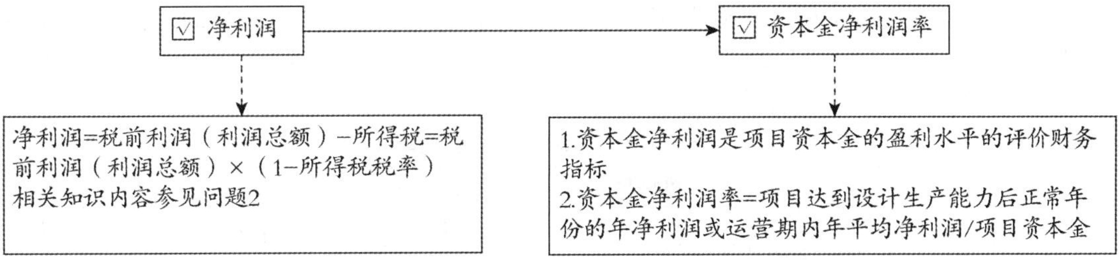

参考答案

销售收入（不含税）＝65×（1－10％）×10＝585.00（万元）；

总成本费用＝（330－25）＋183.36＋100×5％＝493.36（万元）；

运营期第5年时，建设投资中的可抵扣进项税（112万元）已经全部抵扣完，故：

运营后期正常年份增值税附加＝（销项税－进项税）×增值税附加税率＝（585.00×13％－25）×10％＝5.11（万元）。

运营后期正常年份不需要弥补前一年度亏损，故：

净利润＝利润总额×（1－25％）＝（585.00－493.36－5.11）×（1－25％）＝64.90（万元）；

$$资本金净利润率=\frac{运营期内年平均净利润}{项目资本金}\times 100\%=\frac{64.90}{600+100}\times 100\%=9.27\%。$$

【2018真题】

某企业拟新建一工业产品生产线，采用同等生产规模的标准化设计资料。项目可行性研究相关基础数据如下：

1. 按现行价格计算的该项目生产线设备购置费为720万元，当地已建同类同等生产规模生产线项目的建筑工程费用、生产线设备安装工程费用、其他辅助设备购置及安装费用占生产线设备购置费的比重分别为70％、20％、15％。根据市场调查，现行生产线设备购置费较已建项目有10％的下降，建筑工程费用、生产线设备安装工程费用较已建项目有20％的上涨，其他辅助设备购置及安装费用无变化，拟建项目的其他相关费用为500万元（含预备费）。

2. 项目建设期1年，运营期10年，建设投资（不含可抵扣进项税）全部形成固定资产。固定资产使用年限为10年，残值率为5％，直线法折旧。

3. 项目投产当年需要投入运营期流动资金200万元。

4. 项目运营期达产年份不含税销售收入为1200万元，适用的增值税税率为16％，增值税附加按增值税10％计取，项目达产年份的经营成本为760万元（含进项税60万元）。

5. 运营期第1年达到产能的80％，销售收入、经营成本（含进项税）均按达产年份的80％计取。第2年及以后年份为达产年份。

6. 企业适用的所得税税率为25％，行业平均投资收益率为8％。

【问题】

1. 列式计算拟建项目的建设投资。

2. 若该项目的建设投资为2200万元（包含可抵扣进项税200万元），建设投资在建设期均衡投入。

（1）列式计算运营期第1年、第2年的应纳增值税税额。

（2）列式计算运营期第1年、第2年的调整所得税税额。

（3）进行项目投资现金流量表（第1～4年）的编制，并填入表1-1-2项目投资现金流量表中。

（4）假定计算期第4年（运营期第3年）为正常生产年份，计算项目的总投资收益率，并判断项目的可行性。

（计算结果保留两位小数）

表1-1-2 项目投资现金流量表

序号	项目	建设期	运营期		
		1	2	3	4
1	现金流入				
1.1	营业收入（含税）				
1.2	补贴收入				
1.3	回收固定资产余值				
1.4	回收流动资金				
2	现金流出				
2.1	建设投资				
2.2	流动资金投资				
2.3	经营成本（含税）				
2.4	应纳增值税				
2.5	增值税附加				
2.6	调整所得税				
3	所得税后净现金流量				
4	累计税后净现金流量				

➤ 真题精讲

【问题1·解题思路】

问题1考核的核心知识点是建设投资的计算。特别要注意题目中已建工程与拟建工程费用的关系，切勿以思维定式考虑题目。解题思路如下：

☑ 建设投资 → 建设投资=设备及工器具购置费+建筑安装工程费+工程建设其他费+预备费 → 本题计算时需要结合题目条件计算组成建设投资的各项费用：首先计算出已建同类同等生产规模生产线项目的建筑工程费用；其次根据建筑工程费用、生产线设备安装工程费用、其他辅助设备购置及安装费用占比进行计算每项费用，再进行调整；最后进行汇总，计算建设投资

参考答案

已建项目生产线设备购置费用＝720/（1－10%）＝800.00（万元）；

拟建项目建筑工程费用＝800×70%×（1＋20%）＝672.00（万元）；

拟建项目生产线设备安装工程费用＝800×20%×（1＋20%）＝192.00（万元）；

拟建项目其他辅助设备购置及安装费用＝800×15%＝120.00（万元）；

拟建项目的建设投资＝720＋672＋192＋120＋500＝2204.00（万元）。

【问题2·解题思路】

问题2考核的核心知识点是应纳增值税、调整所得税、投资现金流量表、总投资收益率的计算。解题思路如下：

☑ 应纳增值税 ⇄ 应纳增值税额=当期销项税−当期进项税−固定可抵扣的进项税 ⇄

1.销项税=不含税销售收入×增值税税率（增值销项税）

2.进项税，一般题目给定

3.在计算销项税和进项税时考虑当年的生产能力

☑ 调整所得税 → 调整所得税=息税前利润（*EBIT*）×所得税税率 → 1.息税前利润=利润总额+利息支出=净利润+所得税+利息
2.税前利润（利润总额）=销售收入（含销项税）−总成本费用（含进项税）−增值税−增值税附加

☑ 项目投资现金流量表 → 1.现金流入：营业收入、销项税、补贴收入、回收固定资产余值、回收流动资金
2.现金流出：建设投资、流动资金投资、经营成本、进项税、应纳增值税、增值税附加、费用化的维持运营投资、调整所得税 → 1.现金流入：
营业收入=产量×产品单价；
补贴收入，题目给出；
回收固定资产余值，在运营期最后一年回收；
回收流动资金，在运营期最后一期一次性收回投入的全部流动资金
2.现金流出：
建设投资，包含自有资金和借贷资金；
流动资金投资，投入的全部流动资金；
维持运营投资，题目中有则填入

☑ 总投资收益率 → 项目总投资收益率=息税前利润（*EBIT*）/总投资×100% → 1.息税前利润=利润总额+利息支出=净利润+所得税+利息
2.总投资包含流动资金

参考答案

（1）计算运营期第1年、第2年的应纳增值税税额。

运营期第1年：

销项税：1200×16％×80％＝153.60（万元）；

进项税：60×80％＝48.00（万元）；

由于建设投资中含可以抵扣的进项税200万元，则：

第1年增值税税额＝153.60－48.00－200.00＝－94.40（万元）＜0；

故运营期第1年应纳增值税税额为0。

运营期第2年：

销项税：1200×16％＝192.00（万元）；

进项税：60.00万元；

运营期第2年应纳增值税税额＝192.00－60.00－94.40＝37.60（万元）。

（2）计算运营期第1年、第2年的调整所得税税额。

运营期第1年：

销售收入（不含税）：1200×80％＝960.00（万元）；

经营成本（不含税）：（760－60）×80％＝560.00（万元）；

折旧费：［（2200－200）×（1－5％）］/10＝190.00（万元）；

摊销费、利息均为0。

由于运营期第1年的增值税为0，所以增值税附加也为0。

息税前利润＝销售收入－经营成本－折旧费＝960－560－190＝210.00（万元）；

调整所得税＝息税前利润×所得税＝210×25％＝52.50（万元）。

运营期第2年：

销售收入（不含税）：1200万元；

经营成本（不含税）：760－60＝700（万元）；

折旧费：190万元；

摊销费、利息均为0。

由于运营期第2年的增值税为37.6万元，所以增值税附加＝37.6×10％＝3.76（万元）。

息税前利润=销售收入－经营成本－折旧费－增值税附加=1200－700－190－3.76=306.24（万元）;

调整所得税税额=息税前利润×所得税=306.24×25%=76.56（万元）。

（3）项目投资现金流量表（第1～4年）的编制见表1-1-3。

表1-1-3　项目投资现金流量表　（单位：万元）

序号	项目	建设期	运营期		
		1	2	3	4
1	现金流入		1113.60	1392.00	1392.00
1.1	营业收入（含税）		1113.60	1392.00	1392.00
1.2	补贴收入		0	0	0
1.3	回收固定资产余值		0	0	0
1.4	回收流动资金		0	0	0
2	现金流出	2200.00	860.50	877.92	979.40
2.1	建设投资	2200.00			
2.2	流动资金投资		200.00		
2.3	经营成本（含税）		608.00	760.00	760.00
2.4	应纳增值税		0	37.60	132.00
2.5	增值税附加		0	3.76	13.20
2.6	调整所得税		52.50	76.56	74.20
3	所得税后净现金流量	－2200	253.10	514.08	412.60
4	累计税后净现金流量	－2200	－1946.90	－1432.82	－1020.22

（4）运营期第3年应纳增值税税额=1200×16%－60=132.00（万元）;

运营期第3年调整所得税税额=［1200－（760－60）－132×10%－190］×25%=74.20（万元）;

运营期第3年息税前利润=1200－（760－60）－13.20－190=296.80（万元）;

项目总投资收益率=息税前利润（*EBIT*）/总投资（*TI*）×100%=296.80/（2200+200）=12.37%>8%。

项目总投资收益率大于行业平均投资收益率，因此该项目可行。

模块二　精选章节习题

【第一题】

某企业投资建设一个工业项目，该项目可行性研究报告中的相关资料和基础数据如下：

1. 项目工程费用为2000万元，工程建设其他费用为500元（其中无形资产费用为200万元），基本预备费费率为8%，预计未来3年的年均投资价格上涨率为5%。

2. 项目建设前期年限为1年，建设期为2年，生产运营期为8年。

3. 项目建设期第1年完成项目静态投资的40%，第2年完成静态投资的60%，项目生产运营期第1年投入流动资金240万元。

4. 项目的建设投资、流动资金均由资本金投入。

5. 除了无形资产费用之外，项目建设投资全部形成固定资产，无形资产按生产运营期平均摊销，固定资产使用年限为 8 年，残值率为 5%，采用直线法折旧。

6. 项目正常年份的产品设计生产能力为 10000 件/年，正常年份年总成本费用为 950 万元(其中进项税为 25 万元)，其中项目单位产品的可变成本为 550 元，其余为固定成本。项目产品预计售价为 1400 元/件（不含税），增值税税率为 13%，增值税附加税率为 12%，企业适用的所得税税率为 25%。

7. 项目生产运营期第 1 年的生产能力为正常年份设计生产能力的 70%，第 2 年及以后各年的生产能力达到设计生产能力的 100%。

【问题】

1. 列式计算项目建设期第 1 年、第 2 年的价差预备费和项目建设投资。

2. 列式计算项目生产运营期的年固定资产折旧费和正常年份的年可变成本、固定成本和经营成本。

3. 列式计算项目生产运营期正常年份的所得税和项目资本金净利润率。

(计算结果保留两位小数，除资本金净利润率之外，其他计算结果以万元为单位)

【第二题】

某建设项目计算期为 10 年，建设期 2 年，运营期 8 年。其中，第 3 年投产，第 4 年开始达到设计生产能力。建设投资 2800 万元（不含建设期贷款利息），第 1 年投入 1000 万元，第 2 年投入 1800 万元。投资方自有资金 2500 万元，根据筹资情况建设期分两年各投入 1000 万元，余下的 500 万元在投产年初作为流动资金投入。建设投资不足部分向银行贷款，贷款年利率为 6%，运营期内 5 年等额还本，每年付息。

该项目固定资产投资总额中，预计 85%形成固定资产，15%形成无形资产。固定资产综合折旧年限为 10 年，采用直线法折旧，固定资产残值率为 5%，无形资产按 5 年平均摊销。

该项目计算期第 3 年的经营成本为 1500 万元，第 4 年至第 10 年的经营成本均为 1800 万元。设计生产能力为 50 万件，销售价格（不含税）为 54 元/件。产品固定成本占年总成本的 40%。增值税及增值税附加均不考虑。

【问题】

1. 试计算固定资产年折旧额及无形资产摊销费，并按表 1-2-1 所列项目填写相应数字。

表 1-2-1　项目建设投资还本付息及固定资产折旧、摊销费用表

序号	项目	计算期							
		1	2	3	4	5	6	7	8～10
1	年初累计借款								
2	本年应计利息								
3	本年应还本金								
4	本年应还利息								
5	当年折旧费								
6	当年摊销费								

2. 列式计算计算期末固定资产余值。

3. 列式计算运营期第 1 年、第 2 年、第 6 年的总成本费用。

4. 以计算期第 4 年的数据为依据，列式计算年产量盈亏平衡点，并据此进行盈亏平衡分析。

（除问题4计算结果保留两位小数外，其余各题计算结果均保留三位小数）

【第三题】

某投资方拟建一年产50万t产品的生产项目。已建类似年产25万t产品项目工程费为2500万元，生产能力指数为0.8，由于时间、厂址因素引起的综合调整系数为1.3。工程建设其他费为300万元，基本预备费费率10%。

拟建项目有关数据资料如下：

1. 项目建设期为1年，运营期为6年，项目建设投资中包含500万元可抵扣固定资产进项税。残值率为4%，折旧年限10年，固定资产余值在项目运营期末收回。

2. 运营期第1年投入流动资金500万元，全部为自有资金，流动资金在计算期末全部收回。

3. 产品不含税价格60元/t，增值税税率17%。在运营期间，正常年份每年的经营成本（不含进项税额）为800万元，单位产品进项税额为4元/t，增值税附加税率为10%，所得税税率为25%。

4. 投产第1年生产能力达到设计生产能力的60%，经营成本为正常年份的75%，以后各年均达到设计生产能力。

【问题】

1. 列式计算拟建项目的建设投资。

2. 列式计算每年固定资产折旧费。

3. 列式计算每年应缴纳的增值税和增值税附加。

4. 列式计算计算期第2年的调整所得税。

5. 列式计算计算期第2年的净现金流量。

（计算结果保留两位小数）

【第四题】

某企业拟在某市开发区兴建一生产项目，建设期为2年，运营期为6年，运营期第3年达产。其他基础数据见表1-2-2。

表1-2-2　某建设项目财务评价基础数据表　（单位：万元）

序号	项目	年份						
		1	2	3	4	5	6	7
1	建设投资 其中：资本金 贷款	 700 1000	 800 1000					
2	流动资金： 其中：资本金 贷款			 160 320	 320			
3	营业收入 其中：销项税额			3000 470	4320 730	5400 910	5400 910	5400 910
4	经营成本 其中：进项税额			2100 350	3000 500	3200 540	3200 540	3200 540

有关说明如下：

1. 表中贷款额不含利息。建设投资贷款年利率为5.84%(按半年计息)。建设投资估算中的550万元形成无形资产，其余形成固定资产，固定资产投资中不考虑可抵扣固定资产进项税额对固定资产原值的影响。

2. 无形资产在运营期各年等额摊销；固定资产使用年限为10年，直线法折旧，残值率为4%，固定资产余值在项目运营期末一次收回。

3. 流动资金贷款年利率为4%(按年计息)。流动资金在项目运营期末一次收回并偿还贷款本金。

4. 增值税附加税税率为12%，所得税税率为25%。

5. 建设投资贷款在运营期内的前4年等额还本、利息照付。

6. 在运营期的后4年，每年需维持运营投资20万元，维持运营投资按当年费用处理，不考虑增加固定资产，无残值。

【问题】

1. 列式计算建设投资贷款年实际利率，建设期贷款利息。

2. 编制建设投资贷款还本付息计划表。

3. 列式计算固定资产投资估算总额、形成固定资产总额、固定资产年折旧额和运营期末固定资产余值。

4. 列式计算第3年和第6年的增值税附加、总成本费用(含税)和所得税。

5. 编制项目资本金现金流量表。

6. 从项目资本金角度列式计算投资回收期(静态)。

(计算过程和结果除整数外，均保留两位小数)

【第五题】

某工业引进项目，基础数据如下：

1. 项目的建设前期年限为1年，建设期为2年，该项目的实施计划为：第一年完成项目静态投资的40%，第二年完成60%，第三年项目投产并且达到100%设计生产能力，预计年产量为3000万t。

2. 全套设备拟从国外进口，重量为1850t，装运港船上交货价为460万美元，国际运费标准为330美元/t，海上运输保险费费率为0.267%，中国银行财务费费率为0.45%，外贸手续费费率为1.7%，关税税率为22%，增值税税率为13%，美元对人民币的银行牌价为1∶6.83，设备的国内运杂费费率为2.3%。

3. 根据已建同类项目统计情况，一般建筑工程占设备购置投资的27.6%，安装工程占设备购置投资的10%，工程建设其他费用占设备购置投资的7.7%，以上三项的综合调整系数分别为：1.23，1.15，1.08。

4. 本项目固定资产投资中有2000万元来自银行贷款，其余为自有资金，且不论借款还是自有资金均按计划比例投入。根据借款协议，贷款年利率按10%计算，按季计息。基本预备费费率为10%，建设期内涨价预备费平均费率为6%。

5. 根据已建成同类项目资料，每万t产品占用流动资金为1.3万元。

【问题】

1. 计算项目设备购置投资。

2. 估算项目固定资产投资额。

3. 试用扩大指标法估算流动资金。

4. 估算该项目的总投资。

(计算结果保留两位小数)

解析与点拨

【第一题】

问题1:

(1) 基本预备费=(工程费用+工程建设其他费用)×基本预备费费率=(2000+500)×8%=200.00(万元)。

静态投资额=2000+500+200=2700.00(万元)。

根据价差预备费计算公式:$PF=\sum_{t=1}^{n}I_t\left[(1+f)^m(1+f)^{0.5}(1+f)^{t-1}-1\right]$,

第1年价差预备费=2700×40%×[(1+5%)(1+5%)$^{0.5}$−1]=82.00(万元);

第2年价差预备费=2700×60%×[(1+5%)(1+5%)$^{0.5}$(1+5%)−1]=210.16(万元)。

(2) 项目建设投资=工程费用+工程建设其他费用+基本预备费+价差预备费=2700.00+82.00+210.16=2992.16(万元)。

【点拨】本题考查知识点:基本预备费、价差预备费、建设投资的计算。

问题2:

(1) 固定资产原值=2992.16−200=2792.16(万元);

固定资产折旧=2792.16×(1−5%)/8=331.57(万元)。

(2) 正常年份的可变成本=产量×单位可变成本/10000=10000×550/10000=550.00(万元)。

固定成本=950−550=400.00(万元)。

摊销费=200/8=25.00(万元);

经营成本=总成本费用−折旧费−摊销费−利息支出=950−331.57−25−0=593.43(万元)。

【点拨】本题考查知识点:经营成本的计算。

问题3:

(1) 营业收入(不含税)=10000×1400/10000=1400.00(万元);

总成本费用(不含税)=950−25=925.00(万元);

增值税附加=(1400×13%−25)×12%=18.84(万元);

利润总额=营业收入(不含税)−总成本费用(不含税)−增值税附加=1400−925−18.84=456.16(万元);

所得税=利润总额×所得税税率=456.16×25%=114.04(万元)。

(2) 净利润=利润总额−所得税=456.16−114.04=342.12(万元);

资本金净利润率=净利润/技术方案资本金=342.12/(2992.16+240)×100%=10.58%。

【点拨】本题考查知识点:利润总额、所得税、净利润、资本金净利润率的计算。

【第二题】

问题1:

建设期利息=(1800−1000)×(1/2)×6%=24.000(万元);

固定资产年折旧额＝［（2800＋24）×85％×（1－5％）］/10＝228.038（万元）；

无形资产摊销费＝（2800＋24）×15％/5＝84.720（万元）。

计算期项目建设投资还本付息及固定资产折旧、摊销费用见表 1-2-3。

表 1-2-3 项目建设投资还本付息及固定资产折旧、摊销费用表

序号	项目	计算期							
		1	2	3	4	5	6	7	8～10
1	年初累计借款		0.000	824.000	659.200	494.400	329.600	164.800	0.000
2	本年应计利息		24.000	49.440	39.552	29.664	19.776	9.888	
3	本年应还本金			164.800	164.800	164.800	164.800	164.800	
4	本年应还利息			49.440	39.552	29.664	19.776	9.888	
5	当年折旧费			228.038	228.038	228.038	228.038	228.038	228.038
6	当年摊销费			84.720	84.720	84.720	84.720	84.720	

【点拨】本题考查知识点：年折旧费、年摊销费、借款本金利息的计算。

问题 2：

计算期末的固定资产余值＝（2800＋24）×85％－228.038×（10－2）＝576.096（万元）。

【点拨】本题考查知识点：固定资产余值的计算。

问题 3：

运营期第 1 年总成本费用＝1500＋228.038＋84.720＋49.440＝1862.198（万元）。

运营期第 2 年总成本费用＝1800＋228.038＋84.720＋39.552＝2152.310（万元）。

运营期第 6 年总成本费用＝1800＋228.038＝2028.038（万元）。

【点拨】本题考查知识点：总成本费用的计算。

问题 4：

以计算期第 4 年的数据为依据，计算年产量盈亏平衡点：

$BEP(Q)$ ＝（2152.310×40％）/［54－2152.310×（1－40％）/50－0］＝30.56（万件）。

计算表明，当产量小于 30.56 万件时，该项目亏损；当产量大于 30.56 万件时，该项目开始盈利。

【点拨】本题考查知识点：盈亏平衡点产量的计算及分析。

【第三题】

问题 1：

工程费用＝2500×$(50/25)^{0.8}$×1.3＝5658.58（万元）；

建设投资＝（5658.58＋300）×（1＋10％）＝6554.44（万元）。

【点拨】本题考查知识点：工程费用、建设投资的计算。

问题 2：

年固定资产折旧费＝［（6554.44－500）×（1－4％）］/10＝581.23（万元）。

【点拨】本题考查知识点：年固定资产折旧费的计算。

问题 3：

（1）计算期第 2 年：

增值税＝50×60×60％×17％－50×60％×4－500＝－314.00（万元）＜0，不缴纳增值税；

故增值税为0，增值税附加也为0。

(2) 计算期第3年：

增值税＝50×60×17％－50×4－314＝－4.00（万元）＜0，不缴纳增值税；

故增值税为0，增值税附加也为0。

(3) 计算期第4年：

增值税＝50×60×17％－50×4－4＝306.00（万元）；

增值税附加＝306×10％＝30.60（万元）。

(4) 计算期第5～7年：

增值税＝50×60×17％－50×4＝310.00（万元）；

增值税附加＝310×10％＝31.00（万元）。

【点拨】本题考查知识点：增值税、增值税附加的计算。

问题4：

计算期第2年的调整所得税＝［50×60×60％－（800×75％＋581.23）］×25％＝154.69（万元）。

【点拨】本题考查知识点：调整所得税的计算。

问题5：

现金流入＝50×60×60％＋50×60×60％×17％＝2106.00（万元）；

现金流出＝500＋800×75％＋50×60％×4＋0＋154.69＝1374.69（万元）；

则计算期第2年的净现金流量＝2106－1374.69＝731.31（万元）。

【点拨】本题考查知识点：净现金流量的计算。

【第四题】

问题1：

(1) 建设投资贷款年实际利率＝$(1+5.84\%/2)^2-1=5.93\%$。

(2) 建设期贷款利息：

第1年贷款利息＝$\frac{1}{2}\times1000\times5.93\%=29.65$（万元）；

第2年贷款利息＝$\left[(1000+29.65)+\frac{1}{2}\times1000\right]\times5.93\%=90.71$（万元）；

建设期贷款利息合计＝29.65＋90.71＝120.36（万元）。

【点拨】本题考查知识点：实际利率、建设期贷款利息的计算。

问题2：

编制建设投资贷款还本付息计划表，见表1-2-4。

表1-2-4　建设投资贷款还本付息计划表　（单位：万元）

序号	项目＼年份	1	2	3	4	5	6
1	年初借款余额	0	1029.65	2120.36	1590.27	1060.18	530.09
2	当年借款	1000	1000	0	0	0	0
3	当年应计利息	29.65	90.71	125.74	94.30	62.87	31.43

续表

序号	年份 项目	1	2	3	4	5	6
4	当年还本付息	0	0	655.83	624.39	592.96	561.52
4.1	其中：还本	0	0	530.09	530.09	530.09	530.09
4.2	付息	0	0	125.74	94.30	62.87	31.43
	年末余额	1029.65	2120.36	1590.27	1060.18	530.09	0

【点拨】本题考查知识点：借款本金、利息的计算。

问题3：

(1) 固定资产投资估算总额＝700＋1000＋800＋1000＋120.36＝3620.36（万元）。

(2) 形成固定资产总额＝3620.36－550＝3070.36（万元）。

(3) 固定资产年折旧额＝3070.36×（1－4％）/10＝294.75（万元）。

(4) 运营期末固定资产余值＝3070.36×4％＋294.75×4＝1301.81（万元）。

【点拨】本题考查知识点：投资估算总额、固定资产总额、年折旧额、固定资产余值的计算。

问题4：

(1) 增值税附加：

第3年增值税附加＝（470－350）×12％＝14.40（万元）。

第6年增值税附加＝（910－540）×12％＝44.40（万元）。

(2) 总成本费用（含税）：

第3年总成本费用＝2100＋294.75＋550/6＋125.74＋320×4％＝2624.96（万元）。

第6年总成本费用＝3200＋294.75＋550/6＋31.43＋（320＋320）×4％＋20＝3663.45（万元）。

(3) 所得税：

第3年所得税＝［3000－470－（2624.96－350）－14.40］×25％＝60.16（万元）。

第6年所得税＝［5400－910－（3663.45－540）－44.40］×25％＝330.54（万元）。

【点拨】本题考查知识点：增值税附加、总成本费用、所得税的计算。

问题5：

编制项目资本金现金流量表，见表1-2-5。

表1-2-5 资本金现金流量表 （单位：万元）

序号	项目	计算期							
		1	2	3	4	5	6	7	8
1	现金流入			3000	4320	5400	5400	5400	7501.81
1.1	营业收入（不含销项税额）			2530	3590	4490	4490	4490	4490
1.2	销项税额			470	730	910	910	910	910
1.3	回收固定资产余值								1301.81

续表

序号	项目	计算期							
		1	2	3	4	5	6	7	8
1.4	回收流动资金								800
2	现金流出	700	800	3123.19	4046.61	4575.64	4552.06	3998.40	4638.39
2.1	（建设投资）资本金	700	800						
2.2	（流动资金）资本金			160					
2.3	经营成本（不含进项税额）			1750	2500	2660	2660	2660	2660
2.4	进项税额			350	500	540	540	540	540
2.5	应纳增值税			120	230	370	370	370	370
2.6	增值税附加			14.40	27.60	44.40	44.40	44.40	44.40
2.7	还本付息总额			668.63	649.99	618.56	587.12	25.60	665.60
2.7.1	长期借款还本			530.09	530.09	530.09	530.09		
2.7.2	长期借款付息			125.74	94.30	62.87	31.43		
2.7.3	短期借款还本								640
2.7.4	短期借款付息			12.80	25.60	25.60	25.60	25.60	25.60
2.8	所得税			60.16	139.02	322.68	330.54	338.40	338.40
2.9	维持运营投资					20	20	20	20
3	所得税后净现金流量	－700	－800	－123.19	273.39	824.36	847.94	1401.60	2863.42
4	累计所得税后净现金流量	－700	－1500	－1623.19	－1349.8	－525.44	322.50	1724.11	4587.53

➤ **注**：未要求列式计算的数据可直接填入表中。

【点拨】本题考查知识点：项目资本金现金流量表的计算与填写。

问题6：

静态投资回收期＝（6－1）＋｜－525.44｜/847.94＝5.62（年）。

【点拨】本题考查知识点：静态投资回收期的计算。

【第五题】

问题 1：

进口设备货价（FOB）＝460×6.83＝3141.80（万元）；

国际运费＝1850×330×6.83/10000＝416.97（万元）；

国外运输保险费＝（3141.80＋416.97）/（1－0.267％）×0.267％＝9.53（万元）；

银行财务费＝3141.80×0.45％＝14.14（万元）；

外贸手续费＝（3141.80＋416.97＋9.53）×1.7％＝60.66（万元）；

进口关税＝（3141.80＋416.97＋9.53）×22％＝785.03（万元）；

增值税＝（3141.80＋416.97＋9.53＋785.03）×13％＝565.93（万元）；

进口设备原价＝3141.80＋416.97＋9.53＋14.14＋60.66＋785.03＋565.93＝4994.06（万元）；

设备购置投资＝4994.06×（1＋2.3％）＝5108.92（万元）。

【点拨】本题考查知识点：进口设备购置费的计算。

问题 2：

由设备系数估算法可得，

基本预备费＝（工程费用＋工程建设其他费用）×基本预备费费率＝（设备购置费＋建筑工程费＋安装工程费＋工程建设其他费用）×基本预备费费率＝［5108.92×（1＋27.6％×1.23＋10％×1.15＋7.7％×1.08）］×10％＝7855.68×10％＝785.57（万元）。

建设期第 1 年价差预备费＝（7855.68＋785.57）×40％×［$(1+6\%)^{1}$ $(1+6\%)^{0.5}$ $(1+6\%)^{1-1}$－1］＝3456.50×［$(1+6\%)^{1}$ $(1+6\%)^{0.5}$－1］＝315.70（万元）；

建设期第 2 年价差预备费＝（7855.68＋785.56）×60％×［$(1+6\%)^{1}$ $(1+6\%)^{0.5}$ $(1+6\%)^{2-1}$－1］＝5184.74×［$(1+6\%)^{1}$ $(1+6\%)^{0.5}$ $(1+6\%)^{2-1}$－1］＝813.06（万元）；

价差预备费合计＝315.70＋813.06＝1128.76（万元）。

贷款实际利率＝$(1+10\%/4)^{4}-1$＝10.38％；

建设期第 1 年贷款利息＝2000×40％×1/2×10.38％＝41.52（万元）；

建设期第 2 年贷款利息＝（2000×40％＋41.52＋2000×60％×1/2）×10.38％＝149.63（万元）；

建设期贷款利息＝41.52＋149.63＝191.15（万元）。

固定资产投资＝7855.68＋785.56＋1128.76＋191.15＝9961.16（万元）。

【点拨】本题考查知识点：系数估算法、基本预备费、价差预备费、实际利率、建设期利息、固定资产投资的计算。

问题 3：

流动资金＝3000×1.3＝3900.00（万元）。

【点拨】本题考查知识点：流动资金（扩大指标法）的计算。

问题 4：

项目总投资＝9961.16＋3900＝13861.16（万元）。

【点拨】本题考查知识点：总投资的计算。

学习笔记

第二章

工程设计、施工方案技术经济分析

（建议学习时间：1周）

学习计划（第2周）：

Day 1

Day 2

Day 3

Day 4

Day 5

Day 6

Day 7

扫码即听
本章导学

第二章　工程设计、施工方案技术经济分析

知识脉络

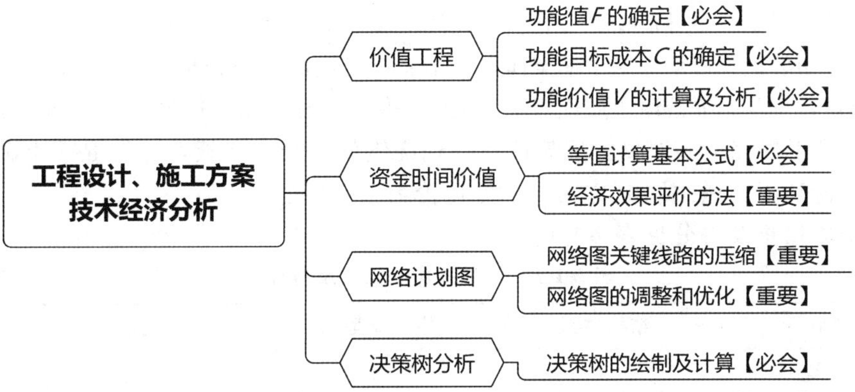

考试思路

第二章内容涉及的题目在2019年试卷中并未单独考查，只在招标投标题目中结合决策树的知识点进行了考查。本章考核方向为多种方案的优选，通过价值工程、等值计算、寿命周期费用理论、决策树、网络计划图选取最优方案。多采用几种方法结合考查，注重前后关联性。第二章中包含的知识点可与其他章的题目结合考查，需要灵活掌握。

历年考点统计

年份	考查内容
2019	结合招标投标题目考查决策树
2018	1. 简述提高产品价值的途径 2. 计算各功能项目得分 3. 计算各功能项目的价值指数、目标成本和目标成本降低额 4. 确定改进项目
2017	1. 利用加权评分法计算功能指数，计算成本指数价值，进行方案比选 2. 计算年度寿命周期经济成本，计算年金进行比选 3. 价值工程的应用
2016	1. 产值利润率计算，成本降低额计算 2. 结合网络图压缩工期，进行费用调整 3. 绘制决策树，选择成本最低的方案
2015	1. 0—4法计算权重、计算功能成本价值指数，方案优选 2. 结合网络图，调整方案，确定关键路线

模块一　典型真题精讲

【2017 真题】

某企业拟建一座节能综合办公楼，建筑面积 25000m^2，其工程设计方案部分资料如下：

A 方案：采用装配式钢结构框架体系，预制钢筋混凝土叠合板楼板，装饰、保温、防水三合一复合外墙，双玻断桥铝合金外墙窗，叠合板上现浇珍珠岩保温屋面。单方造价为 2020 元/m^2。

B 方案：采用装配式钢筋混凝土框架体系，预制钢筋混凝土叠合板楼板，轻质大板外墙体，双玻铝合金外墙窗，现浇钢筋混凝土屋面板上水泥蛭石保温屋面。单方造价为 1960 元/m^2。

C 方案：采用现浇钢筋混凝土框架体系，现浇钢筋混凝土楼板，加气混凝土砌块铝板装饰外墙体，外墙窗和屋面做法同 B 方案。单方造价为 1880 元/m^2。

各方案功能权重及得分见表 2-1-1。

表 2-1-1　各方案功能权重及得分表

功能项目		结构体系	外窗类型	墙体材料	屋面类型
功能权重		0.30	0.25	0.30	0.15
功能得分	A 方案	8	9	9	8
	B 方案	8	7	9	7
	C 方案	9	7	8	7

【问题】

1. 简述价值工程中所述的“价值（*V*）”的含义。对于大型复杂的产品，应用价值工程的重点是在其寿命周期的哪些阶段？

2. 运用价值工程原理进行计算，将计算结果分别填入表 2-1-2、表 2-1-3、表 2-1-4 中，并选择最佳设计方案。

表 2-1-2　功能指数计算表

功能项目		结构体系	外窗类型	墙体材料	屋面类型	合计	功能指数
功能权重		0.30	0.25	0.30	0.15		
各方案功能得分	A 方案						
	B 方案						
	C 方案						

表 2-1-3　成本指数计算表

方案	A	B	C	合计
单方造价/（元/m^2）	2020	1960	1880	
成本指数				

表 2-1-4　价值指数计算表

方案	A	B	C
功能指数			
成本指数			
价值指数			

3. 若三个方案设计使用寿命均按 50 年计算，基准折现率为 10%，A 方案年运行和维修费用为 78 万元，每 10 年大修一次，费用为 900 万元。已知 B、C 方案年度寿命周期经济成本分别为 664.222 万元和 695.400 万元。其他有关数据资料见表 2-1-5“年金和现值系数表”。列式计算 A 方案的年度寿命周期经济成本，并运用最小年费用法选择最佳设计方案。

表 2-1-5　年金和现值系数表

n	10	15	20	30	40	45	50
$(A/P，10\%，n)$	0.1627	0.1315	0.1175	0.1061	0.1023	0.1014	0.1009
$(P/F，10\%，n)$	0.3855	0.2394	0.1486	0.0573	0.0221	0.0137	0.0085

（计算结果除整数外，保留三位小数）

➢ 真题精讲

【问题 1 · 解题思路】

问题 1 考核的核心知识点是价值工程的含义、价值工程的理解。本题参照相关知识点内容进行简答。

参考答案

价值工程中所述的“价值（V）”是指作为某种产品（或作业）所具有的功能与获得该功能的全部费用的比值。它不是对象的使用价值，也不是对象的经济价值和交换价值，而是对象的比较价值，是作为评价事物有效程度的一种尺度提出来的。

对于大型复杂的产品，应用价值工程的重点是在产品的研究、设计阶段。

【问题 2 · 解题思路】

问题 2 考核的核心知识点是功能指数、成本指数、价值指数的计算。解题思路如下：

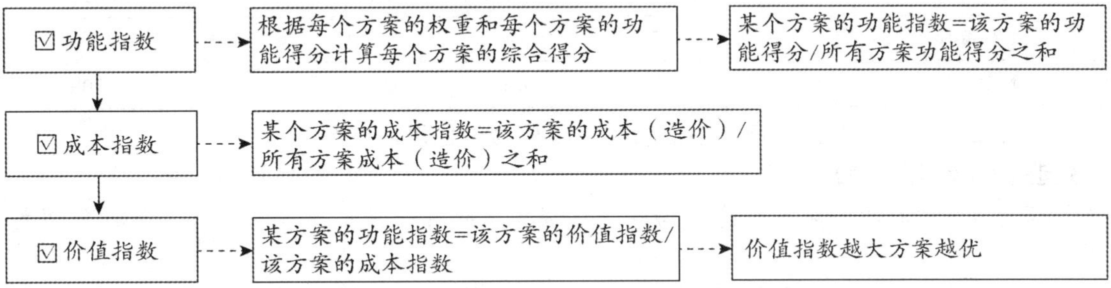

参考答案

（1）各方案功能加权得分：

A 方案：8×0.30+9×0.25+9×0.30+8×0.15=8.550；

B 方案：8×0.30+7×0.25+9×0.30+7×0.15=7.900；

C 方案：9×0.30+7×0.25+8×0.30+7×0.15=7.900。

（2）各方案功能指数：

8.550+7.900+7.900=24.350。

A 方案：8.550/24.350=0.351；

B 方案：7.900/24.350=0.324；

C 方案：7.900/24.350=0.324。

（3）各方案成本指数：

2020+1960+1880=5860（元/m^2）。

A 方案：2020/5860=0.345；

B 方案：1960/5860＝0.334；

C 方案：1880/5860＝0.321。

（4）各方案价值指数：

A 方案：0.351/0.345＝1.017；

B 方案：0.324/0.334＝0.970；

C 方案：0.324/0.321＝1.009。

各方案功能指数、成本指数、价值指数计算结果见表 2-1-6、表 2-1-7、表 2-1-8。

表 2-1-6　功能指数计算表

功能项目		结构体系	外窗类型	墙体材料	屋面类型	合计	功能指数
功能权重		0.30	0.25	0.30	0.15		
功能得分	A 方案	2.40	2.25	2.70	1.20	8.550	0.351
	B 方案	2.40	1.75	2.70	1.05	7.900	0.324
	C 方案	2.70	1.75	2.40	1.05	7.900	0.324

表 2-1-7　成本指数计算表

方案	A	B	C	合计
单方造价/（元/m^2）	2020	1960	1880	5860
成本指数	2020/5860＝0.345	1960/5860＝0.334	1880/5860＝0.321	1.000

表 2-1-8　价值指数计算表

方案	A	B	C
功能指数	0.351	0.324	0.324
成本指数	0.345	0.334	0.321
价值指数	1.017	0.970	1.009

由计算结果可知，A 方案价值指数最大，因此为最佳设计方案。

【问题 3·解题思路】

问题 3 考核的核心知识点是寿命周期经济成本的计算、等值公式应用的计算。解题思路如下：

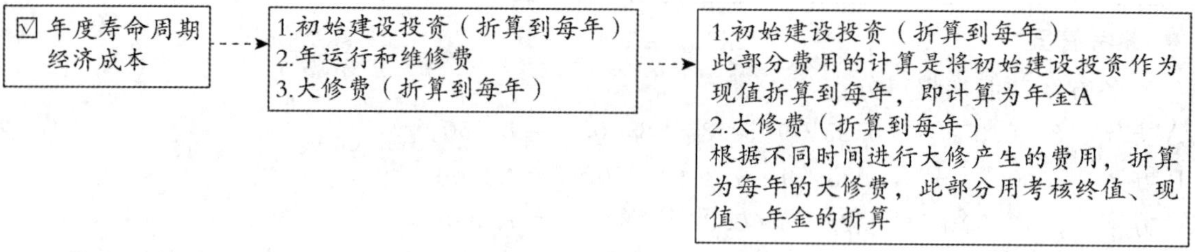

等值计算的题目可以借助现金流量图，见图 2-1-1。

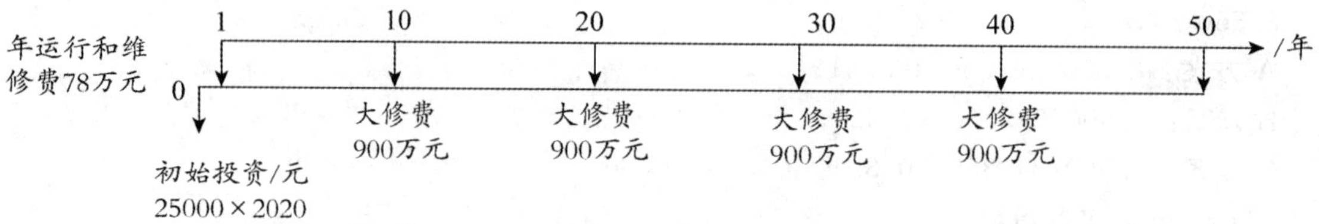

图 2-1-1　现金流量图

参考答案

（1）A 方案的年度寿命周期经济成本＝78＋｛900×［（P/F，10%，10）＋（P/F，10%，20）＋（P/F，10%，30）＋（P/F，10%，40）］｝×（A/P，10%，50）＋25000×2020/10000×（A/P，10%，50）＝78＋［900×（0.386＋0.149＋0.057＋0.022）］×1/9.915＋5050×1/9.915＝643.063（万元）。

（2）同理可计算得 B、C 方案的年度寿命周期经济成本，A 方案的寿命周期年费用最小，故选择 A 方案为最佳设计方案。

【2016 真题】

某隧洞工程，施工单位与项目业主签订了 120000 万元的施工总承包合同，合同约定：每延长（或缩短）1 天工期，处罚（或奖励）金额 3 万元。

施工过程中发生了以下事件：

事件 1：施工前，施工单位拟定了三种隧洞开挖施工方案，并测算了各方案的施工成本，见表 2-1-9。

表 2-1-9　各方案施工成本　（单位：万元）

施工方案	施工准备工作成本	不同地质条件下的施工成本	
		地质较好	地质不好
先拱后墙法	4300	101000	102000
台阶法	4500	99000	106000
全断面法	6800	93000	—

当采用全断面法施工时，在地质条件不好的情况下，须改用其他施工方法。如果改用先拱后墙法施工，需再投入 3300 万元的施工准备工作成本；如果改用台阶法施工，需再投入 1100 万元的施工准备工作成本。

根据对地质勘探资料的分析评估，地质情况较好的可能性为 0.6。

事件 2：实际开工前发现地质情况不好，经综合考虑，施工方案采用台阶法，造价工程师测算了按计划工期施工的施工成本；间接成本为 2 万元/天；直接成本每压缩工期 5 天增加 30 万元，每延长工期 5 天减少 20 万元。

【问题】

1. 绘制事件 1 中施工单位施工方案的决策树。

2. 列式计算事件 1 中施工方案选择的决策过程，并按成本最低原则确定最佳施工方案。

3. 事件 2 中，从经济的角度考虑，施工单位应压缩工期、延长工期还是按计划工期施工？说明理由。

4. 事件 2 中，施工单位按计划工期施工的产值利润率为多少万元？若施工单位希望实现 10%的产值利润率，应降低成本多少万元？

➢ 真题精讲

【问题 1 · 解题思路】

问题 1 考核的核心知识点是决策树的绘制及计算。解题思路如下：

☑决策树 → 1.绘制："□"表示决策点，"○"表示机会点。由决策点引出的枝为方案枝，由机会点引出的枝为概率枝
2.决策树的绘制从左往右，由决策点到机会点，再到决策树的末端。绘制完成后，在决策树末端标注期望值，在相应的概率枝上标注该指标发生的概率 → 计算：决策树的计算从右往左，从最后的树枝所连接的机会点，到上一个树枝连接的机会点，最后到最左边的机会点，其中每一步的计算采用概率的形式 → 方案选择：收益（成本）期望值最大（小）的方案为最优方案。根据各方案期望值大小进行选择，在收益（成本）期望值小（大）的方案分支上画上删除号，表示舍去

参考答案

绘制施工方案决策树见图 2-1-2。

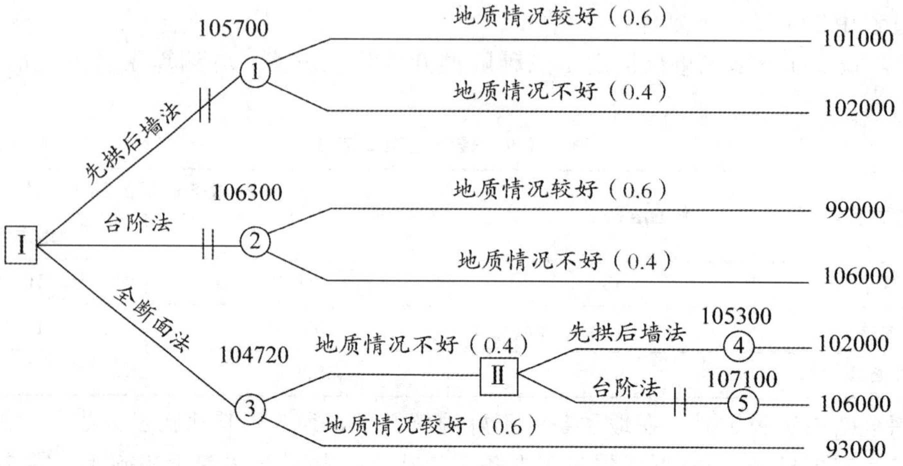

图 2-1-2　决策树

【问题 2·解题思路】

问题 2 考核的核心知识点是决策树下期望值的计算。

根据题干已知条件，按照计算顺序计算决策树中每个决策点的期望值，理论思路见上题。在此类题目计算时需要注意的是，一定要考虑全面，不要丢落内容，比如"施工准备工作成本"费用容易被考生忽略。

参考答案

机会点 1 先拱后墙法总成本期望值＝101000×0.6＋102000×0.4＋4300＝105700（万元）；

机会点 2 台阶法总成本期望值＝99000×0.6＋106000×0.4＋4500＝106300（万元）。

根据题目已知条件，机会点 3 全断面法在地质情况不好的情况下有两种选择：

机会点 4 先拱后墙法成本期望值＝102000＋3300＝105300（万元）；

机会点 5 台阶法成本期望值＝106000＋1100＝107100（万元）；

由于机会点 5 的成本期望值大于机会点 4 的成本期望值，所以若采取全断面法施工，遇地质情况不好时，应改用先拱后墙法施工。

因此，机会点 3 全断面法总成本期望值＝93000×0.6＋105300×0.4＋6800＝104720（万元）。

由于机会点 3 的成本期望值小于机会点 1 和机会点 2 的成本期望值，因此应采用全断面法施工，遇地质情况不好时，再改用先拱后墙法施工。

【问题 3·解题思路】

问题 3 考核的是考生的理解分析能力，在此题中分析清楚哪些是费用、哪些是收益。其中每赶工一天增加的直接费是费用，节省的措施费可以理解为收益；奖金理解为收益，罚款理解为费用。

参考答案

压缩工期1天增加费用＝30/5－2－3＝1（万元）；

延长工期1天增加费用＝2＋3－20/5＝1（万元）。

由于延长工期和压缩工期1天均增加费用，所以应当选择按计划工期施工。

【问题4·解题思路】

问题4考核的核心知识点是产值利润率的计算。解题思路如下：

☑产值利润率 → 产值利润率=期望利润额/产值（总造价） → 根据产值利润率公式计算产值利润率，设降低成本为x万元，解一元一次方程

参考答案

（1）合同额＝120000万元；

地质情况不好的情况下，采用台阶法施工成本＝4500＋106000＝110500（万元）；

产值利润率＝（120000－110500）/120000×100％＝7.92％。

（2）若施工单位希望实现10％的产值利润率，设应降低成本为x万元，则有：

（120000－110500＋x）/120000×100％＝10％；

解得x＝2500，故应降低成本2500万元。

模块二　精选章节习题

【第一题】

某工程有A、B、C三个设计方案，有关专家决定从四个功能（分别以F_1、F_2、F_3、F_4表示）对不同方案进行评价，并得出以下结论：A、B、C三个方案中，F_1的优劣顺序依次为B、A、C，F_2的优劣顺序依次为A、C、B，F_3的优劣顺序依次为C、B、A，F_4的优劣顺序依次为A、B、C。经进一步研究，专家确定三个方案各功能的评价计分标准均为：最优者得3分，居中者得2分，最差者得1分。

经造价工程师估算，A、B、C三个方案的造价分别为8500万元、7600万元、6900万元。

【问题】

1. 将A、B、C三个方案各功能的得分填入表2-2-1中。

2. 若四个功能之间的重要性关系排序为$F_2>F_1>F_4>F_3$，采用0-1评分法确定功能的权重，并将计算结果填入表2-2-2中。

3. 已知A、B两方案的价值指数分别为1.127、0.961，在0-1评分法的基础上计算C方案的价值指数，并根据价值指数的大小选择最佳设计方案。

4. 若四个功能之间的重要性关系为：F_1与F_2同等重要，F_1相对F_4较重要，F_1相对F_3很重要。采用0-4评分法确定各功能的权重，并将计算结果填入表2-2-3中。

（计算结果保留三位小数）

表2-2-1　各功能的得分

功能＼方案	A	B	C
F_1			
F_2			
F_3			
F_4			

表 2-2-2　0-1 评分法确定功能的权重

	F_1	F_2	F_3	F_4	得分	修正得分	权重
F_1							
F_2							
F_3							
F_4							
合计							

表 2-2-3　0-4 评分法确定各功能的权重

	F_1	F_2	F_3	F_4	得分	权重
F_1						
F_2						
F_3						
F_4						
合计						

【第二题】

甲乙两市隔海相望，直线距离约为 100km，由于海运运力不足，公路铁路运输距离千里以上。为发展两地经济，拟定 A 海底隧道（公铁两用）、B 跨海大桥（公铁两用）两个解决方案，效益费用相关数据见表 2-2-4。不考虑建设期的影响，无残值，折现率为 8%。资金时间价值系数见表 2-2-5。

表 2-2-4　两个方案效益费用相关数据

方案	A 海底隧道（公铁两用）	B 跨海大桥（公铁两用）
长度/km	100	150
投资/（亿元/km）	15	8
寿命期/年	50	50
大修周期/年	20	15
每次大修费用/亿元	50	25
年运行及维修费/亿元	5	6
每年开通天数/天	330	300
汽车通行量/（万辆/天）	5	4
汽车平均收费/（元/辆）	300	250
铁路客运收入/（亿元/年）	90	75
管线收费收入/（亿元/年）	10	8

表 2-2-5　资金时间价值系数表

n	10	15	20	30	40	45	50
$(P/A, 8\%, n)$	6.710	8.559	9.818	11.258	11.925	12.108	12.233
$(P/F, 8\%, n)$	0.463	0.315	0.215	0.099	0.046	0.031	0.021

【问题】

1. 列式计算两个方案的净年值，并选择最经济的方案。

2. 如果考虑土地升值、相关产业拉动和海洋环境治理（相关数据见表 2-2-6），用费用效率法选择最经济方案。对于方案B跨海大桥，每天通车量至少达到多少万辆才能收回费用？

表 2-2-6　两个方案土地升值、相关产业拉动和海洋环境治理相关数据

方案	A 海底隧道（公铁两用）	B 跨海大桥（公铁两用）
土地升值/（亿元/年）	5	5
相关产业拉动/（亿元/年）	50	30
海洋环境治理/（亿元/年）	40	30

3. 有关专家决定从五个方面（分别以 F_1～F_5 表示）进行功能评价，并对各功能的重要性分析如下：F_3 相对于 F_4 很重要，F_3 相对于 F_1 较重要，F_2 和 F_5 同样重要，F_4 和 F_5 同样重要。专家对两个方案满足程度的评分结果见表 2-2-7。

表 2-2-7　各方案功能评分

功能＼方案	A 海底隧道（公铁两用）	B 跨海大桥（公铁两用）
F_1	9	8
F_2	8	7
F_3	8	5
F_4	7	6
F_5	10	9

试用 0-4 评分法列表计算各功能的权重（填入表 2-2-8 中）；以年度寿命周期成本为成本，利用价值工程原理选择最佳设计方案。

表 2-2-8　0-4 评分法计算各项功能指标权重

	F_1	F_2	F_3	F_4	F_5	得分	权重
F_1							
F_2							
F_3							
F_4							
F_5							
合计							

（问题1、2计算结果保留两位小数，问题3计算结果保留三位小数）

【第三题】

某总承包企业拟开拓国内某大城市工程承包市场。经调查该市目前有A、B两个BOT项目将要招标。两个项目建成后经营期限均为15年。

经进一步调研，收集和整理出A、B两个项目投资与收益数据，见表 2-2-9。

表 2-2-9　A、B 项目投资与收益数据表

项目名称	初始投资/万元	运营期每年收益/万元		
		1～5 年	6～10 年	11～15 年
A 项目	10000	2000	2500	3000
B 项目	7000	1500	2000	2500

基准折现率为6%，资金时间价值系数见表 2-2-10。

表 2-2-10　资金时间价值系数表

n	5	10	15
（P/F，6%，n）	0.7474	0.5584	0.4173
（P/A，6%，n）	4.2123	7.3601	9.7122

【问题】

1. 不考虑建设期的影响，分别列式计算 A、B 两个项目总收益的净现值。

2. 据估计：投 A 项目中标概率为 0.7，不中标费用损失 80 万元；投 B 项目中标概率为 0.65，不中标费用损失 100 万元。若投 B 项目中标并建成经营 5 年后，可以自行决定是否扩建，如果扩建，其扩建投资为 4000 万元，扩建后 B 项目每年运营收益增加 1000 万元。按以下步骤求解该问题：

（1）计算 B 项目扩建后总收益的净现值；

（2）将各方案总收益净现值和不中标费用损失作为损益值，绘制投标决策树；

（3）判断 B 项目在 5 年后是否扩建？计算各机会点期望值，并做出投标决策。

（计算结果均保留两位小数）。

【第四题】

某工程合同工期为 21 天，承包公司项目经理部技术人员拟定的初始网络进度计划见图 2-2-1。在公司协调会上，设备供应部门提出，工作 F、J 使用的同种机械只能租赁到 1 台，因此，该两项工作只能按先后顺序施工。

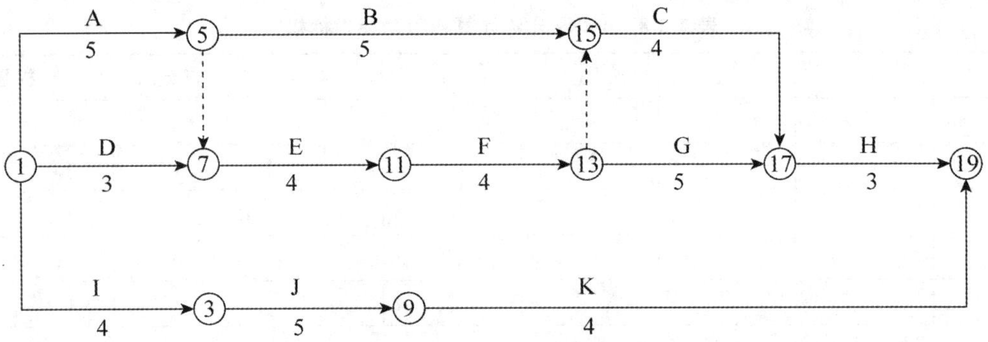

图 2-2-1　施工网络进度计划图

【问题】

1. 从工期控制的角度出发，工作 F、J 哪一项先施工较合理？说明理由，并对进度计划进行调整，将调整结果绘制成新网络图。调整后的关键工作有哪些？工期为多少天？

2. 经上述调整后的合理进度计划被批准为正式进度计划。但在开工后，由于工作 I 的时间延误，使工作 J 的开始作业时间推迟 3 天。工作 J 的推迟开工或停工 1 天费用损失为 500 元，总工期每拖延 1 天罚款 700 元。受上述事件的影响，该工程的总工期将为多少天？综合费用增加多少元？

3. 在发生问题 2 所述情况后，若通过压缩关键工作的持续时间来调整进度计划，从经济的角度考虑，应压缩哪些工作的持续时间？每项工作分别压缩多少天？总工期为多少天？相应增加的综合费用为多少元？各项工作可压缩时间及压缩每 1 天需增加的费用见表 2-2-11。

4. 除问题 3 的方案外，是否还有其他调整方案？如果有，相应增加的综合费用为多少元？

表 2-2-11　网络计划工作调整相关数据表

工作名称	可压缩时间/天	每压缩 1 天增加费用/（元/天）
K	2	350
G	2	400
H	1	750
C	2	200

【第五题】

某项目的有关背景材料如下：

1. 在招标投标阶段，有效标书经评标专家评审，其中 A、B、C 三家投标单位投标方案的有关参数见表 2-2-12。

表 2-2-12　投标单位投标方案的相关参数

投标方案	建设期费用支出/万元		项目运营期/年	项目运营期的年运营成本/万元	工程报废时的残值回收/万元
	第 1 年末	第 2 年末			
A	2500	2400	15	250	100
B	3000	3300	20	100	200
C	2400	2400	15	150	200

2. 在工程施工过程中，某预拌混凝土工程有两个备选施工方案：

采用方案一时，固定成本为 160 万元，与工期有关的费用为 35 万元/月，与工程量有关的费用为 98.4 元/1000m^3；

采用方案二时，固定成本为 200 万元，与工期有关的费用为 25 万元/月，与工程量有关的费用为 110 元/1000m^3。

3. 假设该工程合同工期为 24 个月，承包人报送并已获得监理工程师审核批准的施工网络进度计划见图 2-2-2。

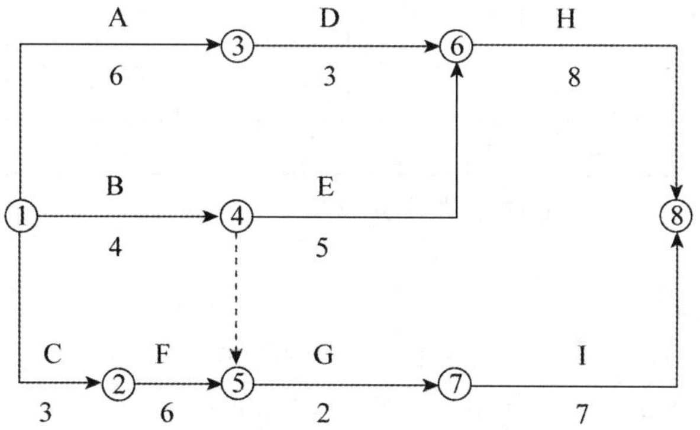

图 2-2-2　施工网络进度计划图

【问题】

1. 请依据三家投标单位投标方案的有关参数，列式计算 A、B、C 方案寿命期年费用，并利用年费用指标对三个投标方案的优劣进行排序。（基准折现率为 10%，计算结果保留两位小数）

2. 针对某预拌混凝土工程，当此项工作的工期为 12 个月时，试分析两方案适用的工程量范围。若工程量为 9000m^3，合同工期为 10 个月，计算确定应采用哪个方案？若方案二可缩短工期 10%，应采用哪个方案？

3. 针对工程的施工网络进度计划，计算工期是多少个月？是否满足工期要求？从工期控制的角度考虑，应重点控制哪些工作？为什么？

4. 针对工程的施工网络进度计划，开工前，因承包人工作班组调整，工作 A 和工作 E 需由同一工作班组分别施工。承包人应如何合理调整该施工网络进度计划（绘制调整后的网络进度计划图）？新的网络进度计划的工期是否满足合同要求？关键工作有哪些？

解析与点拨

【第一题】

问题 1：

A、B、C 三个方案各功能的得分见表 2-2-13。

表 2-2-13　各功能的得分

功能＼方案	A	B	C
F_1	2	3	1
F_2	3	1	2
F_3	1	2	3
F_4	3	2	1

【点拨】本题考查知识点：功能得分的计算。

问题 2：

采用 0-1 评分法确定功能的权重见表 2-2-14。

表 2-2-14　0-1 评分法确定功能的权重

	F_1	F_2	F_3	F_4	得分	修正得分	权重
F_1	×	0	1	1	2	3	0.300
F_2	1	×	1	1	3	4	0.400
F_3	0	0	×	0	0	1	0.100
F_4	0	0	1	×	1	2	0.200
合计					6	10	1.000

【点拨】本题考查知识点：0-1 评分法计算权重。

问题 3：

（1）各方案综合得分：

A 方案：2×0.3+3×0.4+1×0.1+3×0.2=2.500；

B 方案：3×0.3+1×0.4+2×0.1+2×0.2=1.900；

C 方案：1×0.3+2×0.4+3×0.1+1×0.2=1.600；

三个方案合计：2.500+1.900+1.600=6.000。

（2）C 方案功能指数=1.600/6.000=0.267；

C 方案成本指数=6900/（8500+7600+6900）=0.300；

C 方案价值指数=0.267/0.300=0.890。

因为 A 方案价值指数最大，所以 A 方案是最佳方案。

【点拨】本题考查知识点：综合得分、功能指数、成本指数、价值指数的计算。

问题 4：

采用 0-4 评分法确定各功能的权重见表 2-2-15。

表 2-2-15 0-4 评分法确定各功能的权重

	F_1	F_2	F_3	F_4	得分	权重
F_1	×	2	4	3	9	0.375
F_2	2	×	4	3	9	0.375
F_3	0	0	×	1	1	0.042
F_4	1	1	3	×	5	0.208

【点拨】本题考查知识点：0-4 评分法计算权重。

【第二题】

问题 1：

A 方案净年值＝－15×100×（A/P，8%，50）－50×［（P/F，8%，20）＋（P/F，8%，40］×（A/P，8%，50）－5＋（300×5×330/10000＋90＋10）＝－128.69＋149.50＝20.81（亿元）。

B 方案净年值＝－8×150×（A/P，8%，50）－25×［（P/F，8%，15）＋（P/F，8%，30）＋（P/F，8%，45）］×（A/P，8%，50）－6＋（250×4×300/10000＋75＋8）＝－105.00＋113.00＝8.00（亿元）。

因为 20.81 亿元＞8.00 亿元，故选择 A 方案。

【点拨】本题考查知识点：净年值计算（等值计算）。

问题 2：

（1）两方案比较如下：

A 方案：

年度收益＝149.50＋5＋50＝204.50（亿元）；

年度费用＝128.69＋40＝168.69（亿元）；

费用效率＝204.50/168.69＝1.21。

B 方案：

年度收益＝113.00＋5＋30＝148.00（亿元）；

年度费用＝105.00＋30＝135.00（亿元）；

费用效率＝148.00/135.00＝1.10。

A 方案费用效率大于 B 方案费用效率，选择 A 方案。

（2）设通车量为 Q 万量，列下式计算：

Q×300×250/10000＋75＋8＋30＋5≥135.00，

解得：Q≥2.27 万辆。对于方案 B 跨海大桥，每天通车量至少达到 2.27 万辆才能收回费用。

【点拨】本题考查知识点：费用效率的计算，利用一元一次方程计算通车量。

问题 3：

采用 0-4 评分法计算各项功能指标权重见表 2-2-16。

表 2-2-16　0-4 评分法计算各项功能指标权重

	F_1	F_2	F_3	F_4	F_5	得分	权重
F_1	×	3	1	3	3	10	0.250
F_2	1	×	0	2	2	5	0.125
F_3	3	4	×	4	4	15	0.375
F_4	1	2	0	×	2	5	0.125
F_5	1	2	0	2	×	5	0.125
合计						40	1.000

（1）功能得分：

A 方案：9×0.250＋8×0.125＋8×0.375＋7×0.125＋10×0.125＝8.375。

B 方案：8×0.250＋7×0.125＋5×0.375＋6×0.125＋9×0.125＝6.625。

（2）功能指数：

A 方案：8.375/（8.375＋6.625）＝0.558。

B 方案：6.625/（8.375＋6.625）＝0.442。

（3）成本指数：

A 方案：168.69/（168.69＋135.00）＝0.555。

B 方案：135.00/（168.69＋135.00）＝0.445。

（4）价值指数：

A 方案：0.558/0.555＝1.005。

B 方案：0.442/0.445＝0.993。

因为 1.005＞0.993，优先选择价值指数大的的方案，故选择 A 方案。

【点拨】本题考查知识点：0-4 评分法计算权重、功能得分、功能指数、成本指数、价值指数及方案比选。

【第三题】

问题 1：

项目总收益净现值计算如下：

A 项目：PV_A＝－10000＋2000（P/A，6%，5）＋2500（P/A，6%，5）（P/F，6%，5）＋3000（P/A，6%，5）（P/F，6%，10）＝－10000＋2000×4.2123＋2500×4.2123×0.7474＋3000×4.2123×0.5584＝－10000＋8424.60＋7870.68＋7056.44＝13351.72（万元）。

B 项目：PV_B＝－7000＋1500（P/A，6%，5）＋2000（P/A，6%，5）（P/F，6%，5）＋2500（P/A，6%，5）（P/F，6%，10）＝－7000＋1500×4.2123＋2000×4.2123×0.7474＋2500×4.2123×0.5584＝－7000＋6318.45＋6296.55＋5880.37＝11495.37（万元）。

【点拨】本题考查知识点：净现值计算（等值计算）。

问题 2：

（1）B 项目扩建后总收益净现值：

PV_B＝11495.37＋［1000（P/A，6%，10）－4000］（P/F，6%，5）

＝11495.37＋［1000×7.3601－4000］×0.7474

＝11495.37＋3360.10×0.7474＝14006.71（万元）。

（2）绘制投标决策树，见图 2-2-3。

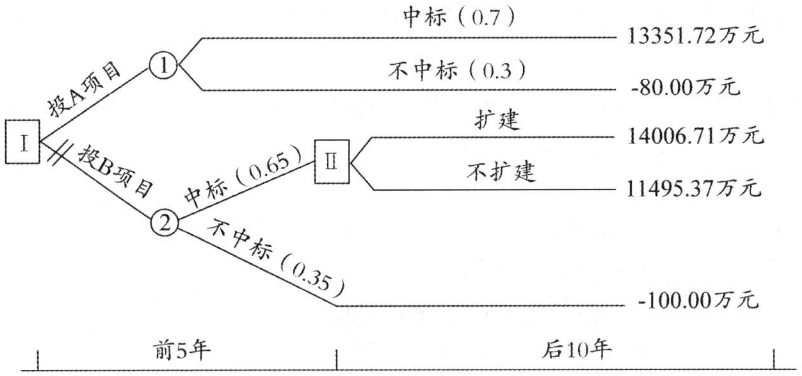

图 2-2-3　投标决策树

(3) 5 年后应该扩建。

计算各机会期望值并做出投标决策：

机会点①：0.7×13351.72＋0.3×（－80.00）＝9322.20（万元）；

机会点②：0.65×14006.71＋0.35×（－100.00）＝9069.36（万元）。

所以，应投 A 项目。

【点拨】本题考查知识点：净现值计算（等值计算）、决策树。

【第四题】

问题 1：

(1) 从工期控制的角度，先施工工作 J，后施工工作 F 较合理。

或：工作 J 的最早开始时间为第 5 天，最早结束时间为第 9 天；工作 F 的最早开始时间为第 10 天，最早结束时间为第 13 天。所以先施工工作 J。

(2) 理由：因为其施工工期（21 天）短于先施工工作 F、后施工工作 J 工期（22 天）。

(3) 调整后的施工网络进度计划见图 2-2-4。

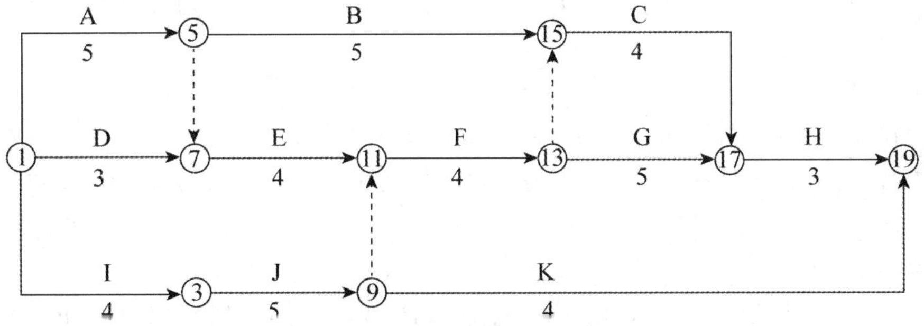

图 2-2-4　调整后的施工网络进度计划图

(4) 调整后的关键工作有：A、E、I、J、F、G、H，工期 21 天。

【点拨】本题考查知识点：判断关键线路、计算工期。

问题 2：

(1) 工作 J 在关键线路上，开始作业时间推迟 3 天，工期将为 24 天。

(2) 计算综合费用增加：

①推迟开工费用损失：3×500＝1500（元）；

②总工期拖延罚款：3×700＝2100（元）。

合计：1500＋2100＝3600（元）。

【点拨】本题考查知识点：实际工期、费用计算。

问题3：

(1) 对每压缩1天关键线路工作增加的费用不大于工期每拖延1天罚款的工作进行压缩，应压缩工作G 2天，工作C 1天。工期压缩至22天。

(2) 计算综合费用增加：

①工作G、C持续时间压缩增加费用：400×2+200=1000（元）；

②总工期拖延罚款：1×700=700（元）；

③工作J推迟开工费用损失：3×500=1500（元）。

合计：1000+700+1500=3200（元）。

【点拨】本题考查知识点：压缩工作、压缩工期的判断，相关费用的计算。

问题4：

(1) 如果改变工作J和工作F的施工顺序，将工作J调整到工作F完成之后进行，并将工作K的持续时间缩短1天，工期仍为21天。

(2) 计算综合费用增加：

①工作J推迟开工增加费用：500×9=4500（元）；

②工作K压缩1天增加费用：350（元）；

合计：4500+350=4850（元）。

【点拨】本题考查知识点：压缩工作、压缩工期的判断，相关费用的计算。

【第五题】

问题1：

(1) 计算各投标方案的年费用：

A方案年费用：

A_A=［2500×（P/F，10%，1）+2400×（P/F，10%，2）+250×（P/A，10%，15）×（P/F，10%，2）－100×（P/F，10%，17）］×（A/P，10%，17）=724.19（万元）。

B方案年费用：

A_B=［3000×（P/F，10%，1）+3300×（P/F，10%，2）+100×（P/A，10%，20）×（P/F，10%，2）－200×（P/F，10%，22）］×（A/P，10%，22）=699.26（万元）。

C方案年费用：

Ac=［2400×（P/A，10%，2）+150×（P/A，10%，15）×（P/F，10%，2）－200×（P/F，10%，17）］×（A/P，10%，17）=631.90（万元）。

(2) 由以上计算结果可知：C方案的年费用最低，为最优方案，其次是B方案，A方案的费用最高，在三个方案中是最差的。

【点拨】本题考查知识点：年费用的计算。

问题2：

(1) 设工程量为Q，工期为T，则方案费用=固定成本+与T有关的费用+与Q有关的费用。

当工期为12个月时：

方案一的费用C_1=160+35×12+98.4×Q；

方案二的费用 $C_2=200+25\times12+110\times Q$。

令 $C_1=C_2$，解得 $Q=6897m^3$。

因此：

当 $Q<6900m^3$，选用方案二；

当 $Q>6900m^3$，选用方案一；

当 $Q=6900m^3$，方案一、方案二均可。

(2) 当工程量为 $9000m^3$，合同工期为 10 个月时：

方案一：$C_1=160+35\times10+98.4\times9=1395.6$（万元）；

方案二：$C_2=200+25\times10+110\times9=1440$（万元）。

因为 $C_1<C_2$，所以应采用方案一。

(3) 若方案二可缩短工期 10%，

方案二的费用：

$C_2=200+25\times10\times(1-10\%)+110\times9=1415$（万元），

或 $C_2=1440-25\times10\times10\%=1415$（万元）。

因为 $C_1<C_2$，所以仍应采用方案一。

【点拨】本题考查知识点：利用一元一次方程选择最佳方案。

问题 3：

原施工网络进度计划中，计算工期是 18 个月，满足工期（24 个月）要求；从工期控制的角度考虑，应重点控制工作 C、F、G、I，因为上述工作是关键工作，其持续时间的变化必然会影响到总工期。

【点拨】本题考查知识点：关键工作与工期的关系。

问题 4：

(1) 施工单位应将工作 E 调整到工作 A 后进行，将工作 A 作为工作 E 的紧前工作。调整后的施工网络进度计划见图 2-2-5。

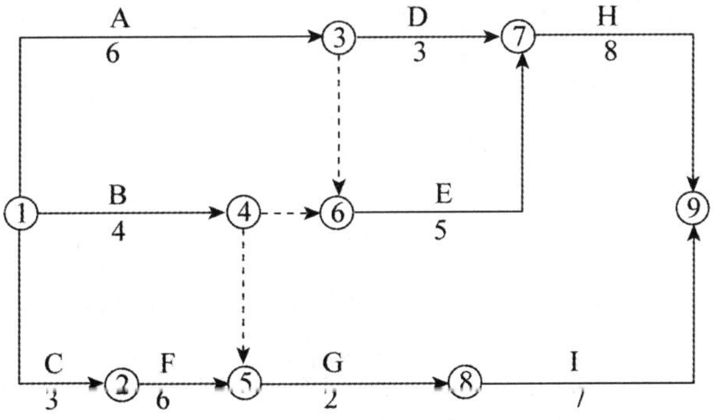

图 2-2-5　调整后的施工网络进度计划图

(2) 新的网络进度计划工期 19 个月，能够满足合同要求，关键工作有 A、E、H。

【点拨】本题考查知识点：网络图的调整、绘制，计算工期，判别关键线路。

学习笔记

第三章

工程计量与计价

（建议学习时间：3周）

学习计划（第3～5周）：

Day 1	*Day 8*	*Day 15*
Day 2	*Day 9*	*Day 16*
Day 3	*Day 10*	*Day 17*
Day 4	*Day 11*	*Day 18*
Day 5	*Day 12*	*Day 19*
Day 6	*Day 13*	*Day 20*
Day 7	*Day 14*	*Day 21*

扫码即听
本章导学

第三章　工程计量与计价

知识脉络

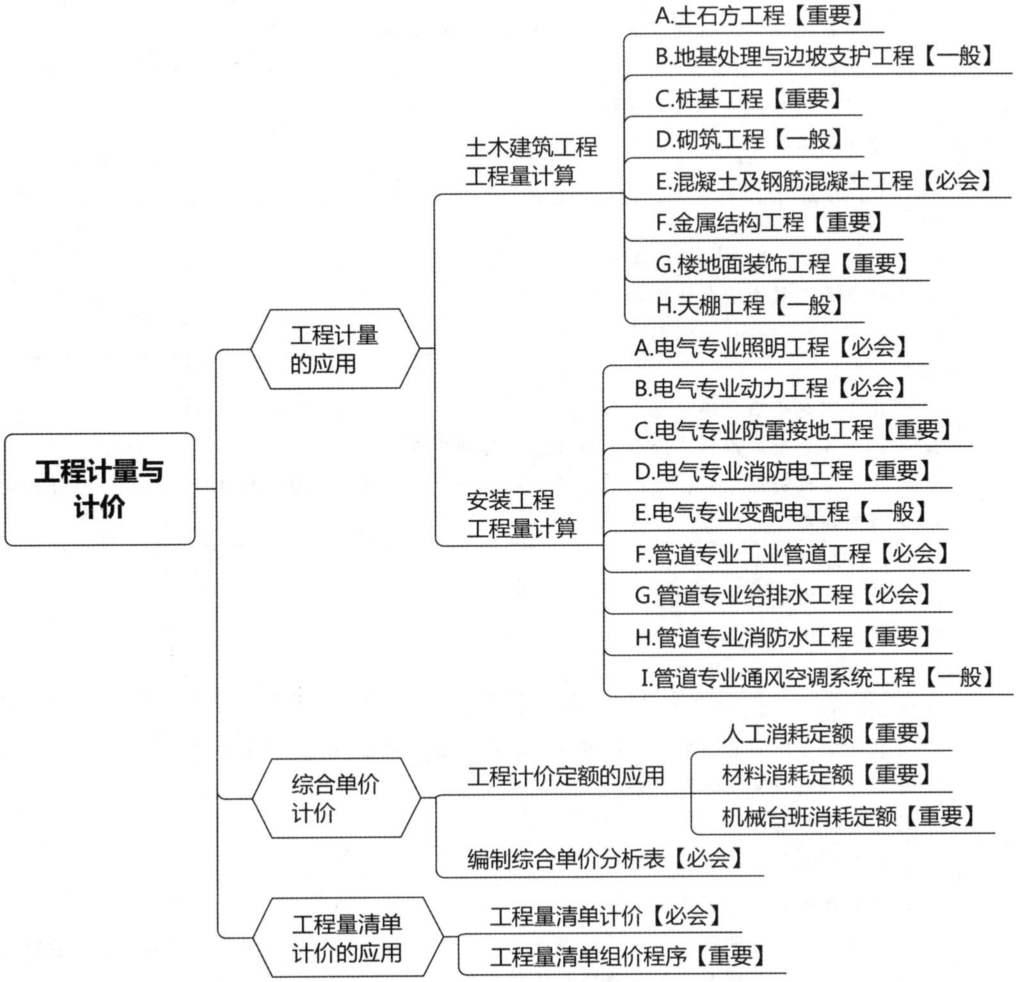

考试思路

第三章内容涉及的题目在2019年考试试卷中对应试题五，分土建和安装两个专业，每个专业各40分。本章主要涉及工程量的计算及清单组价，也涉及定额的相关知识和设计概算、施工图预算等的编制过程，工程量计算规范和清单计价规范是本章知识点的主要来源，由于其计算规则较多、较散，故不容易理解和记忆，尤其是非专业考生，因基础薄弱，学习起来更有难度。在学习中，可以结合计量中的工程量计算规则和计价中的工程计价学习，效果会更好。本章考试的题型比较固定，具有一定的规律，但要取得高分还需加强对识图知识的掌握。

历年考点统计

<table>
<tr><th>年份</th><th>考查内容</th></tr>
<tr><td rowspan="3">2019</td><td>土木建筑工程：
1. 计算分部分项工程量
2. 计算分部分项工程人工、材料、机械使用消耗量，填制分部分项工程和措施项目人、材、机费计算表，计算分部分项工程和措施项目人、材、机费，安全文明措施费及其他总价措施费
3. 计算工程消耗量、除税价差、分部分项工程和措施项目人、材、机增加费</td></tr>
<tr><td>安装（管道）工程：
1. 计算卫生间给排水系统工程量
2. 分部分项工程量清单计价表
3. 综合单价分析表</td></tr>
<tr><td>安装（电气）工程：
1. 计算照明中的配管、配线工程量
2. 分部分项工程量清单计价表
3. 单位工程招标控制价汇总表</td></tr>
<tr><td rowspan="3">2018</td><td>土木建筑工程：
1. 计算某烟囱基础分部分项工程量
2. 填写分部分项工程和单价措施项目清单与计价表
3. 计算安全文明施工费、措施项目费、人工费、总承包服务费、规费、增值税、最高投标限价
4. 填写综合单价分析表</td></tr>
<tr><td>安装（管道）工程：
1. 计算卫生间给水系统工程量
2. 分部分项工程量清单计价表
3. 综合单价分析表</td></tr>
<tr><td>安装（电气）工程：
1. 计算防雷＋照明的避雷网、引下线、接地母线、配管、配线的工程量
2. 分部分项工程量清单计价表
3. 综合单价分析表</td></tr>
<tr><td rowspan="3">2017</td><td>土木建筑工程：
1. 工程量计算表
2. 计算每吨钢屋架油漆、防火漆的消耗量及费用，其他材料费费用，编制综合单价分析表
3. 编制分部分项工程和单价措施项目清单计价表
4. 计算安全文明施工费、措施项目费、规费、增值税，编制单位工程招标控制价</td></tr>
<tr><td>安装（管道）工程：
1. 计算工业管道成品油泵房管道系统工程量
2. 分部分项工程量清单计价表
3. 综合单价分析表
4. 增值税的计算</td></tr>
<tr><td>安装（电气）工程：
1. 计算照明中的配管、配线工程量
2. 分部分项工程量清单计价表
3. 综合单价分析表</td></tr>
</table>

续表

年份	考查内容
2016	土木建筑工程： 1. 工程量计算表 2. 编制土建装饰工程结算（分部分项工程和单价措施项目清单计价表） 3. 计算安全文明施工费、措施项目费、规费、税金及附加（单位工程竣工结算汇总表）
	安装（管道）工程： 1. 计算卫生间给水系统工程量 2. 分部分项工程量清单计价表 3. 综合单价分析表
	安装（电气）工程： 1. 计算照明中的配管、配线工程量 2. 分部分项工程量清单计价表 3. 综合单价分析表
2015	土木建筑工程： 1. 工程量计算表（混凝土基础垫层、现浇混凝土独立基础、现浇混凝土基础梁、现浇构件钢筋、现浇混凝土模板） 2. 填写分部分项工程和单价措施项目清单与计价表 3. 计算分部分项工程的综合单价 4. 计入损耗率计算各种强度等级混凝土用量
	安装（管道）工程： 1. 计算室外消防给水系统工程量 2. 分部分项工程量清单计价表 3. 综合单价分析表
	安装（电气）工程： 1. 计算防雷接地的避雷网、引下线、接地母线工程量 2. 分部分项工程量清单计价表 3. 综合单价分析表

模块一　典型真题精讲

一、土木建筑工程

【2019 真题】

某城市 188m 大跨度预应力拱形钢桁架结构体育场馆，下部钢筋混凝土基础平面布置图及基础详图设计见图 3-1-1“基础平面布置图”、图 3-1-2“基础详图”。中标该项目的施工企业，考虑为大体积混凝土施工，为加强成本核算和清晰掌握该分部分项工程实际成本，拟采用实物量法计算该分部分项工程费用目标管理控制价。该施工企业内部相关单位工程量人、材、机消耗定额及实际掌握项目所在地除税价格见表 3-1-1“企业内部单位工程量人、材、机消耗定额”。

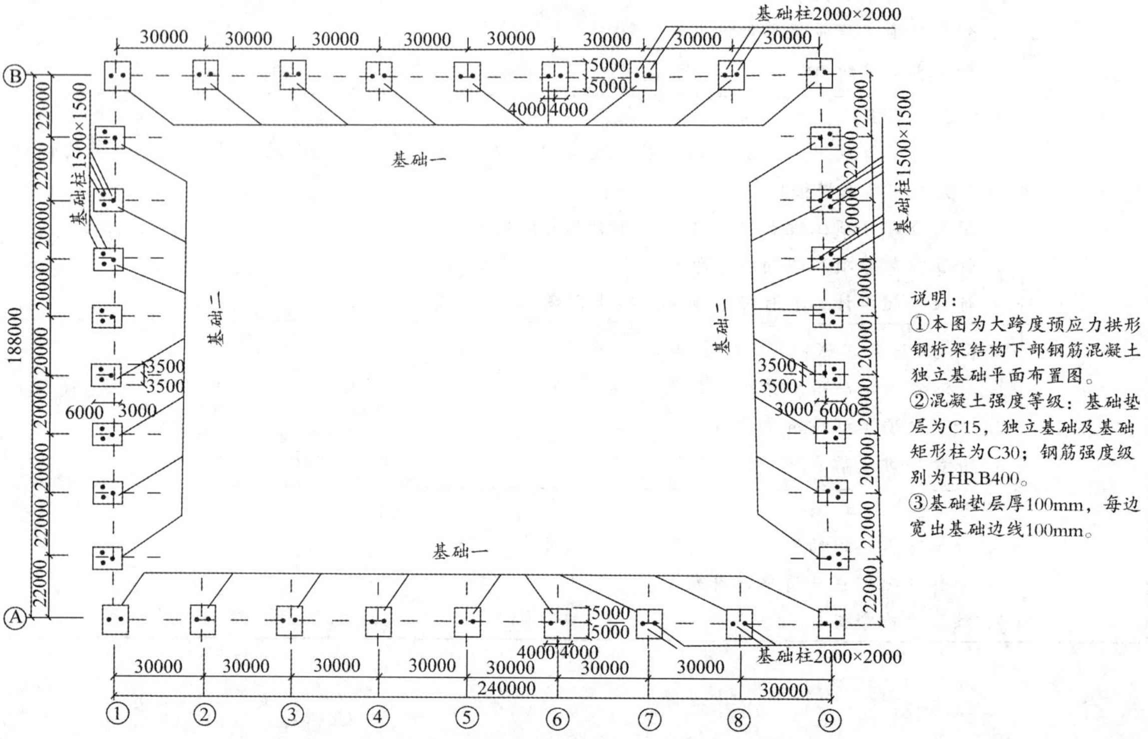

图 3-1-1　基础平面布置图

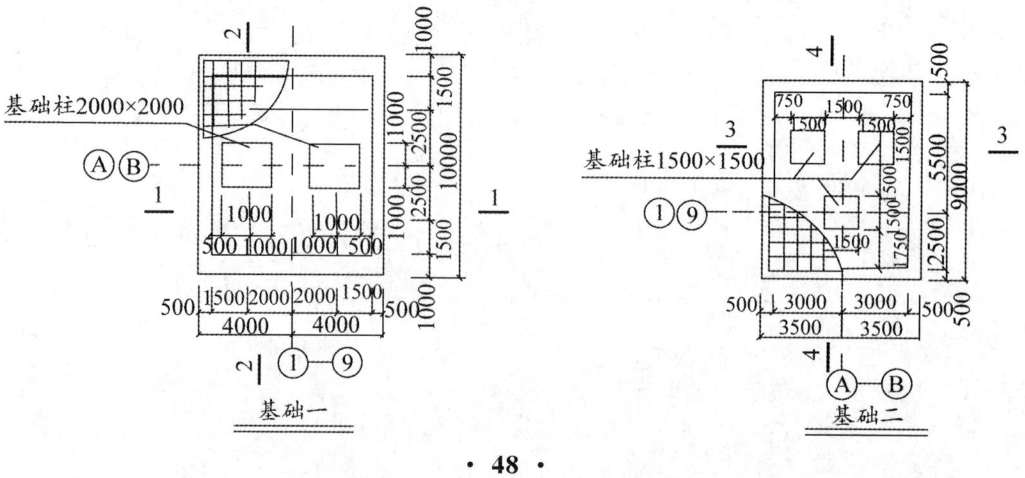

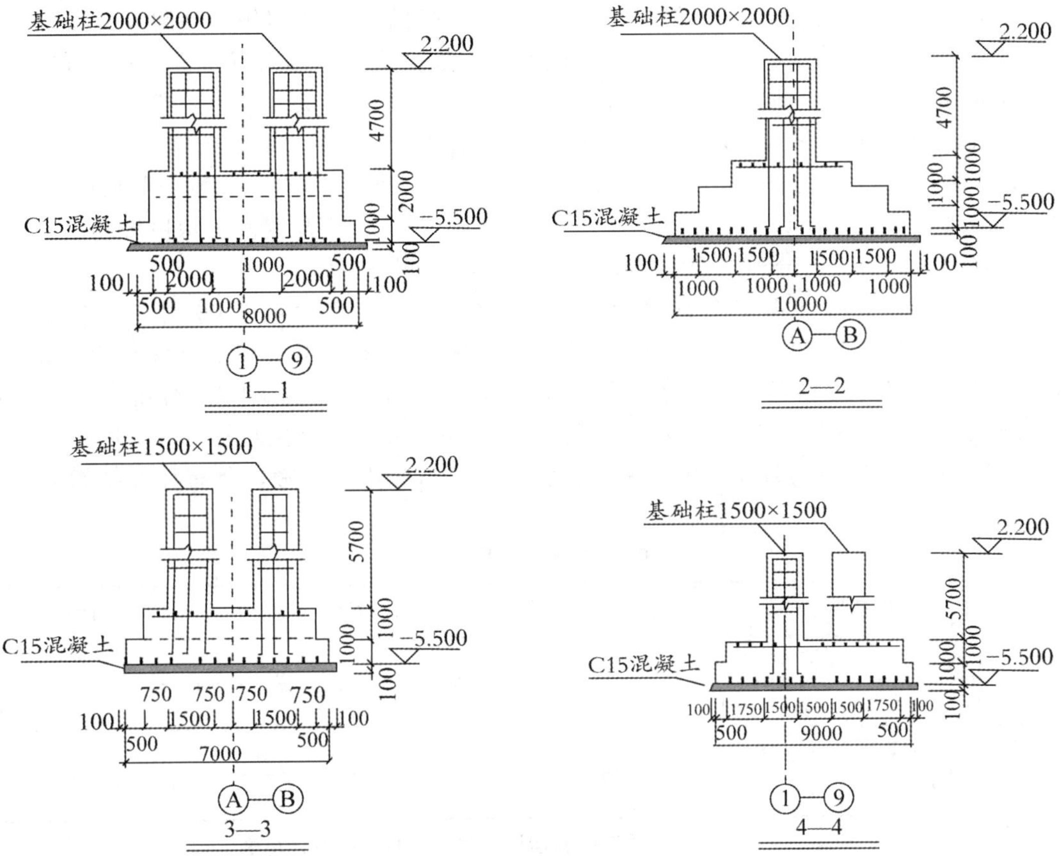

图 3-1-2　基础详图

表 3-1-1　企业内部单位工程量人、材、机消耗定额

项目名称		单位	除税价/元	分部分项工程内容			
				C15 基础垫层/m^3	C30 独立基础/m^3	C30 矩形柱/m^3	钢筋/t
人材机	工日（综合）	工日	110.00	0.40	0.60	0.70	6.00
	C15 商品混凝土	m^3	400.00	1.02			
	C30 商品混凝土	m^3	460.00		1.02	1.02	
	钢筋（综合）	t	3600.00				1.03
	其他辅助材料费	元		8.00	12.00	13.00	117.00
	机械使用费（综合）	元		1.60	3.90	4.20	115.00

【问题】

1. 根据该体育场馆基础设计图纸、技术参数，及表 3-1-2“工程量计算表”中给定的信息，按照《房屋建筑与装饰工程工程量计算规范》（GB 50854—2013）的计算规则，在表 3-1-2“工程量计算表”中，列式计算该大跨度体育场馆钢筋混凝土基础分部分项工程量。已知：钢筋混凝土独立基础综合钢筋含量为 72.50kg/m^3，钢筋混凝土矩形基础柱综合钢筋含量为 118.70kg/m^3。

2. 根据问题 1 的计算结果、参考资料，列式计算该分部分项工程人工、材料、机械使用费消耗量，并在表 3-1-3“分部分项工程和措施项目人、材、机费计算表”中，计算该分部分项工程和措施项目人、材、机费，施工企业结合相关方批准的施工组织设计测算的项目单价措施人、材、机费为 640000.00 元；施工企业内部规定安全文明措施及其他总价措施费人、材、机费按分部分项工程人、材、机费及单价措施人、材、机费之和的 2.50%计算。

3. 若施工过程中，钢筋混凝土独立基础和矩形基础柱使用的 C30 混凝土变更为 C40 混凝土（消耗定额同 C30 混凝土，除税价 480.00 元/m^3），其他条件均不变，根据问题 1、2 的条件和计算结果，列式计算 C40 商品混凝土消耗量、C40 与 C30 商品混凝土除税价差、由于商品混凝土价差产生的该分部分项工程和措施项目人、材、机增加费。

4. 假定该钢筋混凝土基础分部分项工程人、材、机费为 6600000.00 元，其中人工费占 13%；企业管理费按人、材、机费的 6%计算，利润按人、材、机费和企业管理费之和的 5%计算，规费按人工费的 21%计算，增值税税率按 9%计取，请在表 3-1-4“分部分项工程费用目标管理控制价计算表”中编制该钢筋混凝土基础分部分项工程费用目标管理控制价。

（上述各问题中提及的各项费用均不包含增值税可抵扣进项税额，所有计算结果均保留两位小数）

表 3-1-2 工程量计算表

序号	项目名称	单位	计算过程	计算结果
1	C15 混凝土垫层	m^3		
2	C30 混凝土独立基础	m^3		
3	C30 混凝土矩形基础柱	m^3		
4	钢筋（综合）	t		

表 3-1-3 分部分项工程和措施项目人、材、机费计算表

序号	项目名称	单位	消耗量	除税单价/元	除税合价/元
1	人工费（综合）	工日			
2	C15 商品混凝土	m^3			
3	C30 商品混凝土	m^3			
4	钢筋（综合）	t			
5	其他辅助材料费	元			
6	机械使用费（综合）	元			
7	单价措施人、材、机费	项			
8	安全文明措施及其他总价措施人、材、机费	元			
9	人、材、机费合计	元			

表 3-1-4 分部分项工程费用目标管理控制价计算表

序号	费用名称	计费基础	金额/元
1	人、材、机费		
	其中：人工费		
2	企业管理费		
3	利润		
4	规费		
5	增值税		
	费用目标管理控制价合计		

真题精讲

【问题 1・解题思路】

问题 1 主要考核土建工程工程量的计算。解题思路如下：

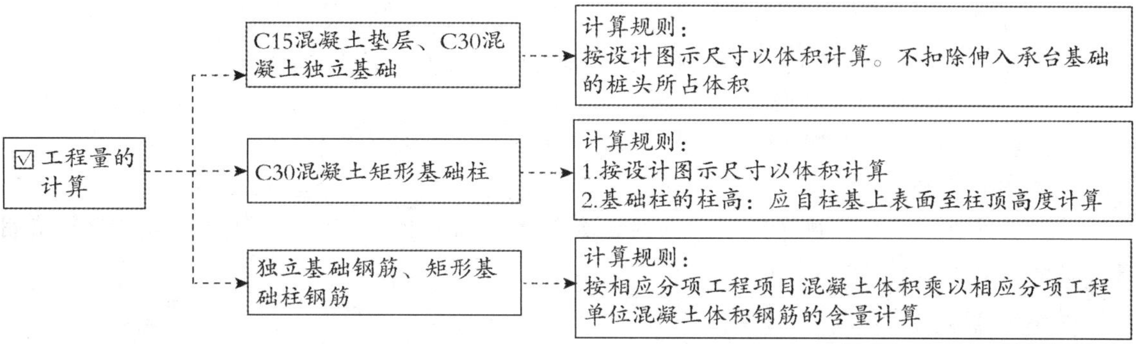

思路拓展

1. 独立基础

独立基础有坡形独立基础、杯口独立基础、阶梯型独立基础。本题是阶梯型独立基础，两种样式，一种是有两根基础柱，一种是有三根独立基础。基础一是（1-1 剖为二阶、2-2 剖为三阶）三阶 $V=V_1+V_2+V_3$；基础二是两阶 $V=V_1+V_2$。

2. 混凝土矩形基础柱

基础柱高度＝基础柱顶标高－基础柱底标高。基础一柱高＝2.2－（－5.5＋1＋2）＝4.7（m）；基础二柱高＝2.2－（－5.5＋1＋1）＝5.7（m）。

参考答案

工程量计算见表 3-1-5。

表 3-1-5　工程量计算表

序号	项目名称	单位	计算过程	计算结果
1	C15 混凝土垫层	m^3	基础一垫层：（8＋0.2）×（10＋0.2）×0.1×18＝150.55 基础二垫层：（7＋0.2）×（9＋0.2）×0.1×16＝105.98 合计：150.55＋105.98＝256.53	256.53
2	C30 混凝土独立基础	m^3	基础一：[8×10×1＋（8－0.5×2）×（10－1×2）×1＋（8－0.5×2）×（10－2.5×2）×1]×18＝3078.00 基础二：[7×9×1＋（7－0.5×2）×（9－0.5×2）×1]×16＝1776.00 合计：3078.00＋1776.00＝4854.00	4854.00
3	C30 混凝土矩形基础柱	m^3	基础柱一：2×2×4.7×2×18＝676.80 基础柱二：1.5×1.5×5.7×3×16＝615.60 合计：615.60＋676.80＝1292.40	1292.40
4	钢筋（综合）	t	独立基础钢筋：4854.00×72.50/1000＝351.92 矩形基础柱钢筋：1292.40×118.70/1000＝153.41 合计：351.92＋153.41＝505.33	505.33

【问题 2・解题思路】

问题 2 主要考核分部分项工程和措施项目人、材、机费的计算。解题思路如下：

☑ 分部分项工程人、材、机费 ⇄ 人工费 + 材料费 + 机具使用费

思路拓展

1. 人工费

人工费＝Σ（现行预算定额中各种人工工日用量×人工日工资单价）。

2. 材料费

材料费＝Σ（现行预算定额中各种材料耗用量×相应材料单价）。

3. 机具使用费

机具使用费＝（现行预算定额中机械台班用量×机械台班单价）＋Σ（仪器仪表台班用量×仪器仪表台班单价）。

参考答案

（1）人工工日（综合）消耗量＝256.53×0.40＋4854.00×0.60＋1292.40×0.70＋505.33×6.00＝6951.67（工日）；

人工（综合）费＝6951.67×110＝764683.70（元）。

（2）C15 商品混凝土消耗量＝256.53×1.02＝261.66（m^3）；

C15 商品混凝土费用＝261.66×400＝104664.00（元）。

（3）C30 商品混凝土消耗量＝（4854.00＋1292.40）×1.02＝6269.33（m^3）；

C30 商品混凝土费用＝6269.33×460＝2883891.80（元）。

（4）钢筋（综合）消耗量＝505.33×1.03＝520.49（t）；

钢筋（综合）费用＝520.49×3600＝1873764.00（元）。

（5）其他辅助材料费＝256.53×8.00＋4854.00×12.00＋1292.40×13.00＋505.33×117.00＝136225.05（元）。

（6）机械使用费（综合）＝256.53×1.60＋4854.00×3.90＋1292.40×4.20＋505.33×115.00＝82882.08（元）。

（7）分部分项工程人、材、机使用费＝764683.70＋104664.00＋2883891.80＋1873764.00＋136225.05＋82882.08＝5846110.63（元）。

（8）单价措施人、材、机费＝640000.00 元。

（9）安全文明措施及其他总价措施费的人、材、机费＝（5846110.63＋640000.00）×2.5%＝162152.77（元）。

（10）分部分项工程和措施项目人、材、机费用＝5846110.63＋640000.00＋162152.77＝6648263.40（元）。

分部分项工程和措施项目人、材、机费计算见表 3-1-6。

表 3-1-6 分部分项工程和措施项目人、材、机费计算表

序号	项目名称	单位	消耗量	除税单价/元	除税合价/元
1	人工费（综合）	工日	6951.67	110.00	764683.70
2	C15 商品混凝土	m^3	261.66	400.00	104664.00
3	C30 商品混凝土	m^3	6269.33	460.00	2883891.80
4	钢筋（综合）	t	520.49	3600.00	1873764.00
5	其他辅助材料费	元	—	—	136225.05

续表

序号	项目名称	单位	消耗量	除税单价/元	除税合价/元
6	机械使用费（综合）	元	—	—	82882.08
7	单价措施人、材、机费	项	—	—	640000.00
8	安全文明措施及其他总价措施人、材、机费	元			162152.77
9	人、材、机费合计	元			6648263.40

【问题3·解题思路】

问题3主要考核材料替代分部分项工程和措施项目费用增加的计算。

本题计算C40混凝土替代C30混凝土，只有除税单价不同，其他条件均不变。材料消耗量计算同问题2，每立方米混凝土价差=C40除税单价−C30除税单价，然后依据题目要求计算措施项目费。解题思路如下：

思路拓展

工程材料调差费用：

（1）工程材料价差调整额=该种材料在工程中合计耗用量×材料单价价差。

（2）依据题目的具体要求进行材料替换，计算分部分项工程和措施项目人、材、机费用差。

参考答案

（1）C40商品混凝土消耗量=（4854.00+1292.40）×1.02=6269.33（m^3）。

（2）C40与C30商品混凝土除税价差=480.00−460.00=20.00（元/m^3）。

（3）由于C40商品混凝土价差产生的该分部分项工程和措施项目人、材、机增加费：

分部分项工程人、材、机增加费=6269.33×20.00=125386.60（元）；

安全文明措施及其他总价措施人、材、机增加费=125386.60×2.5%=3134.67（元）；

该分部分项工程和措施项目人、材、机增加费=125386.60+3134.67=128521.27（元）。

【问题4·解题思路】

问题4主要考核分部分项工程费用目标管理控制价计算表。解题思路如下：

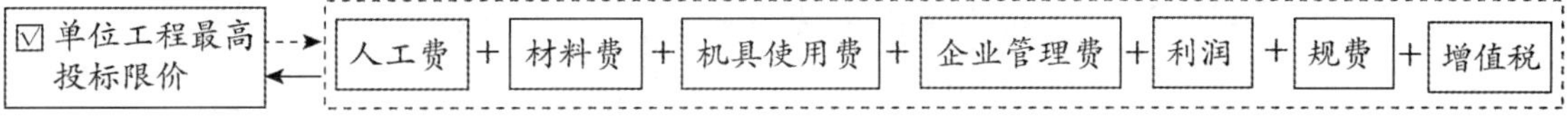

思路拓展

单位工程最高投标限价：

（1）单位工程最高投标限价有两种计算思路：一种是按照清单费用构成，即分部分项工程费用、措施项目费用、其他项目费用、规费和税金；一种是按照费用构成要素，即人工费、材料费、施工机具使用费、企业管理费、利润、规费和税金。

（2）考试时依据题目要求选择合适的方法答题。

参考答案

人工费=6600000×13%=858000.00（元）；

企业管理费=6600000×6%=396000.00（元）；

利润＝（6600000＋396000）×5％＝349800.00（元）；

规费＝858000×21％＝180180.00（元）；

增值税＝（6600000＋396000＋349800＋180180）×9％＝7525980×9％＝677338.20（元）；

目标管理控制价合计＝7525980＋677338.20＝8203318.20（元）。

分部分项工程费用目标管理控制价计算见表 3-1-7。

表 3-1-7　分部分项工程费用目标管理控制价计算表

序号	费用名称	计费基础	金额/元
1	人、材、机费		6600000.00
	其中：人工费	分部分项工程人、材、机费 6600000.00	858000.00
2	企业管理费	分部分项工程人、材、机费 6600000.00	396000.00
3	利润	分部分项工程人、材、机费 6600000.00＋企业管理费 396000.00	349800.00
4	规费	人工费 858000.00	180180.00
5	增值税	分部分项工程人、材、机费 6600000.00＋企业管理费 396000.00＋利润 349800.00＋规费 180180.00	677338.20
	费用目标管理控制价合计		8203318.20

【2018 真题】

某城市生活垃圾焚烧发电厂钢筋混凝土多管式（钢管内）80m 高烟囱基础，见图 3-1-3“钢内筒烟囱基础平面布置图”、图 3-1-4“旋挖钻孔灌注桩基础图”。已建成类似工程钢筋用量参考指标见表 3-1-8“单位钢筋混凝土钢筋参考用量表”。

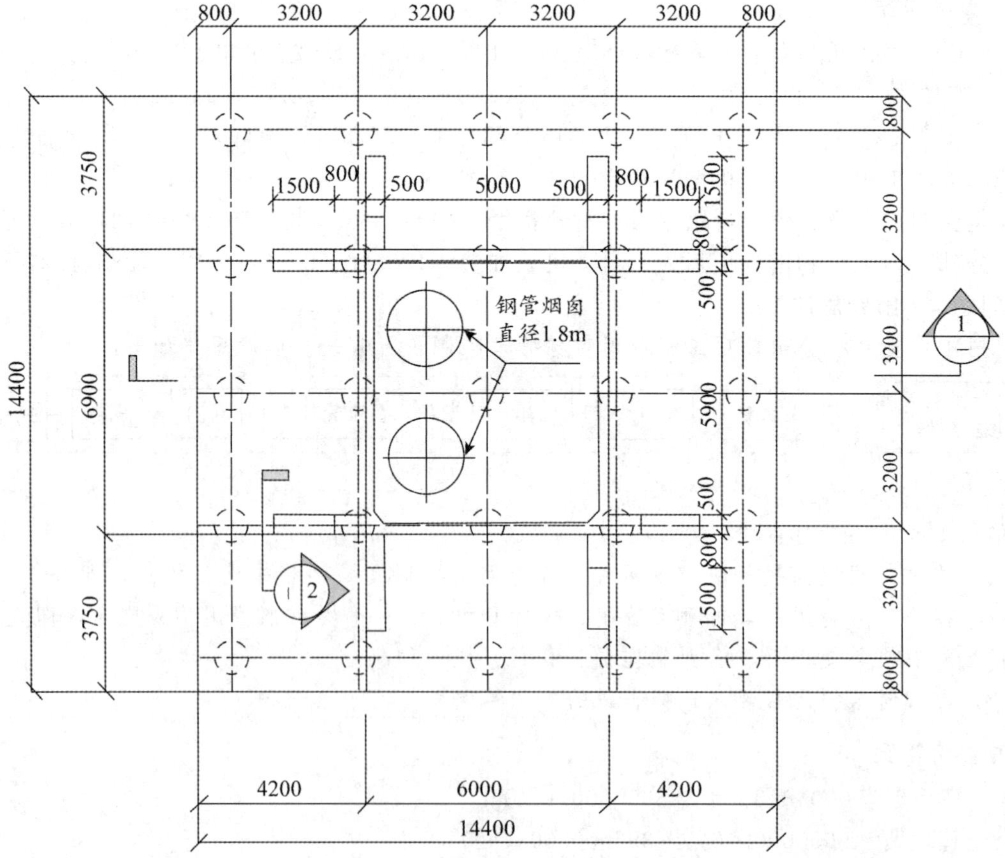

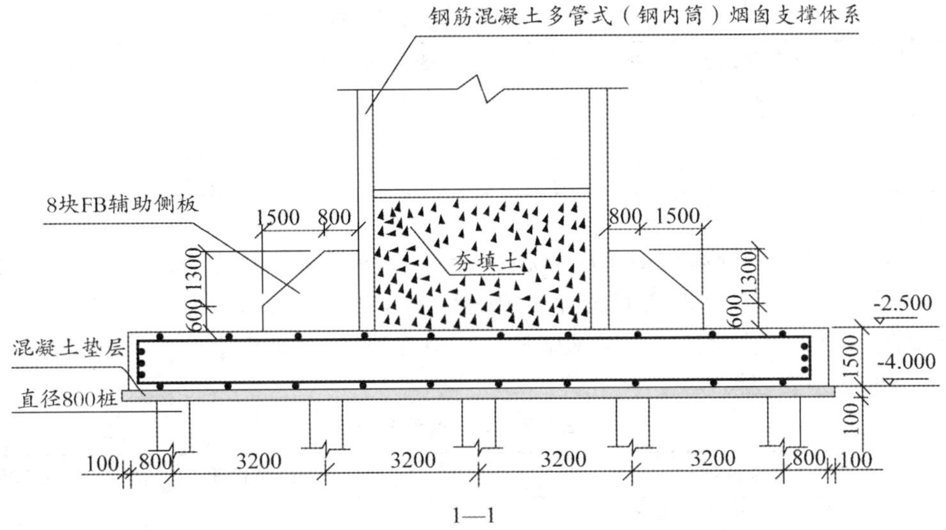

图 3-1-3　钢内筒烟囱基础平面布置图

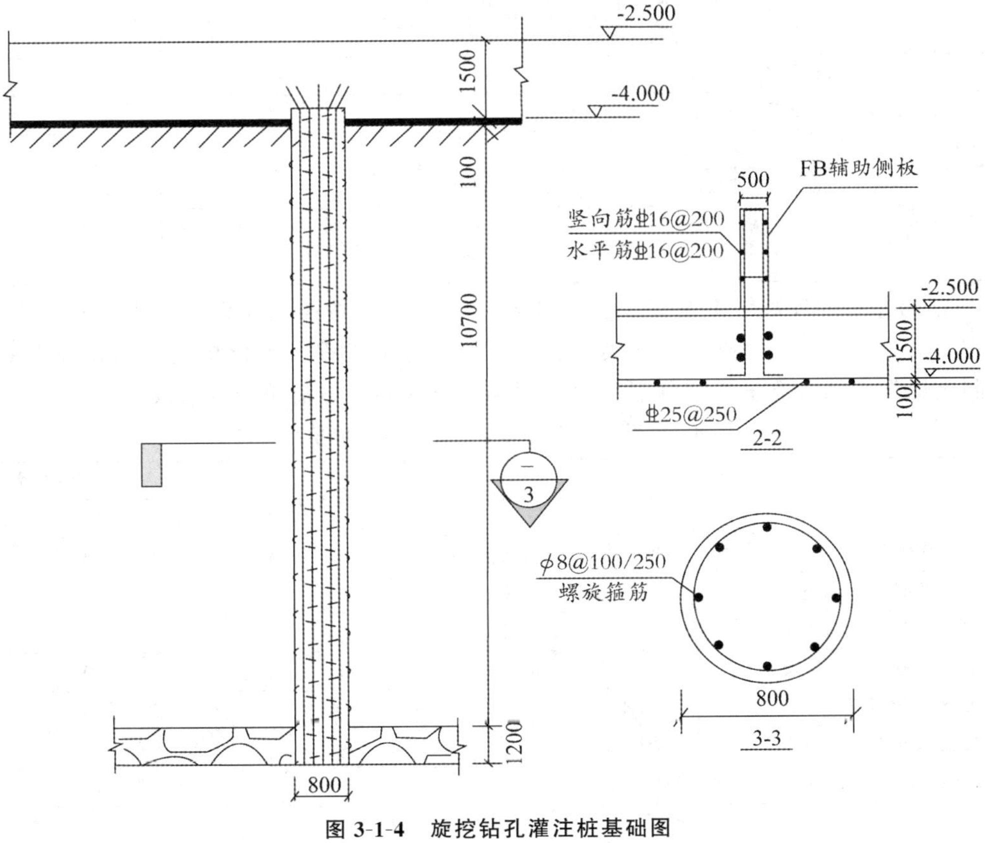

图 3-1-4　旋挖钻孔灌注桩基础图

说明：

①本烟囱基础为多管式（钢内筒）烟囱设计。

②FB 辅助侧板为基础的一部分，待钢筋混凝土多管式烟囱筒身滑升部分高度后实施。

③灌注桩、筏板基础、FB 辅助侧板混凝土均采用 C30，基础垫层混凝土采用 C15，钢筋采用 HRB400。

④基础垫层厚度为 100mm，每边伸出 100mm。

⑤旋挖钻孔灌注桩直径 800mm，桩长 12m，共 25 根。

⑥图中标注尺寸：标高以 m 计，其他均以 mm 计。

表 3-1-8 单位钢筋混凝土钢筋参考用量表

序号	钢筋混凝土项目名称	参考钢筋含量/（kg/m³）	备注
1	钻孔灌注桩	49.28	
2	筏板基础	63.50	
3	FB 辅助侧板	82.66	

【问题】

1. 根据该多管式（钢管内）烟囱基础施工图纸、技术参数及参考资料、表 3-1-8 给定的信息，按照《房屋建筑与装饰工程工程量计算规范》（GB 50854—2013）的计算规则，在表 3-1-9“工程量计算表”中，列式计算该烟囱基础分部分项工程量。（筏板上 8 块 FB 辅助侧板的斜面在混凝土浇捣时必须安装模板）

表 3-1-9 工程量计算表

序号	项目名称	单位	计算过程	工程量
1	C30 混凝土旋挖钻孔灌注桩	m³		
2	C15 混凝土筏板基础垫层	m³		
3	C30 混凝土筏板基础	m³		
4	C30 混凝土 FB 辅助侧板	m³		
5	灌注桩钢筋笼	t		
6	筏板基础钢筋	t		
7	FB 辅助侧板钢筋	t		
8	混凝土垫层模板	m²		
9	筏板基础模板	m²		
10	FB 辅助侧板模板	m²		

2. 根据问题 1 的计算结果及表 3-1-10 中给定的信息，按照《建设工程工程量清单计价规范》（GB 50500—2013）的要求，在表 3-1-10“分部分项工程和单价措施项目清单与计价表”中，编制该烟囱钢筋混凝土基础分部分项工程和单价措施项目清单与计价表。

表 3-1-10 分部分项工程和单价措施项目清单与计价表

序号	项目名称	项目特征	计量单位	工程量	金额/元	
					综合单价	合价
1	C30 混凝土旋挖钻孔灌注桩	C30，成孔、混凝土浇筑	m³		1120.00	
2	C15 混凝土筏板基础垫层	C15，混凝土浇筑	m³		490.00	
3	C30 混凝土筏板基础	C30，混凝土浇筑	m³		680.00	
4	C30 混凝土 FB 辅助侧板	C30，混凝土浇筑	m³		695.00	
5	灌注桩钢筋笼	HRB400	t		5800.00	
6	筏板基础钢筋	HRB400	t		5750.00	
7	FB 辅助侧板钢筋	HRB400	t		5750.00	
	小计		元			
8	混凝土垫层模板	垫层模板	m²		28.00	
9	筏板基础模板	筏板模板	m²		49.00	
10	FB 辅助侧板模板	FB 辅助侧板模板	m²		44.00	
11	基础满堂脚手架	钢管	t	256.00	73.00	
12	大型机械进出场及安拆		台次	1.00	28000.00	
	小计		元			
	分部分项工程及单价措施项目合计		元			

3. 假定该整体烟囱分部分项工程费为2000000.00元；单价措施项目费为150000.00元，总价措施项目仅考虑安全文明施工费，安全文明施工费按分部分项工程费的3.5%计取；其他项目考虑基础基坑开挖的土方、护坡、降水专业工程暂估价为110000.00元（另计5%总承包服务费）；人工费占比分别为分部分项工程费的8%、措施项目费的15%；规费按照人工费的21%计取，增值税税率按10%计取。按照《建设工程工程量清单计价规范》（GB 50500—2013）的要求，列式计算安全文明施工费、措施项目费、人工费、总承包服务费、规费、增值税；并在表3-1-11“单位工程最高投标限价汇总表”中编制该钢筋混凝土多管式（钢内筒）烟囱单位工程最高投标限价。

表3-1-11　单位工程最高投标限价汇总表

序号	汇总内容	金额/元	其中暂估价/元
1	分部分项工程		
2	措施项目		
2.1	其中：安全文明施工费		
3	其他项目费		
3.1	其中：专业工程暂估价		
3.2	其中：总承包服务费		
4	规费（人工费21%）		
5	增值税10%		
最高总价合计=1+2+3+4+5			

（上述问题中提及的各项费用均不包含增值税可抵扣进项税额。所有计算结果均保留两位小数）

➤ 真题精讲

【问题1·解题思路】

问题1主要考核土建工程工程量的计算。解题思路如下：

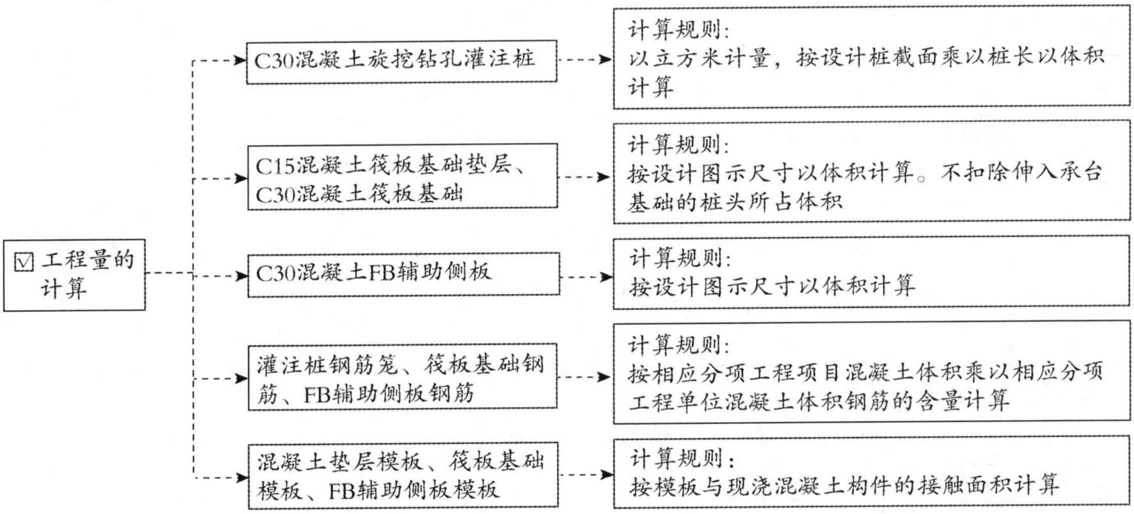

思路拓展

1. 桩基础

桩基础有三种计算方法：

（1）以米计量，按设计图示尺寸以桩长（包括桩尖）计算。

（2）以立方米计量，按设计图示截面积乘以桩长（包括桩尖）以实体积计算。

（3）以根计量，按设计图示数量计算。

明确计算规则后结合题目给的图纸做题，本题桩基础结合图 3-1-4 计算。

2. FB 辅助侧板

FB 辅助侧板图纸只给出了平面图，需要自己想象出 FB 辅助侧板的立体图，见图 3-1-5。

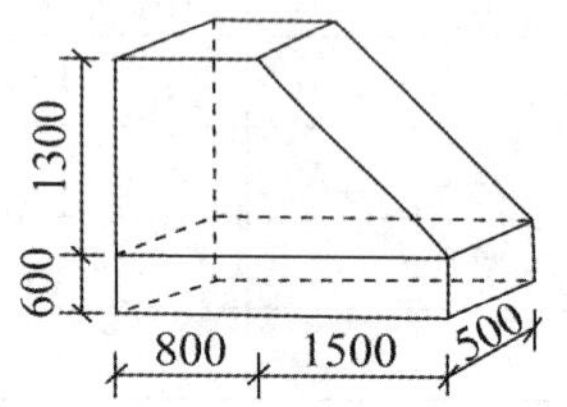

图 3-1-5　FB 辅助侧板立体图

参考答案

烟囱基础分部分项工程量计算见表 3-1-12。

表 3-1-12　工程量计算表

序号	项目名称	单位	计算过程	工程量
1	C30 混凝土旋挖钻孔灌注桩	m^3	3.14×（0.8/2）^{2}×12×25＝150.72	150.72
2	C15 混凝土筏板基础垫层	m^3	（14.4＋0.1×2）×（14.4＋0.1×2）×0.1＝21.32	21.32
3	C30 混凝土筏板基础	m^3	14.4×14.4×1.5＝311.04	311.04
4	C30 混凝土 FB 辅助侧板	m^3	[（0.6＋0.6＋1.3）×1.5/2＋（0.6＋1.3）×0.8]×0.5×8＝13.58	13.58
5	灌注桩钢筋笼	t	150.72×49.28/1000＝7.43	7.43
6	筏板基础钢筋	t	311.04×63.50/1000＝19.75	19.75
7	FB 辅助侧板钢筋	t	13.58×82.66/1000＝1.12	1.12
8	混凝土垫层模板	m^2	（14.4＋0.1×2）×4×0.1＝5.84	5.84
9	筏板基础模板	m^2	14.4×4×1.5＝86.40	86.40
10	FB 辅助侧板模板	m^2	{[（0.6＋0.6＋1.3）×1.5/2＋（0.6＋1.3）×0.8]×2＋0.5×0.6＋（1.3^2＋1.5^2）$^{0.5}$×0.5}×8＝64.66	64.66

【问题 2·解题思路】

问题 2 主要考核分部分项工程和单价措施项目清单与计价表。解题思路如下：

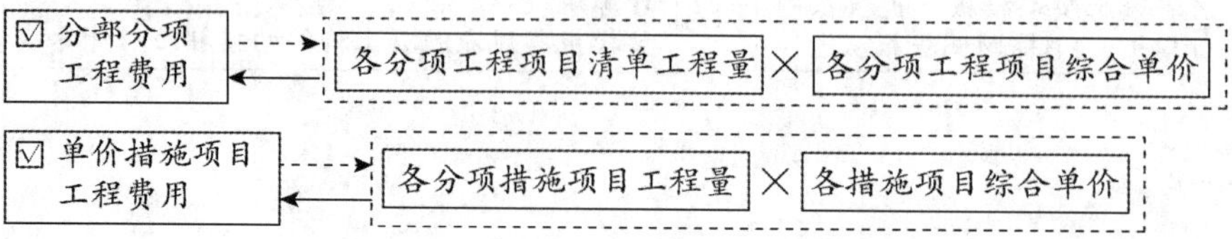

思路拓展

1. 各分部分项工程累计费用

各分部分项工程累计费用＝Σ（各分项工程项目综合单价×各分项工程项目清单工程量）。

2. 各措施项目工程累计费用

各措施项目工程累计费用＝Σ单价措施项目费用＋Σ总价措施项目费用＝Σ（各措施项目综合单价×各措施项目清单工程量）＋Σ总价措施项目费用。

总价措施项目费用应按照规定的取费基数乘以取费系数计算。一般总价措施项目直接给出。

参考答案

该烟囱钢筋混凝土基础分部分项工程和单价措施项目清单与计价表见表3-1-13。

表3-1-13 分部分项工程和单价措施项目清单与计价表

序号	项目名称	项目特征	计量单位	工程量	金额/元	
					综合单价	合价
1	C30混凝土旋挖钻孔灌注桩	C30，成孔、混凝土浇筑	m^3	150.72	1120.00	168806.40
2	C15混凝土筏板基础垫层	C15，混凝土浇筑	m^3	21.32	490.00	10446.80
3	C30混凝土筏板基础	C30，混凝土浇筑	m^3	311.04	680.00	211507.20
4	C30混凝土FB辅助侧板	C30，混凝土浇筑	m^3	13.58	695.00	9438.10
5	灌注桩钢筋笼	HRB400	t	7.43	5800.00	43094.00
6	筏板基础钢筋	HRB400	t	19.75	5750.00	113562.50
7	FB辅助侧板钢筋	HRB400	t	1.12	5750.00	6440.00
小计			元			563295.00
8	混凝土垫层模板	垫层模板	m^2	5.84	28.00	163.52
9	筏板基础模板	筏板模板	m^2	86.40	49.00	4233.60
10	FB辅助侧板模板	FB辅助侧板模板	m^2	64.66	44.00	2845.04
11	基础满堂脚手架	钢管	m^2	256.00	73.00	18688.00
12	大型机械进出场及安拆		台次	1.00	28000.00	28000.00
	小计		元			53930.16
	分部分项工程及单价措施项目合计		元			617225.16

【问题3·解题思路】

问题3主要考核单位工程最高投标限价。解题思路如下：

思路拓展

暂估价：

（1）暂估价是指发包人在工程量清单或预算书中提供的用于支付必然发生但暂时不能确定价格的材料、工程设备的单价、专业工程及服务工作的金额。招标投标中的暂估价是指总承包招标时不能确定价格而由招标人在招标文件中暂时估定的工程、货物、服务的金额。

（2）在填写单位工程最高投标限价汇总表时，题目中有暂估价时需要在暂估价一列填写。

参考答案

（1）安全文明施工费＝2000000.00×3.5%＝70000.00（元）。

（2）措施项目费＝150000.00＋70000.00＝220000.00（元）。

（3）人工费＝2000000.00×8％＋220000.00×15％＝193000.00（元）。

（4）总承包服务费＝110000.00×5％＝5500.00（元）。

（5）规费＝193000.00×21％＝40530.00（元）。

（6）增值税＝（2000000.00＋220000.00＋110000.00＋5500.00＋40530.00）×10％＝237603.00（元）。

该单位工程最高投标限价汇总见表 3-1-14。

表 3-1-14　单位工程最高投标限价汇总表

序号	汇总内容	金额/元	其中暂估价/元
1	分部分项工程	2000000.00	
2	措施项目	220000.00	
2.1	其中：安全文明施工费	70000.00	
3	其他项目费	115500.00	110000.00
3.1	其中：专业工程暂估价	110000.00	110000.00
3.2	其中：总承包服务费	5500.00	
4	规费（人工费 21％）	40530.00	
5	增值税（10％）	237603.00	
最高投标限价总价合计＝1＋2＋3＋4＋5		2613633.00	

二、安装（管道）工程

【2016 真题】

工程有关背景资料如下：

1. 某工厂办公楼卫生间给排水平面图见图 3-1-6。

2. 假设给水管道的部分清单工程量如下：

铝塑复合管 *dn*40 25m、*dn*32 8.8m，镀锌钢管 *DN*32 20m、*DN*25 13m，其他技术要求和条件与图 3-1-6 所示一致。

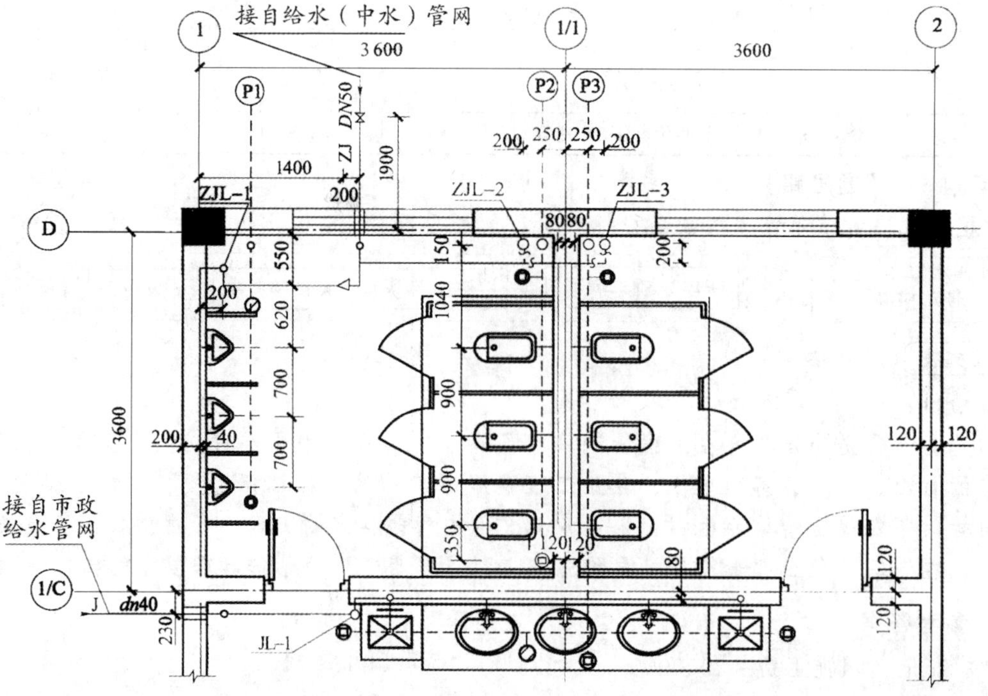

（a）卫生间给排水平面图±0.000、＋3.300、＋6.600

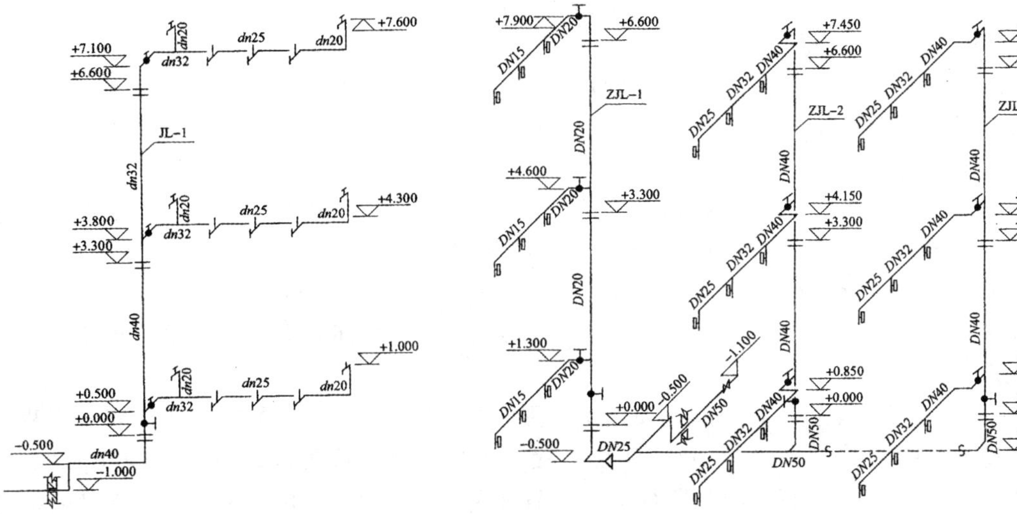

（b）卫生间铝塑复合管给水管道系统图　　（c）卫生间镀锌钢管给水（中水）管道系统图

图 3-1-6　卫生间给排水平面图与系统图

说明：

①办公楼共三层，层高为 3.3m。图中尺寸标注标高以 m 计，其他均以 mm 计。

②卫生间盥洗间给水管道采用铝塑复合管及管件；大小便冲洗给水（中水）管道采用镀锌钢管及管件，螺纹连接。给水干管为埋地，立管为明设，支管为暗设。管道出入户穿外墙处设碳钢刚性防水套管。

③阀门采用截止阀为 J11T—10。各类管道均采用成品管卡固定。

④成套卫生器具安装按标准图集 99S304 要求施工，所有附件均随卫生器具配套供应。洗脸盆为单柄单孔台上式安装；大便器为感应式冲洗阀蹲式大便器，小便器为感应式冲洗阀壁挂式安装，污水池为混凝土落地式安装。

⑤管道系统安装就位后，给水管道进行强度和严密性水压试验及水冲洗。

3. 给排水工程相关分部分项工程量清单项目的统一编码见表 3-1-15。

表 3-1-15　分部分项工程量清单项目名称与统一编码表

项目编码	项目名称	项目编码	项目名称
031001001	镀锌钢管	031001002	钢管
031001006	塑料管	031001007	复合管
031003001	螺纹阀门	031003003	焊接法兰阀门
031004003	洗脸盆	031004006	大便器
031004007	小便器	031002003	套管

4. 室内给水镀锌钢管 *DN*32 安装定额（TY 02—31—2015）的相关数据资料见表 3-1-16。

表 3-1-16　室内给水镀锌钢管 *DN*32 安装定额相关数据表

定额编号	项目名称	计量单位	安装基价/元			未计价主材	
			人工费	材料费	机械费	单价	耗量
10—1—15	镀锌钢管安装	10m	200.00	6.00	1.00	17.80 元/m	9.91m
	管件（综合）	个				5.00 元/个	9.83 个/10m
10—11—12	成品管卡安装	个	2.50m	3.50m		2.00 元/个	2.50 个/10m
10—11—81	套管制作安装	个	60.00	12.00	20.00		
	钢管	m				28.00 元/m	0.424m/个
10—11—121	水压试验	100m	280.00	90.00	30.00		

注：该工程的管理费和利润分别按人工费的67%和33%计。

【问题】

1. 按照图3-1-6所示内容，分别列式计算卫生间给水（中水）系统中的管道和阀门安装项目分部分项清单工程量；管道工程量计算至支管与卫生间器具相连的分支三通或末端弯头处止。

2. 根据背景资料2、3设定的数据和图3-1-6中所示要求，按照《通用安装工程工程量计算规范》（GB 50856—2013）的规定，分别依次编列出卫生间给水镀锌钢管（*DN*32、*DN*25）、铝塑复合管（*dn*40、*dn*32）和铝塑复合管给水系统中所有阀门，以及成套卫生器具（不含污水池）安装项目的分部分项工程量清单，并填入表3-1-17“分部分项工程和单价措施项目清单与计价表”中。

3. 按照背景资料2、3、4中的相关数据和图3-1-6中所示要求，根据《通用安装工程工程量计算规范》（GB 50856—2013）和《建设工程工程量清单计价规范》（GB 50500—2013）的规定，编制图3-1-6中室内给水管道*DN*32镀锌钢管安装项目分部分项工程量清单的综合单价，并填入表3-1-18“综合单价分析表”中。

4. 有一150t金属设备框架制作安装工程的发承包施工合同中约定：所用钢材由承包方采购供应，钢材单价变化超过5%时，其超过的部分按实调整，该工程招标时，发包方招标控制价按当地造价管理部门发布的市场基准价（信息指导价）为4520元/t编制，承包方中标价为4500元/t。要求：

（1）计算并填入表3-1-19“施工期间钢材价格动态情况”中各施工时段第四、五、六栏的内容。

（2）列出第3时段钢材材料费当期结算值的计算式。

（计算结果保留两位小数）

表3-1-17　分部分项工程和单价措施项目清单与计价表

工程名称：某工厂　　　　标段：办公楼卫生间给排水工程安装

序号	项目编码	项目名称	项目特征描述	计量单位	工程量	金额/元		
						综合单价	合价	其中：暂估价
1								
2								
3								
4								
5								
6								
7								
8								
9								
合计								

表 3-1-18　综合单价分析表

工程名称：某工厂　　　　标段：办公楼卫生间给水（中水）管道安装

项目编码		项目名称				计量单位			工程量		
清单综合单价组成明细											
定额编号	定额名称	定额单位	数量	单价/元				合价/元			
				人工费	材料费	机械费	管理费和利润	人工费	材料费	机械费	管理费和利润
人工单价		小计									
元/工日		未计价材料费									
清单项目综合单价											
材料费明细	主要材料名称、规格、型号		单位		数量			单价/元	合价/元	暂估单价/元	暂估合价/元
	其他材料费										
	材料费小计										

表 3-1-19　施工期间钢材价格动态情况

施工时段	钢材用量/t	当期市场价格/元	价格变化幅度/100%	是否调整及其理由	钢材材料费当期结算值/元
一	二	三	四	五	六
1	60	4640			
2	50	4683			
3	40	4941			

➢ 真题精讲

【问题 1 · 解题思路】

问题 1 考核的核心知识点是卫生间给排水管道的识图和工程量的计算。解题思路如下：

☑ 中水系统的管道工程量

→ 在平面图上首先找到中水引入管DN50并对应系统图中的−1.10m的引入管。之后将两张图纸每个管道逐一对应。（平面图中的小圆圈代表立管，对应着系统图中的竖向管道）

→ 从系统图中可以看出一共3层和每一段管道的标高。而平面图中可看出每层男厕中有3个小便器，3个大便器。女厕中只有3个大便器。脑中能够想象出整幅图纸的结构

→ 1.将管道类型逐一列项，分别为DN50、DN40、DN32、DN25、DN20、DN15。按照水平管和立管分别计算。注意题目要求：管道工程量计算至支管与卫生器具相连接的分支三通或末端弯头处

2.找平面图中标注尺寸是本题难点，需要仔细核对，特别是通向男厕小便器的（平面图ZL1-1所指的那一小段纵向水平管）难度非常大，应为500−200−150

☑ 阀门的工程量 → 共有管径为DN50、DN40、DN25、DN20四种截止阀，分别列项 → 从图纸所标注的管径中分别去找对应的阀门。可以按照一个方向找阀门，避免漏掉

思路拓展

1. 管道工程量计算

不扣除阀门、管件所占长度。特别要注意：方形补偿器以其所占长度列入管道安装工程量。

2. 给水管道室内外界限划分

以建筑物外墙皮1.5m为界，入口处设阀门者以阀门为界。

3. 排水管道室内外界限划分

以出户第一个排水检查井为界。

参考答案

计算卫生间给水（中水）系统中的管道和阀门安装项目分部分项清单工程量：

（1）*DN*50镀锌钢管（平＋立）：

［(1.9＋0.55＋0.2）＋（3.6－1.6＋0.25＋0.2）＋0.2×2］＋［(1.1－0.5）＋（0.85＋0.5）×2］＝2.65＋2.45＋0.4＋0.6＋2.7＝8.80（m）。

（2）*DN*40镀锌钢管（立＋平）：

［（7.45－0.85）×2］＋［（0.2＋0.25－0.08＋1.04）×6］＝6.6×2＋1.41×6＝13.2＋8.46＝21.66（m）。

（3）*DN*32镀锌钢管（平）：

0.9×6＝5.40（m）。

（4）*DN*25镀锌钢管：

大便器给水系统（平）：0.9×6＝5.40（m）；

小便器给水系统（主管平＋立）：(1.4－0.2＋0.2）＋（1.3＋0.5）＝1.4＋1.8＝3.20（m）。

小计：5.40＋3.20＝8.60（m）。

（5）*DN*20镀锌钢管（支平＋立）：

{［0.2＋（0.55－0.15－0.2）＋0.62］×3}＋（7.3－1.3）＝（0.2＋0.2＋0.62）×3＋6.6＝1.02×3＋6.6＝3.06＋6.6＝9.66（m）。

（6）*DN*15镀锌钢管（平）：

(0.7＋0.7）×3＝1.4×3＝4.20（m）。

（7）*DN*50截止阀J11T-10：1＋1＋1＝3（个）。

（8）*DN*40截止阀J11T-10：3×2＝6（个）。

（9）*DN*25截止阀J11T-10：1个。

（10）*DN*20截止阀J11T-10：1×3＝3（个）。

【问题2·解题思路】

问题2考核的核心知识点是填写分部分项工程量清单计价表。解题思路如下：

☑ 填写分部分项工程量清单计价表 - - - → 填写项目编码，5级12位，不足3位的从001开始补齐 - - → 项目特征要尽量写全，例如：管道项目特征要写：安装部位、介质、规格、压力等级、连接形式、压力试验及吹洗设计要求、警示带形式，题目中凡是给出的都要写出 - - → 计量单位是考查点，需要对工程计量规范较熟悉

思路拓展

1. 项目特征中的安装部位

项目特征中的安装部位指管道安装在室内、室外。

2. 输送介质

输送介质不能只写水管道，要具体写出是给水、排水、中水、雨水、空调水等。

3. 压力试验

压力试验按设计要求描述试验方法，如水压试验、气压试验、泄漏性试验、闭水试验、通球试验、真空试验等。

4. 吹洗

吹洗按要求方法描述，如：水冲洗、消毒冲洗、空气吹扫。

参考答案

分部分项工程和单价措施项目清单与计价表见表 3-1-20。

表 3-1-20　分部分项工程和单价措施项目清单与计价表

工程名称：某厂区　　　　　　　　标段：办公楼卫生间给排水工程安装

序号	项目编码	项目名称	项目描述特征	计量单位	工程量	金额/元		
						综合单价	合价	其中：暂估价
1	031001001001	镀锌钢管	*DN*32 室内给水（中水）镀锌钢管、螺纹连接、水压试验及冲洗	m	20.00			
2	031001001002	镀锌钢管	*DN*25 室内给水（中水）镀锌钢管、螺纹连接、水压试验及冲洗	m	13.00			
3	031001007001	铝塑复合管	*dn*40 室内给水铝塑复合管、水压试验及冲洗	m	25.00			
4	031001007002	铝塑复合管	*dn*32 室内给水铝塑复合管、水压试验及冲洗	m	8.80			
5	031003001001	螺纹阀门	*dn*40 截止阀 J11T-10 螺纹连接	个	1			
6	031003001002	螺纹阀门	*dn*32 截止阀 J11T-10 螺纹连接	个	3			
7	031004003001	洗脸盆	陶瓷洗脸盆、台上式单柄单孔	组	9			
8	031004006001	大便器	陶瓷蹲式大便器，感应式冲阀	组	18			

续表

序号	项目编码	项目名称	项目描述特征	计量单位	工程量	金额/元		
						综合单价	合价	其中：暂估价
9	031004007001	小便器	陶瓷蹲式小便器，挂壁式，感应式冲阀	组	9			
本页小计								
合计								

【问题3·解题思路】

问题3考核的核心知识点是填写综合单价分析表。解题思路如下：

☑ 填写综合单价分析表 → 找出对应的定额编号，填写对应的人工费、材料费、机械费。根据背景条件计算出管理费、利润 → 填写未计价主材的名称、规格、型号，单价栏中填入单价，并计算出数量和合价 → 汇总综合单价分析表得出最后的清单项目综合单价

思路拓展

1. 给排水管道

给排水管道中镀锌钢管、钢管、不锈钢管、铜管工作内容包括：①管道安装；②管件制作、安装；③压力试验；④吹扫、冲洗；⑤警示带铺设 。这里要注意与工业管道的区别，工业管道的工作内容中不包括管件制作、安装。

2. 给排水附（配）件

给排水附（配）件指独立安装的水嘴、地漏、地面扫出口等。要注意题目如果给出这些项目，要单独列入给排水附（配）件。

3. 项目名称

如果题目中给出洗脸盆、洗发盆、洗手盆的安装，项目名称填写时均填写洗脸盆。

4. 套管制作安装

考试中的套管制作安装，适用于穿基础、墙、楼板等部位的防水套管、填料套管、无填料套管及防火套管等，应分别列项。

参考答案

*DN*32镀锌钢管综合单价分析见表3-1-21。

表3-1-21 综合单价分析表

项目编码	031001001001	项目名称	*DN*32镀锌钢管			计量单位		m	工程量	20.00	
清单综合单价组成明细											
定额编号	定额名称	定额单位	数量	单价				合价			
				人工费	材料费	机械费	管理费和利润	人工费	材料费	机械费	管理费和利润
10—1—15	室内给水镀锌钢管安装	10m	0.10	200.00	6.00	1.00	200.00	20.00	0.60	0.10	20.00
人工单价		小计						20.00	0.60	0.10	20.00
元/工日		未计价材料费						22.56			

续表

项目编码	031001001001	项目名称	*DN*32 镀锌钢管	计量单位	m	工程量	20.00
清单综合单价组成明细							
清单项目综合单价				63.26			
材料费明细	主要材料名称、规格、型号	单位	数量	单价/元	合计/元	暂估单价/元	暂估合计/元
	*DN*32 镀锌钢管	m	0.991	17.80	17.64		
	*DN*32 管件（综合）	个	0.983	5.00	4.92		
	其他材料费						
	材料费小计				22.56		

【问题 4 · 解题思路】

问题 4 考核的核心知识点是施工期间材料价格变动导致原中标价调整。解题思路如下：

☑填写施工期间钢材价格变动情况表 ---→ 根据中标价为4500元、招标控制价4520元，分别求出上限值和下限值4520×1.05和4500×0.95 ---→ 根据每一施工期间的价格判断涨价幅度是否超过5%，若不超过5%则用原中标价，若超过5%则应该调整价格

思路拓展

给出中标价格和招标控制价格可以求出报价浮动率：*L*＝（1－中标价/招标控制价）×100%。

参考答案

（1）施工期间钢材价格动态情况见表 3-1-22。

表 3-1-22 施工期间钢材价格动态情况表

施工时段	钢材用量/t	当期市场价格/元	价格变化幅度/%	是否调整及其理由	钢材材料费当期结算值/元
一	二	三	四	五	六
1	60	4640	2.65%	≤5% 不调	270000
2	50	4683	3.61%	≤5% 不调	225000
3	40	4941	9.31%	＞5% 调整	187800

（2）第三时段钢材材料费当期结算值计算式：

40×［4500＋（4941－4520×1.05）］。

【2015 真题】

管道工程有关背景资料如下：

1. 某厂区室外消防给水管网平面图见图 3-1-7。

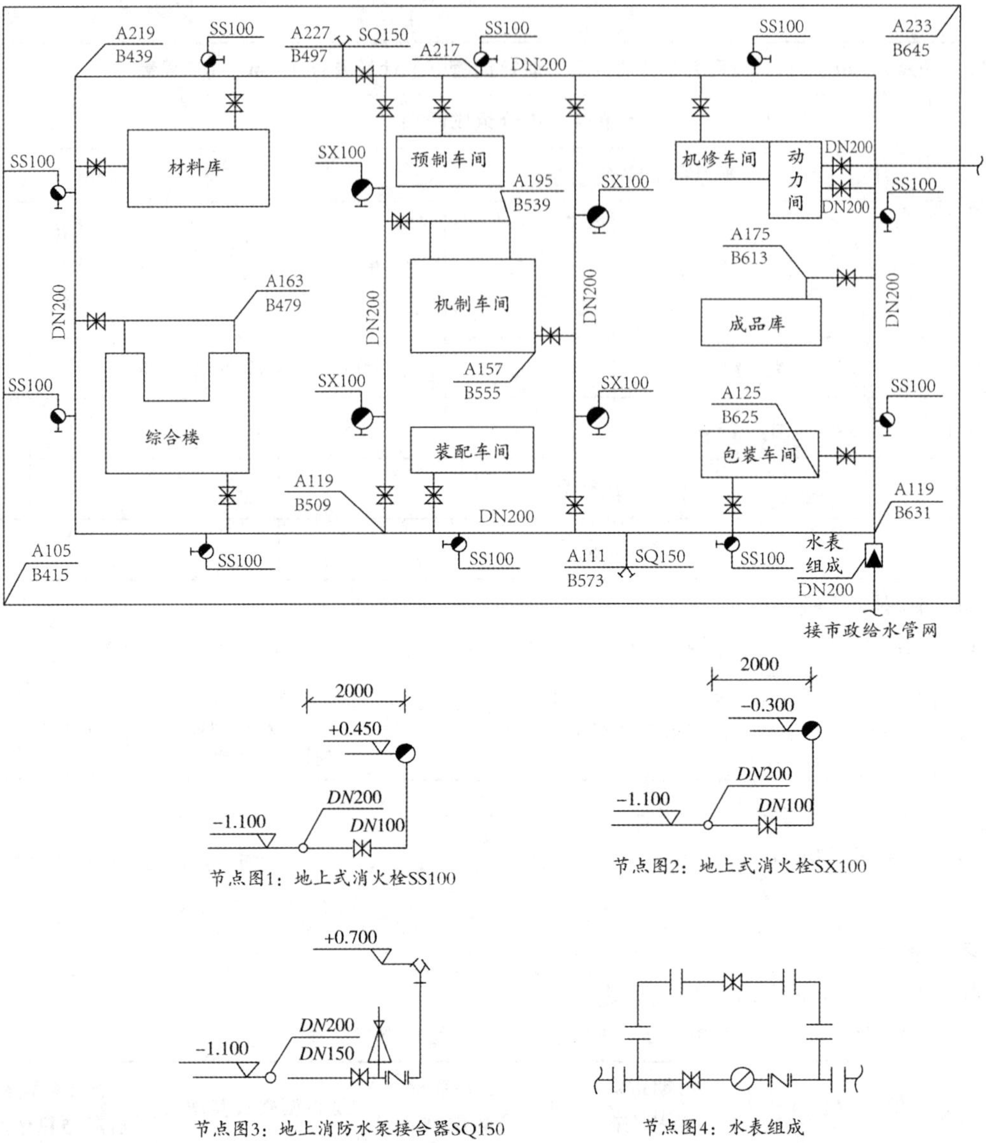

图 3-1-7　某厂区室外消防给水管网平面图

说明：

①该图所示为某厂区室外消防给水管网平面图。管道系统工作压力为 1.0MPa。图中平面尺寸均以相对坐标标注，单位以 m 计；详图中标高以 m 计，其他尺寸以 mm 计。

②管道采用镀锌无缝钢管，管件采用碳钢成品法兰管件。各建筑物进户管入口处设有阀门的，其阀门距离建筑物外墙皮为 2m，入口处没有设阀门的，其三通或弯头距离建筑物外墙皮为 6m；其规格除注明外均为 *DN*100。

③闸阀型号为 Z41T-16，止回阀型号为 H41T-16，安全阀型号为 A41H-16；地上式消火栓型号为 SS100-1.6，地下式消火栓型号为 SX100-1.6，消防水泵接合器型号为 SQ150-1.6；水表型号为 LXL-1.6，消火栓、消防水泵接合器安装及水表组成敷设连接形式详见节点图 1、2、3、4。

④消防给水管网安装完毕进行水压试验和水冲洗。

2. 假设消防管网工程量如下：

管道 *DN*200 800m、*DN*150 20m、*DN*100 18m，室外消火栓地上 8 套、地下 5 套，消防水泵接合器 3 套，水表 1 组，闸阀 Z41T-16 *DN*200 12 个、止回阀 H41T-16 *DN*200 2 个、闸阀 Z41T-16 *DN*100 25 个。

3. 消防管道工程相关分部分项工程量清单项目的统一编码见表 3-1-23。

表 3-1-23　分部分项工程量清单项目名称与统一编码表

项目编码	项目名称	项目编码	项目名称
030901002	消火栓钢管	031001002	低压碳钢管
030901011	室外消火栓	031003003	焊接法兰阀门
030901012	消防水泵接合器	030807003	低压法兰阀门
031003013	水表	030807005	低压安全阀门

注：编码前四位 0308 代表工业管道工程，0309 代表消防工程，0310 代表给排水、采暖、燃气工程。

4. 消防工程的相关定额见表 3-1-24。

表 3-1-24　安装定额相关数据表

序号	项目名称	计量单位	工料机单价/元			未计价主材/元	
			人工费	材料费	机械费	单价	耗用量
1	法兰镀锌钢管安装 *DN*100	10m	160.00	330.00	130.00	7.0 元/kg	9.81
2	室外地上式消火栓 SS100	套	75.00	200.00	65.00	280.00 元/套	1.00
3	低压法兰阀门 Z41T-16 *DN*100	个	85.00	60.00	45.00	闸阀 260.00 元/个	1.00
4	地上式消火栓配套附件	套				90.00 元/套	1.00

注：①*DN*100 镀锌无缝钢管的理论重量为 12.7kg/m。

②企业管理费、利润分别按人工费的 60%、40%计。

【问题】

1. 按照图 3-1-7 所示内容，列式计算室外管道、阀门、消火栓、消防水泵接合器、水表组成安装项目的分部分项清单工程量。

2. 根据背景资料 2、3，以及图 3-1-7 规定的管道安装技术要求，编列出管道、阀门、消火栓、消防水泵接合器、水表组成安装项目的分部分项工程量清单，填入表 3-1-25 "分部分项工程和单价措施项目清单与计价表"中。

3. 根据《通用安装工程工程量计算规范》(GB 50856—2013)、《建设工程工程量清单计价规范》(GB 50500—2013) 规定，按照背景资料 4 中的相关定额数据，编制室外地上式消火栓 SS100 安装项目的"综合单价分析表"，填入表 3-1-26 中。

(计算结果保留两位小数)

表 3-1-25　分部分项工程和单价措施项目清单与计价表

工程名称：某厂区　　　　标段：室外消防给水管网安装

序号	项目编码	项目名称	项目描述特征	计量单位	工程量	金额/元		
						综合单价	合价	其中：暂估价
1								
2								
3								
4								
5								

续表

<table>
<tr><th rowspan="2">序号</th><th rowspan="2">项目编码</th><th rowspan="2">项目名称</th><th rowspan="2">项目描述特征</th><th rowspan="2">计量单位</th><th rowspan="2">工程量</th><th colspan="3">金额/元</th></tr>
<tr><th>综合单价</th><th>合价</th><th>其中：暂估价</th></tr>
<tr><td>6</td><td></td><td></td><td></td><td></td><td></td><td></td><td></td><td></td></tr>
<tr><td>7</td><td></td><td></td><td></td><td></td><td></td><td></td><td></td><td></td></tr>
<tr><td>8</td><td></td><td></td><td></td><td></td><td></td><td></td><td></td><td></td></tr>
<tr><td>9</td><td></td><td></td><td></td><td></td><td></td><td></td><td></td><td></td></tr>
<tr><td>10</td><td></td><td></td><td></td><td></td><td></td><td></td><td></td><td></td></tr>
<tr><td colspan="6">本页小计</td><td colspan="3"></td></tr>
<tr><td colspan="6">合计</td><td colspan="3"></td></tr>
</table>

表 3-1-26 综合单价分析表

工程名称：某厂区　　　　　　　　标段：室外消防给水管网安装

<table>
<tr><th>项目编码</th><th></th><th colspan="2">项目名称</th><th colspan="3"></th><th colspan="2">计量单位</th><th></th><th>工程量</th><th></th></tr>
<tr><td colspan="12">清单综合单价组成明细</td></tr>
<tr><td rowspan="2">定额编号</td><td rowspan="2">定额名称</td><td rowspan="2">定额单位</td><td rowspan="2">数量</td><td colspan="4">单价</td><td colspan="4">合价</td></tr>
<tr><td>人工费</td><td>材料费</td><td>机械费</td><td>管理费和利润</td><td>人工费</td><td>材料费</td><td>机械费</td><td>管理费和利润</td></tr>
<tr><td>1</td><td></td><td></td><td></td><td></td><td></td><td></td><td></td><td></td><td></td><td></td><td></td></tr>
<tr><td colspan="2">人工单价</td><td colspan="6">小计</td><td></td><td></td><td></td><td></td></tr>
<tr><td colspan="2">元/工日</td><td colspan="6">未计价材料费</td><td colspan="4"></td></tr>
<tr><td colspan="8">清单项目综合单价</td><td colspan="4"></td></tr>
<tr><td rowspan="5">材料费明细</td><td colspan="2">主要材料名称、规格、型号</td><td colspan="2">单位</td><td colspan="3">数量</td><td>单价/元</td><td>合计/元</td><td>暂估单价/元</td><td>暂估合计/元</td></tr>
<tr><td colspan="2"></td><td colspan="2"></td><td colspan="3"></td><td></td><td></td><td></td><td></td></tr>
<tr><td colspan="2"></td><td colspan="2"></td><td colspan="3"></td><td></td><td></td><td></td><td></td></tr>
<tr><td colspan="7">其他材料费</td><td></td><td></td><td></td><td></td></tr>
<tr><td colspan="7">材料费小计</td><td></td><td></td><td></td><td></td></tr>
</table>

➢ 真题精讲

【问题1·解题思路】

问题1考核的核心知识点是消防系统中相关管道、阀门等部件的工程量计算。解题思路如下：

☑ 计算管道工程量

先找到图中接市政给水管网的引入管，并发现本题非常特殊，没有标注平面图的尺寸。仔细阅读图纸说明①，发现图中平面尺寸均以相对坐标标注，图中所用A和B表示，相当于X和Y轴

仔细看图纸，将消防给水管网整个系统走向看懂，并且注意节点图共4张，其中节点图3：消防水泵接合器并没有给出水平段尺寸，这就要在图中通过坐标求出

外管环网的$DN200$，消防水泵接合器的$DN150$管道比较好求。本题的难点在于计算$DN100$管道的工程量，共分为三个部分：①地上式消火栓；②地下室消火栓；③环网到各个车间、仓库、楼等。这里的③要分别计算管网到每一个车间的距离。最后将工程量汇总得到$DN100$管道的工程量

思路拓展

1. 消火栓给水管道室内外界限划分

消火栓给水管道室内外界限划分应以外墙皮 1.5m 为界，入口处设阀门者应以阀门为界。

2. 消防工程中水灭火管道工程量计算

消防工程中水灭火管道工程量计算，不扣除阀门、管件及各种组件所占长度以延长米计算。

3. 水喷淋喷头安装部位

水喷淋喷头安装部位应区分有吊顶、无吊顶情况。

4. 室外消火栓安装方式

室外消火栓安装方式分为地上式、地下式。地上式消火栓安装包括地上式消火栓、法兰接管、弯管底座；地下式消火栓安装包括地下式消火栓、法兰接管、弯管底座或消火栓三通。

5. 消防水泵接合器

消防水泵接合器包括法兰接管及弯头安装，接合器井内阀门、弯管底座、标牌等附件安装。

参考答案

（1）$DN200$ 管道：

①环网（纵＋横）：4×（219－119）＋2×（631－439）＝4×100＋2×192＝400＋384＝784.00（m）。

②动力站进出管、接市政管网：（645－625－2）＋（631－625－2）＋（119－105）＝18＋4＋14＝36.00（m）。

小计：784.00＋36.00＝820.00（m）。

（2）$DN150$ 管道：

地上式消防水泵接合器支管：（227－219）＋（1.1＋0.7）＋（119－111）＋（1.1＋0.7）＝8＋1.8＋8＋1.8＝19.60（m）。

（3）$DN100$ 管道：

①接各建筑物支管（材料库＋综合楼＋预制＋机制＋装配＋机修＋成品库＋包装）：（4×2）＋（479－439）＋（4.5－1.5）×2＋4＋4＋（539－509）＋（4.5－1.5）×2＋4＋4＋4＋（631－613）＋（4.5－1.5）＋（4×2）＝8＋40＋6＋4＋4＋30＋6＋4＋4＋4＋18＋3＋8＝139.00（m）。

②地上式消火栓支管：（2＋0.45＋1.1）×10＝3.55×10＝35.50（m）。

③地下式消火栓支管：（2＋1.1－0.3）×4＝2.8×4＝11.20（m）。

小计：139.00＋35.5.00＋11.2.00＝185.70（m）。

（4）地上式消火栓 SS100-1.6：

3×2＋2×2＝10（套）。

（5）地下式消火栓 SX100-1.6：

2＋2＝4（套）。

（6）消防水泵接合器：

2 套（包括：消防水泵接合器 SQ150-1.6　2 套，*DN*150 闸阀 2 个，止回阀 2 个，安全阀 2 个及其配套附件）。

（7）水表组成：

*DN*200：1 组（包括：水表 LXL-1.6　1 个，DN150 闸阀 2 个，止回阀 1 个，法兰及配套附件）。

（8）*DN*200 阀门：

主管线闸阀：Z41T-16：7 个。

（9）*DN*100 阀门：

①消火栓支管闸阀 Z41T-16：4＋10＝14（个）。

②各建筑物入口支管闸阀 Z41T-16：12 个。

小计：14＋12＝26（个）。

【问题 2·解题思路】

问题 2 考核的核心知识点是填写分部分项工程量清单计价表。解题思路如下：

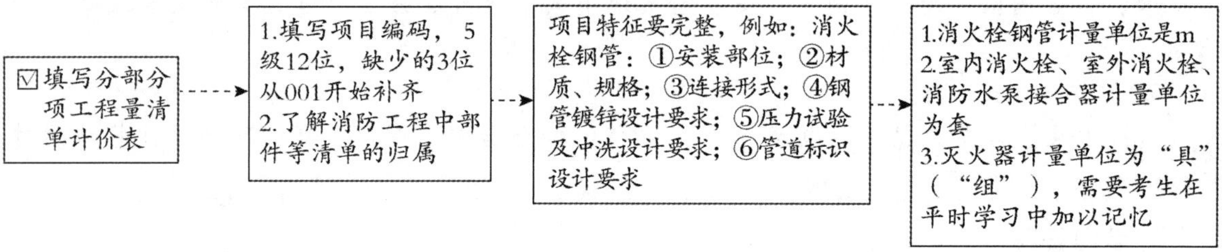

思路拓展

1. 消防水泵接合器项目特征描述

消防水泵接合器项目特征描述要写出安装部位、型号、规格、附件材质，其工作内容包括了本体安装和附件安装。

2. 消火栓钢管的项目特征

消火栓钢管的项目特征中要写明安装部位、材质、规格、连接形式、钢管镀锌设计要求、压力试验及冲洗设计要求、管道标识设计要求。这里特别强调：与给排水工程中管道不同的是，消防工程水灭火系统并未要求写出所用介质。

3. 消防管道上的阀门、管道及设备支架、套管制作安装

消防管道上的阀门、管道及设备支架、套管制作安装，应该按照给排水工程的项目编码列项。

参考答案

分部分项工程和单价措施项目清单与计价表见表 3-1-27。

表 3-1-27　分部分项工程和单价措施项目清单与计价表

工程名称：某厂区　　　　　　　　标段：室外消防给水管网安装

序号	项目编码	项目名称	项目描述特征	计量单位	工程量	金额/元		
						综合单价	合价	其中：暂估价
1	030901002001	消火栓钢管	室外、DN200 镀锌无缝钢管焊接法兰连接、水压试验、水冲洗	m	800.00			
2	030901002002	消火栓钢管	室外、DN150 镀锌无缝钢管焊接法兰连接、水压试验、水冲洗	m	20.00			
3	030901002003	消火栓钢管	室外、DN100 镀锌无缝钢管焊接法兰连接、水压试验、水冲洗	m	18.00			
4	030901011001	室外消火栓	地上式消火栓 SS100-1.6（含弯管底座等附件）	套	8			
5	030901011002	室外消火栓	地下式消火栓 SX100-1.6（含弯管底座等附件）	套	5			
6	030901012001	消防水泵接合器	地上式消防水泵结合器 SQ150-1.6（包括：DN150 闸阀 Z41T-16、DN150 止回阀 H41T-16、DN150 安全阀 A41H-16、弯管底座等附件）	套	3			
7	031003013001	水表	DN200 水表 LXL-1.6（包括：DN200 闸阀 241T-16、DN200 止回阀 H41T-16、DN200 平焊法兰）	组	1			
8	031003003001	焊接法兰阀门	闸阀 Z41T-16 DN200	个	12			
9	031003003002	焊接法兰阀门	止回阀 H41T-16 DN200	个	2			
10	031003003003	焊接法兰阀门	闸阀 Z41T-16 DN100	个	25			
本页小计								
合计								

【问题 3 · 解题思路】

问题 3 考核的核心知识点是填写综合单价分析表。解题思路如下：

☑ 填写综合单价分析表 → 填写项目编码，与在问题2中的分部分项工程量清单计价表中所写保持一致 → 1.根据对应的定额编号，填写对应的人工费、材料费、机械费，再根据背景条件计算出管理费、利润 2.由于数量是1，所以合价和单价完全一致 → 1.填写未计价主材的名称、规格、型号，单价栏中填入单价，数量是1，所以合计等于单价 2.汇总综合单价分析表，得出最后的清单项目综合单价

思路拓展

1. 消火栓钢管工作内容

消火栓钢管工作内容包括管道及管件安装、钢管镀锌、压力试验、冲洗、管道标识，这里要注意与工业管道的区别，工业管道工作内容不包括管件安装。

2. 室内消火栓工作内容

室内消火栓工作内容包括箱体及消火栓安装、配件安装。

3. 室外消火栓工作内容

室外消火栓工作内容包括本体安装和配件安装。

4. 消防水泵接合器工作内容

消防水泵接合器工作内容包括本体安装和附件安装。

5. 末端试水装置

末端试水装置包括压力表、控制阀等附件安装。末端试水装置安装中不含连接管及排水管安装，其工程量并入消防管道。

6. 消防报警调试的自动报警系统调试

消防报警调试的自动报警系统调试归属在电气专业。

参考答案

室外地上式消火栓 SS100 安装项目的综合单价分析表见表 3-1-28。

表 3-1-28　综合单价分析表

工程名称：某厂区　　　　标段：室外消防给水管网安装

项目编码	030901011001	项目名称		室外地上式消火栓 SS100		计量单位		套		工程量	1
清单综合单价组成明细											
定额编号	定额名称	定额单位	数量	单价				合价			
				人工费	材料费	机械费	管理费和利润	人工费	材料费	机械费	管理费和利润
1	室外地上式消火栓 SS100	套	1	75.00	200.00	65.00	75.00	75.00	200.00	65.00	75.00
人工单价		小计						75.00	200.00	65.00	75.00
元/工日		未计价材料费						370.00			
清单项目综合单价								785.00			
材料费明细	主要材料名称、规格、型号			单位		数量		单价/元	合计/元	暂估单价/元	暂估合计/元
	地上式消火栓 SS100			套		1		280.00	280.00		
	地上式消火栓 SS100 配套附件			套		1		90.00	90.00		
	其他材料费										
	材料费小计								370.00		

三、安装（电气）工程

【2016 真题】

工程背景资料如下：

1. 图 3-1-8 所示为某办公楼一层插座平面图，该建筑物为砖、混凝土结构。

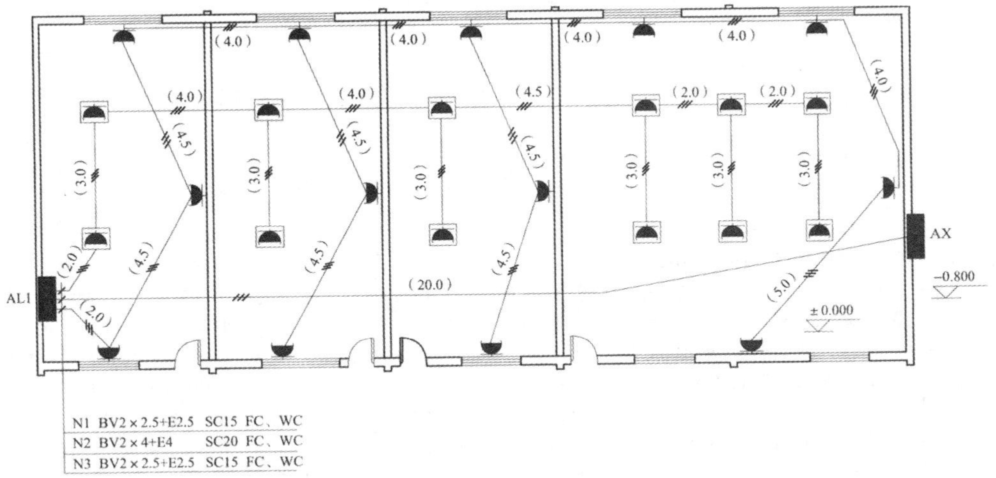

序号	图例	名称、型号、规格	备注
1		照明配电箱 AL1 型号：BQDC101 箱体尺寸：500×300×120（宽×高×厚）	嵌入式安装 底边距地 1.5m
2	AX	户外插座箱 防护等级：IP65 箱体尺寸：400×600×180（宽×高×厚）	
3		地坪暗插座 单相带接地 10A 型号：MDC−3T/130	地坪面暗装
4		单相带接地暗插座 10A	安装高度 0.3m

图 3-1-8 办公楼一层插座平面图

说明：

①照明配电箱 AL1 电源由本层总配电箱引入。

②管路为钢管 *DN*15 或 *DN*20 沿地坪暗配，配管敷设标高为−0.05m，管内穿绝缘导线 BV-500 2.5mm^2 或 BV-500 4mm^2。

③室内外高差 0.8m。

④配管水平长度见括号内数字，单位为 m。

2. 该工程的相关定额、主材单价及损耗率见表 3-1-29。

表 3-1-29 相关定额、主材单价、损耗率表

定额编号	项目名称	定额单位	安装基价/元			主材	
			人工费	材料费	机械费	单价	损耗率/%
4−2−76	照明配电箱 嵌入式安装 半周长≤1.0m	台	102.30	10.60	0	900.00 元/台	

续表

定额编号	项目名称	定额单位	安装基价/元			主材	
			人工费	材料费	机械费	单价	损耗率/%
4—2—76	插座箱　嵌入式安装 半周长≤1.0m	台	102.30	10.60	0	500.00 元/台	
4—12—34	砖、混凝土结构暗配 钢管 *DN*15	10m	46.80	9.92	3.57	5.00 元/m	3
4—12—35	砖、混凝土结构暗配 钢管 *DN*20	10m	46.80	17.36	3.65	6.50 元/m	3
4—13—5	管内穿照明线 BV 2.5mm^2	10m	8.10	2.70	0	3.00 元/m	16
4—13—6	管内穿照明线 BV 4mm^2	10m	5.40	3.00	0	4.20 元/m	10
4—13—178	暗装插座盒 86H50 型	个	3.30	0.96	0	3.00 元/个	2
4—13—178	暗装地坪插座盒 100H60 型	个	3.30	0.96	0	10.00 元/个	2
4—14—401	单相带接地暗插座 10A	套	6.80	1.85	0	12.00 元/套	2
4—14—401	单相带接地地坪插座 10A	套	6.80	1.85	0	90.00 元/套	2

3. 该工程的人工费单价（综合普工、一般技工和高级技工）为 100 元/工日，管理费和利润分别按人工费的 30%和 10%计算。

4. 相关分部分项工程量清单项目编码及项目名称见表 3-1-30。

表 3-1-30　相关分部分项工程量清单项目编码及名称

项目编号	项目名称	项目编码	项目名称
030404017	配电箱	030411001	配管
030404018	插座箱	030411004	配线
030404031	小电器	030411005	接线箱
030404035	插座	030411006	接线盒
030404036	其他电器		

【问题】

1. 按照背景资料和图中所示内容，根据《建设工程工程量清单计价规范》（GB 50500—2013），计算各分部分项工程量，将配管（*DN*15、*DN*20）和配线（BV 2.5mm^2、BV 4mm^2）的工程量计算式与结果填写在指定位置；并计算分部分项工程的综合单价与合价，编制完成表 3-1-31“分部分项工程量清单计价表”。

2. 设定该工程“管内穿线 BV 2.5mm^2”的清单工程量为 300m，其余条件均不变，根据背景材料中的相关数据，编制完成表 3-1-32“综合单价分析表”。

（计算结果保留两位小数）

表 3-1-31 分部分项工程和和单价措施项目清单与计价表

工程名称：办公楼　　　　标段：一层插座

<table>
<tr><th rowspan="2">序号</th><th rowspan="2">项目编号</th><th rowspan="2">项目名称</th><th rowspan="2">项目特征描述</th><th rowspan="2">计量单位</th><th rowspan="2">工程量</th><th colspan="3">金额/元</th></tr>
<tr><th>综合价</th><th>合价</th><th>其中：暂估价</th></tr>
<tr><td>1</td><td></td><td></td><td></td><td></td><td></td><td></td><td></td><td></td></tr>
<tr><td>2</td><td></td><td></td><td></td><td></td><td></td><td></td><td></td><td></td></tr>
<tr><td>3</td><td></td><td></td><td></td><td></td><td></td><td></td><td></td><td></td></tr>
<tr><td>4</td><td></td><td></td><td></td><td></td><td></td><td></td><td></td><td></td></tr>
<tr><td>5</td><td></td><td></td><td></td><td></td><td></td><td></td><td></td><td></td></tr>
<tr><td>6</td><td></td><td></td><td></td><td></td><td></td><td></td><td></td><td></td></tr>
<tr><td>7</td><td></td><td></td><td></td><td></td><td></td><td></td><td></td><td></td></tr>
<tr><td>8</td><td></td><td></td><td></td><td></td><td></td><td></td><td></td><td></td></tr>
<tr><td>9</td><td></td><td></td><td></td><td></td><td></td><td></td><td></td><td></td></tr>
<tr><td>10</td><td></td><td></td><td></td><td></td><td></td><td></td><td></td><td></td></tr>
<tr><td colspan="6">合计</td><td></td><td></td><td></td></tr>
</table>

表 3-1-32 综合单价分析表

工程项目：办公楼　　　　标段：一层插座

<table>
<tr><td>项目编码</td><td></td><td colspan="2">项目名称</td><td colspan="4"></td><td>计量单位</td><td></td><td>工程量</td><td></td></tr>
<tr><td colspan="12">清单综合单价组成明细</td></tr>
<tr><td rowspan="2">定额编号</td><td rowspan="2">定额项目名称</td><td rowspan="2">定额单位</td><td rowspan="2">数量</td><td colspan="4">单价</td><td colspan="4">合价</td></tr>
<tr><td>人工费</td><td>材料费</td><td>机械费</td><td>管理费和利润</td><td>人工费</td><td>材料费</td><td>机械费</td><td>管理费和利润</td></tr>
<tr><td></td><td></td><td></td><td></td><td></td><td></td><td></td><td></td><td></td><td></td><td></td><td></td></tr>
<tr><td colspan="2">人工单价</td><td colspan="6">小计</td><td></td><td></td><td></td><td></td></tr>
<tr><td colspan="2">100 元/工日</td><td colspan="6">未计价材料费</td><td colspan="4"></td></tr>
<tr><td colspan="8">清单项目综合单价</td><td colspan="4"></td></tr>
<tr><td rowspan="4">材料费明细</td><td colspan="3">主要材料名称、规格、型号</td><td colspan="2">单位</td><td colspan="2">数量</td><td>单价/元</td><td>合计/元</td><td>暂估单价/元</td><td>暂估单价/元</td></tr>
<tr><td colspan="3"></td><td colspan="2"></td><td colspan="2"></td><td></td><td></td><td></td><td></td></tr>
<tr><td colspan="7">其他材料费</td><td></td><td></td><td></td><td></td></tr>
<tr><td colspan="7">材料费小计</td><td></td><td></td><td></td><td></td></tr>
</table>

➢ 真题精讲

【问题 1 · 解题思路】

问题 1 考核的核心知识点是配管和配线的工程量计算并填写分部分项工程量清单计价表。解题思路如下：

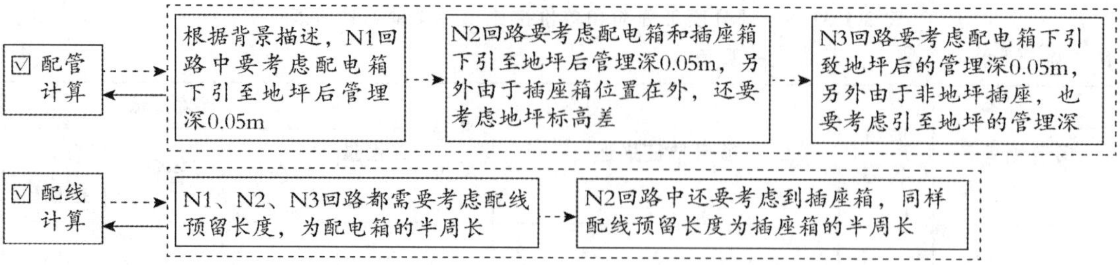

思路拓展

1. 地坪插座和吸顶设备

地坪插座和吸顶设备通常都不需要考虑管埋深，原因：接线盒有厚度，吸顶设备或地坪插座一般在接线盒中间位置穿孔，安装后接线盒与顶板平齐。

2. 电力电缆和控制电缆预留规则

配电箱（柜）盘下进出线为2m，盘上进出线预留半周长，进建筑物预留2m，终端头检修余量1.5m。

3. 配线预留规则

配电箱（柜）进出均预留半周长，有箱盘的铁壳开关从安装对象中心算起预留0.5m，无箱盘的铁壳开关从安装对象中心算起预留0.3m。

4. 角钢滑触线终端预留

从最后一个固定点起算预留1m。（一般来说：左右两边各一个固定点）

5. 预留附加量

口诀为："配线、滑触要预留；防雷、接地要附加；电力电缆两都有"。

参考答案

（1）钢管 $DN15$ 暗配工程量计算：

N1：1.5+0.05+2.0+3.0×6+4.0×2+4.5+2.0×2=38.05（m）。

N3：1.5+0.05+2.0+4.5×6+4.0×5+5.0+（0.05+0.3）×25=64.30（m）。

合计：38.05+64.30=102.35（m）。

（2）钢管 $DN20$ 暗配工程量计算：

N2：1.5+0.05+20.0+（1.5−0.8+0.05）=22.30（m）。

（3）管内穿线 BV 2.5mm^2 工程量计算：

（0.5+0.3）×3×2+102.35×3=311.85（m）。

（4）管内穿线 BV 4mm^2 工程量计算：

（0.5+0.3）×3+（0.4+0.6）×3+22.30×3=72.30（m）。

分部分项工程和和单价措施项目清单与计价表见表3-1-33。

表3-1-33 分部分项工程和和单价措施项目清单与计价表

工程名称：办公楼　　　　标段：一层插座

序号	项目编号	项目名称	项目特征描述	计量单位	工程量	金额/元		
						综合单价	合价	其中：暂估价
1	030404017001	配电箱	照明配电箱AL1 型号：BQDC101 嵌入式安装 箱体尺寸：500×300×120	台	1	1053.82	1053.82	

续表

序号	项目编号	项目名称	项目特征描述	计量单位	工程量	金额/元		
						综合单价	合价	其中：暂估价
2	030404018001	插座箱	户外插座箱 AX 防护等级：IP65 嵌入式安装 箱体尺寸：400×600×180	台	1	653.82	653.82	
3	030404035001	插座	单相带接地暗插座 10A	套	13	23.61	306.93	
4	030404035002	插座	单相带接地地坪暗插座 10A 型号：MDC-3T/130	套	12	103.17	1238.04	
5	030411006001	接线盒	暗插座接线盒 86H50 型	个	13	8.64	112.32	
6	030411006002	接线盒	地坪暗插座接线盒 100H60 型	个	12	15.78	189.36	
7	030411001001	配管	钢管 $DN15$ 砖、混凝土的结构暗配	m	102.35	13.05	1335.67	
8	030411001002	配管	钢管 $DN20$ 砖、混凝土的结构暗配	m	22.30	15.35	342.31	
9	030411004001	配线	管内穿线 照明线路 BV-500 2.5mm^2	m	311.85	4.88	1521.83	
10	030411004002	配线	管内穿线 照明线路 BV-500 4mm	m	72.30	5.68	410.66	
合计							7164.76	

【问题 2 · 解题思路】

问题 2 考核的核心知识点是综合单价分析表的填写。解题思路如下：

☑ 管内穿线 BV 2.5mm^2 的综合单价分析表 → 找出对应的定额标号，填写对应的人工费、材料费、机械费。根据背景条件计算出管理费、利润 → 1.数量1/10=0.10,得出合计中的对应费用　2.填写未计价主材，损耗率为16%，也就是说清单中的数量1实际要用1.16，所以数量就是1.16

思路拓展

1. 考试中综合单价分析表较难的题目

考试中综合单价分析表较难的题目为落地式配电柜，其含有基础型钢、无端子外部接线、压铜接线端子三项内容。

2. 填写“综合单价分析表”注意事项

（1）综合单价分析表中的人工单价勿漏填。

（2）项目编码要和分部分项工程量清单计价表中所写编码一致。

参考答案

综合单价分析见表 3-1-34。

表 3-1-34　综合单价分析表

工程项目：办公楼　　　　标段：一层插座

项目编码	030411004001	项目名称		配线				计量单位	m	工程量	300.00
清单综合单价组成明细											
定额编号	定额项目名称	定额单位	数量	单价				合价			
				人工费	材料费	机械费	管理费和利润	人工费	材料费	机械费	管理费和利润
4—13—5	管内照明穿线 BV 2.5mm²	10m	0.10	8.10	2.70	0	3.24	0.81	0.27	0	0.32
人工单价		小计						0.81	0.27	0	0.32
100 元/工日		未计价材料费						3.48			
清单项目综合单价								4.88			
材料费明细	主要材料名称、规格、型号			单位		数量		单价/元	合计/元	暂估单价/元	暂估单价/元
	绝缘导线 BV-500 2.5mm²			m		1.16			3.00	3.48	
	其他材料费							—	0.27	—	
	材料费小计							—	3.75	—	

【2015 真题】

工程背景资料如下：

1. 图 3-1-9 所示为某标准厂房防雷接地平面图。

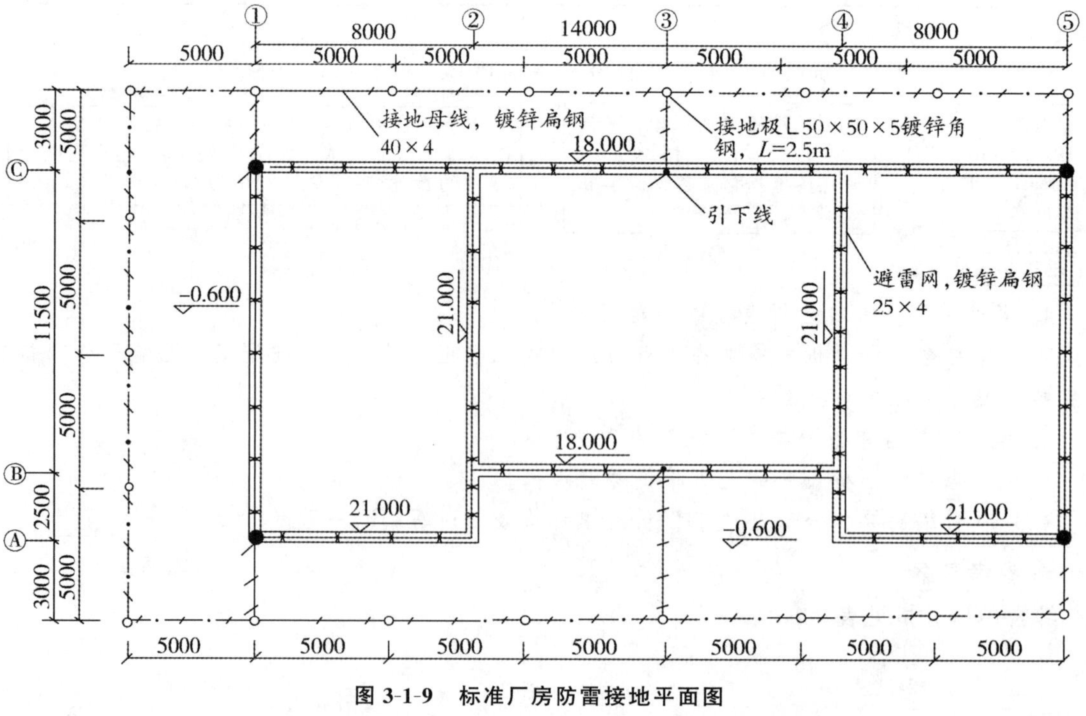

图 3-1-9　标准厂房防雷接地平面图

说明：

①室内外地坪高差为 0.60m，不考虑墙厚，也不考虑引下线与避雷网、引下线与断接卡子的连接耗量。

②避雷网采用 25×4 镀锌扁钢，沿屋顶女儿墙敷设。

③引下线利用建筑物柱内主筋引下，每一处引下线均需焊接 2 根主筋，每一引下线离地坪 1.8m 处设一断接卡子。

④户外接地母线均采用 40×4 镀锌扁钢，埋深 0.7m。

⑤接地极采用∟50×50×5 镀锌角钢制作，$L=2.5$m。

⑥接地电阻要求小于 10Ω。

⑦图中标高单位以 m 计，其余均为 mm。

2. 防雷接地工程的相关定额见表 3-1-35。

表 3-1-35 防雷接地工程相关定额、主材单价、损耗率

定额编号	项目名称	定额单位	安装基价/元			主材	
			人工费	材料费	机械费	单价	损耗率/%
2—691	角钢接地极制作、安装	根	50.35	7.95	19.26	42.40 元/根	3
2—748	避雷网安装	10m	87.40	34.23	13.92	3.90 元/m	5
2—746	避雷引下线敷设利用建筑物主筋引下	10m	77.90	16.35	67.41		
2—697	户外接地母线敷设	10m	289.75	5.31	4.29	6.30 元/m	5
2—747	断接卡子制作、安装	10 套	342.00	108.42	0.45		
2—886	接地网调试	系统	950.00	13.92	756.00		

3. 该工程的管理费和利润分别按人工费的 30%和 10%计算，人工单价为 95 元/工日。

4. 相关分部分项工程量清单项目统一编码见表 3-1-36。

表 3-1-36 相关分部分项工程量清单项目编码及名称

项目编号	项目名称	项目编码	项目名称
030409001	接地极	030409005	避雷网
030409002	接地母线	030414011	接地装置调试
030409003	避雷引下线		

【问题】

1. 按照背景资料 1～4 和图 3-1-9 所示内容，根据《建设工程工程量清单计价规范》（GB 50500—2013）和《通用安装工程工程量计算规范》（GB 50856—2013）的规定，分别列式计算避雷网、避雷引下线（利用建筑物主筋作引下线不计附加长度）和接地母线的工程量，并在表 3-1-37“分部分项工程和单价措施项目清单与计价表”中计算和编制各分部分项工程的综合单价与合价。

2. 设定该工程“避雷引下线”项目的清单工程量为 120m，其余条件均不变，根据背景材料 2 中的相关定额，在表 3-1-38“综合单价分析表”中，计算该项目的综合单价。

（“数量”栏保留三位小数，其余均保留两位小数）

表 3-1-37　分部分项工程和单价措施项目清单与计价表

工程名称：标准厂房　　　　标段：防雷接地工程

<table>
<tr><th rowspan="2">序号</th><th rowspan="2">项目编码</th><th rowspan="2">项目名称</th><th rowspan="2">项目特征描述</th><th rowspan="2">计量单位</th><th rowspan="2">工程量</th><th colspan="3">金额/元</th></tr>
<tr><th>综合单价</th><th>合价</th><th>其中：暂估价</th></tr>
<tr><td>1</td><td></td><td></td><td></td><td></td><td></td><td></td><td></td><td></td></tr>
<tr><td>2</td><td></td><td></td><td></td><td></td><td></td><td></td><td></td><td></td></tr>
<tr><td>3</td><td></td><td></td><td></td><td></td><td></td><td></td><td></td><td></td></tr>
<tr><td>4</td><td></td><td></td><td></td><td></td><td></td><td></td><td></td><td></td></tr>
<tr><td>5</td><td></td><td></td><td></td><td></td><td></td><td></td><td></td><td></td></tr>
<tr><td colspan="6">合计</td><td></td><td></td><td></td></tr>
</table>

表 3-1-38　综合单价分析表

工程名称：标准厂房　　　　　　　　标段：防雷接地工程

<table>
<tr><td>项目编码</td><td></td><td colspan="2">项目名称</td><td colspan="4"></td><td>计量单位</td><td></td><td>工程量</td><td></td></tr>
<tr><td colspan="12">清单综合单价组成明细</td></tr>
<tr><td rowspan="2">定额编号</td><td rowspan="2">定额项目名称</td><td rowspan="2">定额单位</td><td rowspan="2">数量</td><td colspan="4">单价</td><td colspan="4">合价</td></tr>
<tr><td>人工费</td><td>材料费</td><td>机械费</td><td>管理费和利润</td><td>人工费</td><td>材料费</td><td>机械费</td><td>管理费和利润</td></tr>
<tr><td>2—746</td><td></td><td></td><td></td><td></td><td></td><td></td><td></td><td></td><td></td><td></td><td></td></tr>
<tr><td>2—747</td><td></td><td></td><td></td><td></td><td></td><td></td><td></td><td></td><td></td><td></td><td></td></tr>
<tr><td colspan="2">人工单价</td><td colspan="6">小计</td><td></td><td></td><td></td><td></td></tr>
<tr><td colspan="2">95 元/工日</td><td colspan="6">未计价材料费</td><td colspan="4"></td></tr>
<tr><td colspan="8">清单项目综合单价</td><td colspan="4"></td></tr>
<tr><td rowspan="5">材料费明细</td><td colspan="3">主要材料名称、规格、型号</td><td colspan="2">单位</td><td colspan="2">数量</td><td>单价/元</td><td>合价/元</td><td>暂估价/元</td><td>暂估合价/元</td></tr>
<tr><td colspan="3"></td><td colspan="2"></td><td colspan="2"></td><td></td><td></td><td></td><td></td></tr>
<tr><td colspan="3"></td><td colspan="2"></td><td colspan="2"></td><td></td><td></td><td></td><td></td></tr>
<tr><td colspan="7">其他材料费</td><td></td><td></td><td></td><td></td></tr>
<tr><td colspan="7">材料费小计</td><td></td><td></td><td></td><td></td></tr>
</table>

➢ 真题精讲

【问题 1·解题思路】

问题 1 考核的核心知识点是避雷接地系统的工程量计算和填写分部分项工程量清单计价表。解题思路如下：

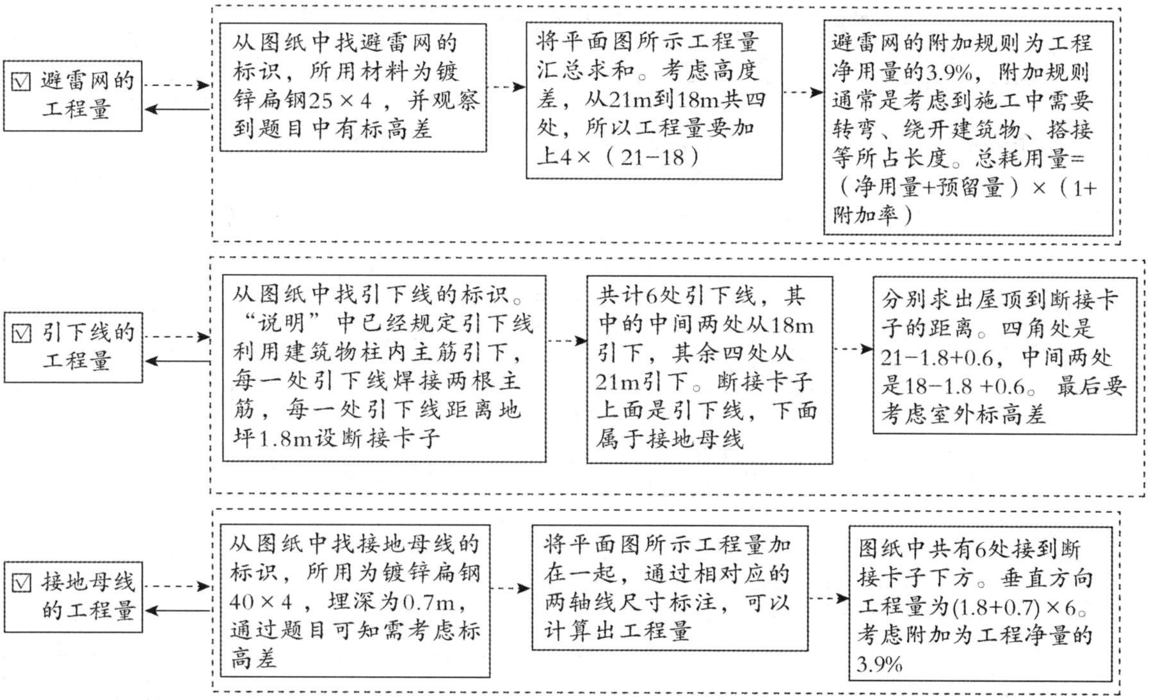

思路拓展

1. 预留附加规则

预留附加规则在题目中不会给出，考生必须自己掌握。电缆附加长度为净用量的 2.5%，接地母线、均压环、避雷网、引下线的长度附加为净用量的 3.9%。本题中的引下线之所以不能再乘以 3.9%，是因为利用柱子主筋作为引下线的不计算附加长度。需要考虑附加长度的是沿外墙敷设的扁钢或者圆钢，主材才会考虑附加长度。避雷接地系统中利用柱筋、圈梁等做引下线或均压环不考虑附加长度。

2. 分部分项工程量清单计价表中的避雷引下线的综合单价解题过程

（1）［77.9＋16.35＋67.41＋77.9×（30%＋10%）］×0.1＝19.28（元）。

（2）［342＋108.42＋0.45＋342×（30%＋10%）］×（6/112.8/10）＝3.13（元）。

（3）19.28＋3.13＝22.41（元）。

参考答案

（1）避雷网（25×4 镀锌扁钢）工程量计算：

［（8＋14＋8）×2＋（11.5＋2.5）×4＋（21－18）×4］×（1＋3.9%）＝132.99（m）；

或：｛⌊（11.5＋2.5）×2＋8×2⌋×2＋14×2＋（21－18）×4｝×（1＋3.9%）＝132.99（m）。

（2）避雷引下线（利用主钢筋）工程量计算：

（21－1.8＋0.6）×4＋（18－1.8＋0.6）×2＝79.2＋33.6＝112.8（m）。

（3）接地母线（埋地 40×4 镀锌扁钢）工程量计算：

［5×18＋（3＋0.7＋1.8）×5＋（3＋2.5＋0.7＋1.8）］×（1＋3.9%）＝130.39（m）；

或：［5×18＋3×6＋2.5＋（1.8＋0.7）×6］×（1＋3.9%）＝130.39（m）。

分部分项工程和单价措施项目清单与计价表见表 3-1-39。

表 3-1-39　分部分项工程和单价措施项目清单与计价表

工程名称：标准厂房　　　　　　标段：防雷接地工程

序号	项目编码	项目名称	项目特征描述	计量单位	工程量	金额/元		
						综合单价	合价	其中：暂估价
1	030409001001	接地极	角钢接地极 ∟50×50×5 L=2.5m，埋深 0.7m	根	19	141.37	2686.03	
2	030409002001	接地母线	镀锌扁钢 40×4 接地母线埋深 0.7m	m	130.39	48.14	6276.97	
3	030409003001	避雷引下线	利用建筑物柱内主筋引下，每处引下线焊接 2 根主筋，共 6 处，每一引下线设一段接卡子	m	112.80	22.41	2527.85	
4	030409005001	避雷网	避雷网　镀锌扁钢 25×4 沿屋顶女儿墙敷设	m	132.99	21.15	2812.74	
5	030414011001	接地装置调试	避雷网接电阻测试	系统	1	2099.92	2099.92	
合计							16403.51	

【问题 2·解题思路】

问题 2 考核的核心知识点内容是避雷引下线的综合单价分析表和断接卡子的清单归属。解题思路如下：

☑引下线的综合单价分析 → 明确避雷引下线除本体安装外还包括断接卡子工作 → 1.选取相应的定额2−746和2−747,将人工费、材料费、机械费填表，根据题目背景，计算出管理费和利润
2.定额数量给的是10，而清单的数量都是1，所以数量栏就是1/10，并保留三位小数 → 1.本题的难点在于断接卡子的数量。一共只有6套，而要在120m的引下线中均摊。所以数量是：6/120/10=0.005
2.将综合单价分析表汇总得出最后的综合单价22.22元/m

思路拓展

1. 避雷引下线除本体安装外的工作内容

避雷引下线除本体安装外的工作内容包括断接卡子，这是本题的一个考点。类似的还有配电柜（箱），除本体安装外，还要考虑基础型钢、接线端子、外部接线等工作。油浸式变压器除本体安装外，还要考虑到基础型钢、油过滤、干燥等工作内容。

2. 综合单价分析表的数量

综合单价分析表的数量=实际工程量/清单工程量/定额单位。

参考答案

综合单价分析见表 3-1-40。

表 3-1-40　综合单价分析表

工程名称：标准厂房　　　　标段：防雷接地工程

项目编码	030409003001	项目名称		避雷引下线				计量单位	m	工程量	120.00
清单综合单价组成明细											
定额编号	定额项目名称	定额单位	数量	单价				合价			
				人工费	材料费	机械费	管理费和利润	人工费	材料费	机械费	管理费和利润
2—746	避雷引下线利用建筑物主筋引下	10m	0.100	77.90	16.35	67.41	31.16	7.79	1.64	6.74	3.12
2—747	断接卡子制作安装	10 套	0.005	342.00	108.42	0.45	136.80	1.71	0.54	0	0.68
人工单价		小计						9.50	2.18	6.74	3.80
95 元/工日		未计价材料费						0			
清单项目综合单价								22.22			
材料费明细	主要材料名称、规格、型号			单位		数量		单价/元	合价/元	暂估价/元	暂估合价/元
	其他材料费							—	2.18	—	
	材料费小计							—	2.18	—	

模块二　精选章节习题

一、土木建筑工程

【第一题】

某砌筑 1 砖砖墙工程，技术测定资料如下所述：

完成 $1m^3$ 砌体的基本工作时间为 16.6h（折算成一人工作）；辅助工作时间为工作班的 3%；准备与结束时间为工作班的 2%；不可避免的中断时间为工作班的 2%，休息时间为工作班的 18%；超运距运输砖每千块需耗时 2h；人工幅度差系数为 10%。

砌墙采用 M5 水泥砂浆，其实体积折算虚体积系数为 1.07，砖和砂浆的损耗率分别为 3% 和 8%，完成 $1m^3$ 砌体需耗水 $0.8m^3$，其他材料占上述材料的 2%。

砂浆用 400L 搅拌机现场搅拌，完成 $1m^3$ 墙体所需机械净工作时间为：运料 200s，装料 40s，搅拌 80s，卸料 30s，正常中断 10s，机械利用系数 0.8，幅度差系数为 5%。

【问题】

在不考虑其他条件的前提下，试确定砌筑 $1m^3$ 1 砖砖墙的施工定额。

【第二题】

某钢筋混凝土圆形烟囱基础设计图见图 3-2-1。其中基础垫层采用 C15 混凝土，圆形满堂基础采用 C30 混凝土，地基土壤类别为三类土。土方开挖底部施工所需的工作面宽度为 300mm，放坡系数为 1∶0.33，放坡自垫层上表面计算。

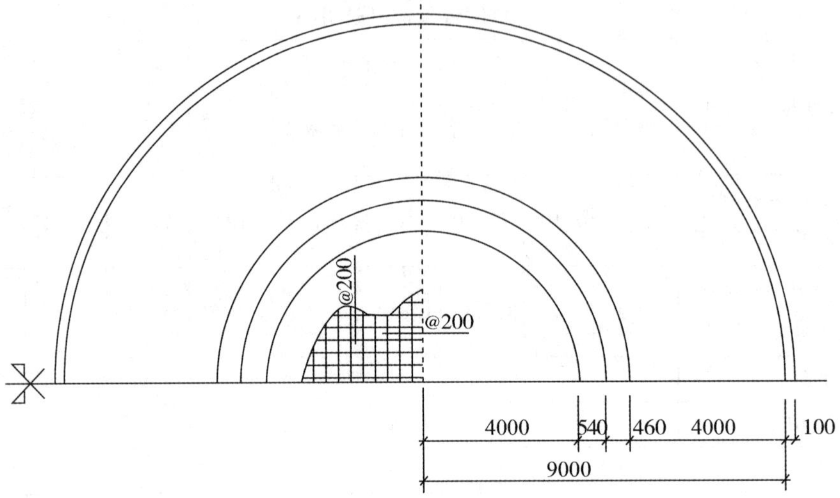

(a) 平面图

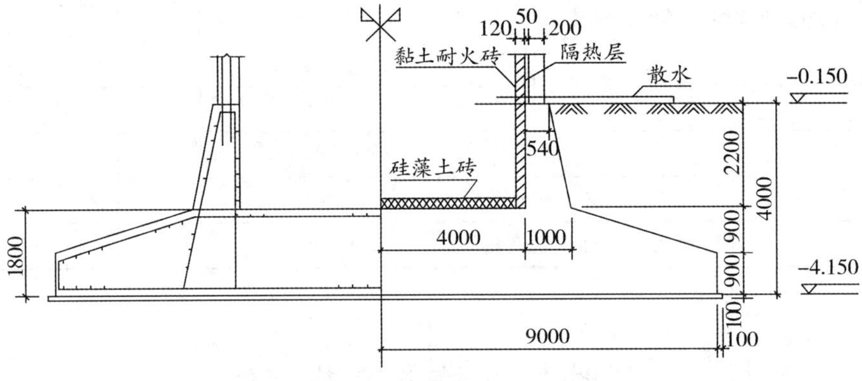

(b) 剖面图

图 3-2-1　烟囱基础设计图

【问题】

1. 根据上述条件，按照《建设工程工程量清单计价规范》(GB 50500—2013) 的计算规则，根据图 3-2-1 中的数据，在表 3-2-1"工程量计算表"中，列式计算该烟囱基础的平整场地、挖基础土方、垫层和混凝土基础工程量。平整场地工程量按满堂基础底面积乘系数 2.0 计算，圆台体体积计算公式为：$V=1/3\times h\times\pi\times(r_1^2+r_2^2+r_1\times r_2)$。

表 3-2-1　工程量计算表

序号	项目名称	单位	工程量	计算过程
1				
2				
3				
4				

2. 工程所在地相关部门发布的现行挖、运土方预算单价见表 3-2-2"挖、运土方预算单价表"。施工方案规定，土方按 90%机械开挖、10%人工开挖，用于回填的土方在 20m 内就近堆

存，余土运往5000m范围内指定地点堆放。相关工程的企业管理费按工程人材机费用的7%计算，利润及风险费用按工程人材机费用的6%计算。编制挖基础土方（清单编码为010101003）的清单综合单价填入表3-2-3“工程量清单综合单价分析表”。

表3-2-2 挖、运土方预算单价表

（单位：m^3）

定额编号	1—7	1—148	1—162
项目名称	人工挖土	机械挖土	机械挖、运土
工作内容	人工挖土装土、20m内就近堆放，整理边坡等	机械挖土就近堆放，清理机下余土等	机械挖土装车、外运5000m内堆放
人工费/元	12.62	0.27	0.31
材料费/元	0.00	0.00	0.00
机械费/元	0.00	7.31	21.33
基价/元	12.62	7.58	21.64

表3-2-3 工程量清单综合单价分析表

工程名称：钢筋混凝土烟囱

项目编码		项目名称						计量单位		工程量	
清单综合单价组成明细											
定额编号	定额名称	定额单位	数量	单价/元				合价/元			
				人工费	材料费	机械费	管理费和利润	人工费	材料费	机械费	管理费和利润
人工单价		小计									
60、80、110元/工日		未计价材料/元									
清单项目综合单价/（元/m^3）											
材料费明细	主要材料名称、规格、型号			单位		数量		单价/元	合价/元	暂估价/元	暂估合价/元
	其他材料费/元										
	材料费小计/元										

3. 利用第1、2问题的计算结果和以下相关数据，在表3-2-4“分部分项工程量清单与计价表”中，编制该烟囱基础分部分项工程量清单与计价表。已知相关数据为：①平整场地，编码010101001，综合单价1.26元/m^2；②挖基础土方，编码010101003，综合单价19.39元/m^3；③土方回填，人工分层夯填，编码010103001，综合单价15.00元/m^3；④C15混凝土垫层，编码010501001，综合单价460.00元/m^3；⑤C30混凝土满堂基础，编码010501004，综合单价520.00元/m^3。

（计算结果保留两位小数）

表 3-2-4 分部分项工程量清单与计价表

序号	项目编码	项目名称	项目特征描述	计量单位	工程量	金额/元	
						综合单价	合价
1							
2							
3							
4							
5							
合价/元							

【第三题】

某工程基础为 300mm 厚的 C10 混凝土垫层、条形砖基础，三类土，拟采用人工挖土。室外地坪标高为－0.750m，室内为 80mm 厚的混凝土。基础平面图见图 3-2-2，基础剖面图见图 3-2-3。

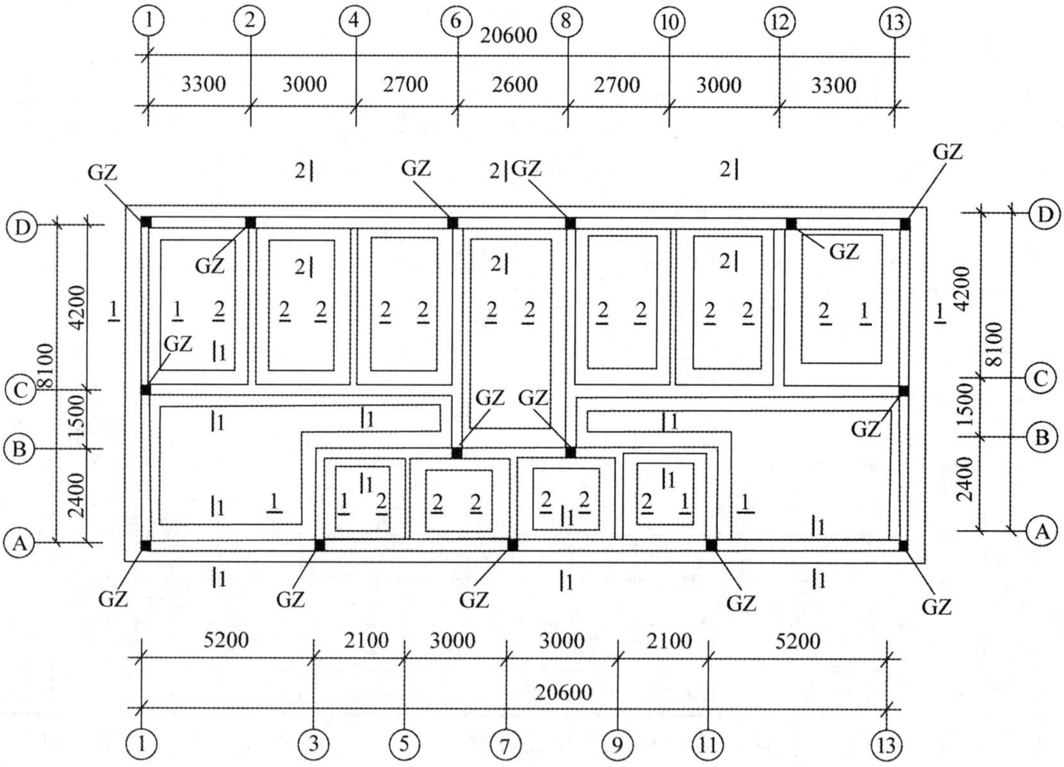

图 3-2-2 基础平面图

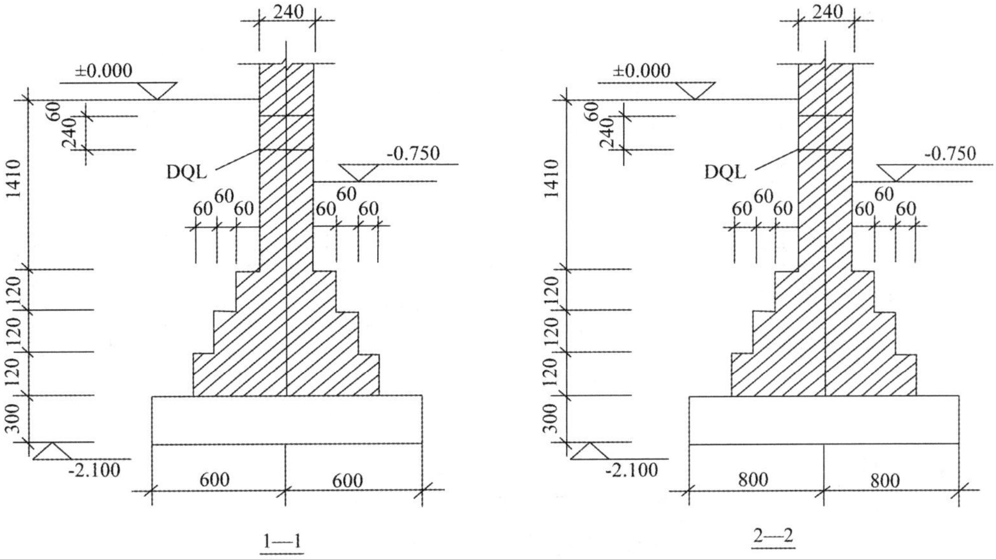

图 3-2-3　基础剖面图

【问题】

1. 计算土方开挖工程量。

2. 计算垫层工程量。

3. 计算地圈梁工程量。

4. 计算室内回填土工程量。

（以上均按工程量清单计算规则计算，计算结果保留两位小数）

【第四题】

某工程基础平面图见图 3-2-4，现浇钢筋混凝土带形基础、独立基础的尺寸见图 3-2-5。混凝土垫层强度等级为 C15，混凝土基础强度等级为 C20，按外购商品混凝土考虑。混凝土垫层支模板浇筑，工作面宽度 300mm，槽坑底面用电动夯实机夯实，费用计入混凝土垫层和基础中。直接工程费单价见表 3-2-5。基础定额见表 3-2-6。

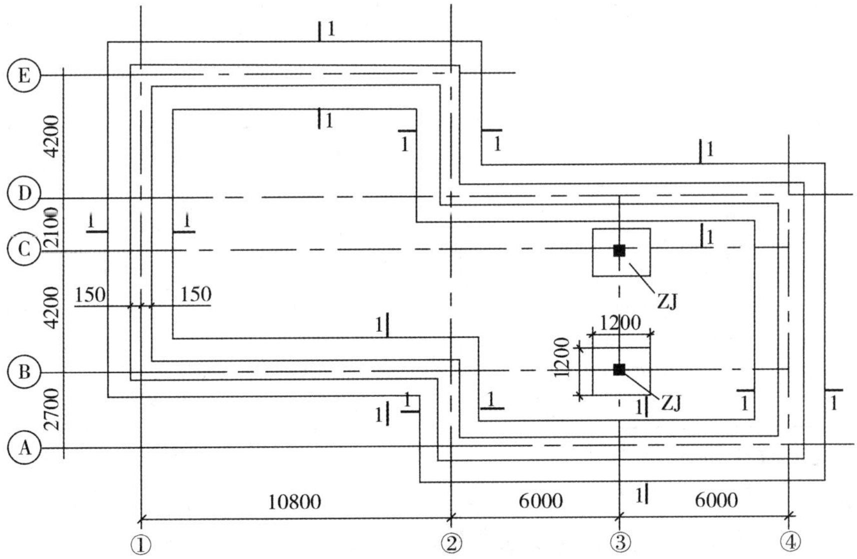

图 3-2-4　基础平面图

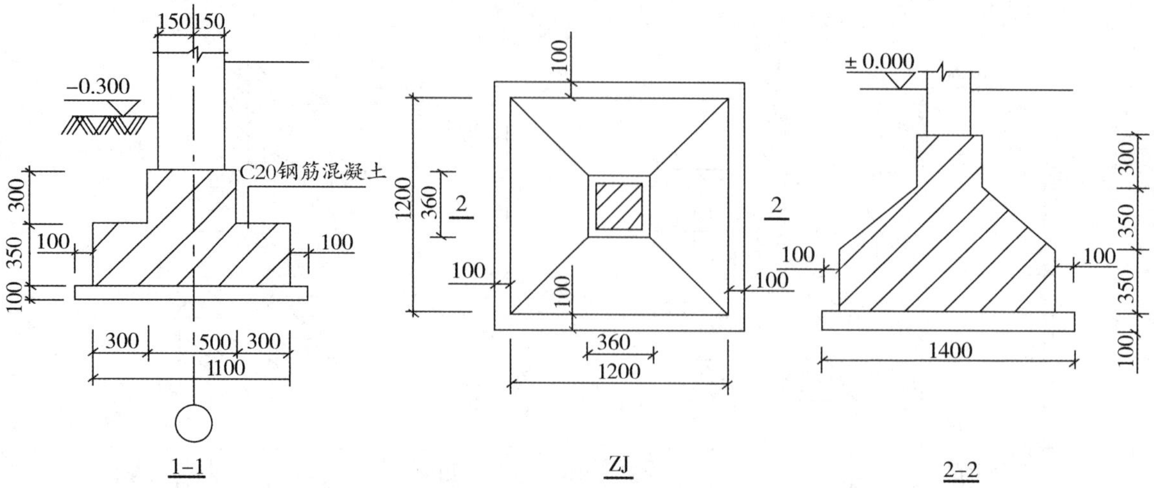

图 3-2-5　带形基础、独立基础图

表 3-2-5　直接工程费单价表

序号	项目名称	计量单位	费用组成/元			
			人工费	材料费	机械使用费	单价
1	带形基础组合钢模板	m^2	8.85	21.53	1.60	31.98
2	独立基础组合钢模板	m^2	8.32	19.01	1.39	28.72
3	垫层木模板	m^2	3.58	21.64	0.46	25.68

表 3-2-6　基础定额表

项目			基础槽底夯实	现浇混凝土基础垫层	现浇混凝土带形基础
名称	单位	单价/元	$100m^2$	$10m^3$	$10m^3$
综合人工	工日	52.36	1.42	7.33	9.56
混凝土 C15	m^3	252.40		10.15	
混凝土 C20	m^3	266.05			10.15
草袋	m^3	2.25		1.36	2.52
水	m^3	2.92		8.67	9.19
电动打夯机	台班	31.54	0.56		
混凝土振捣器	台班	23.51		0.61	0.77
翻斗车	台班	154.80		0.62	0.78

依据《建设工程工程量清单计价规范》(GB 50500—2013)，以人工费、材料费和机械使用费之和为基数，取管理费费率5%、利润率4%；以分部分项工程量清单计价合计和模板及支架清单项目费之和为基数，取临时设施费费率1.5%、环境保护费费率0.8%、安全和文明施工费费率1.8%。

【问题】

依据《房屋建筑与装饰工程工程量计算规范》（GB 50854—2013）的规定（有特殊注明除外），完成下列计算：

1. 计算现浇钢筋混凝土带形基础、独立基础、基础垫层的工程量。将计算过程及结果填入表 3-2-7“分部分项工程量计算表”。

棱台体体积公式：$V=1/3\times h\times(a^2+b^2+\sqrt{a\times b})$

表 3-2-7　分部分项工程量计算表

序号	分项工程名称	计量单位	工程量	计算过程
1				
2				
3				
4				

2. 编制现浇混凝土带形基础、独立基础的分部分项工程量清单，说明项目特征，填入表 3-2-8“分部分项工程量清单”（带形基础的项目编码为 010501002，独立基础的项目编码为 010501003）。

表 3-2-8　分部分项工程量清单

序号	项目编码	项目名称及特征	计量单位	工程量
1				
2				

3. 依据提供的基础定额数据，计算混凝土带形基础的分部分项工程量清单综合单价，填入表 3-2-9“分部分项工程量清单综合单价分析表”，并列出计算过程。

表 3-2-9　分部分项工程量清单综合单价分析表

<table>
<tr><td>项目编码</td><td></td><td colspan="2">项目名称</td><td colspan="4"></td><td>计量单位</td><td></td><td>工程量</td><td></td></tr>
<tr><td colspan="12">清单综合单价组成明细</td></tr>
<tr><td rowspan="2">定额编号</td><td rowspan="2">定额名称</td><td rowspan="2">定额单位</td><td rowspan="2">数量</td><td colspan="4">单价/元</td><td colspan="4">合价/元</td></tr>
<tr><td>人工费</td><td>材料费</td><td>机械费</td><td>管理费和利润</td><td>人工费</td><td>材料费</td><td>机械费</td><td>管理费和利润</td></tr>
<tr><td></td><td></td><td></td><td></td><td></td><td></td><td></td><td></td><td></td><td></td><td></td><td></td></tr>
<tr><td></td><td></td><td></td><td></td><td></td><td></td><td></td><td></td><td></td><td></td><td></td><td></td></tr>
<tr><td colspan="2">人工单价</td><td colspan="6">小计</td><td></td><td></td><td></td><td></td></tr>
<tr><td colspan="2">60、80、110 元/工日</td><td colspan="6">未计价材料/元</td><td colspan="4"></td></tr>
<tr><td colspan="8">清单项目综合单价/（元/m³）</td><td colspan="4"></td></tr>
</table>

续表

项目编码		项目名称			计量单位		工程量	
清单综合单价组成明细								
材料费明细	主要材料名称、规格、型号		单位	数量	单价/元	合价/元	暂估价/元	暂估合价/元
	其他材料费/元							
	材料费小计/元							

4. 计算带形基础、独立基础（坡面不计算模板工程量）和基础垫层的模板工程量，将计算过程及结果填入表 3-2-10“模板工程量计算表”。

表 3-2-10　模板工程量计算表

序号	模板名称	计量单位	工程量	计算过程
1				
2				
3				

5. 现浇混凝土基础工程的分部分项工程量清单计价合价为 57686.00 元，计算措施项目清单费用，填入表 3-2-11“措施项目清单计价表”，并列出计算过程。

（计算结果均保留两位小数）

表 3-2-11　措施项目清单计价表

序号	项目名称	金额/元
1	模板及支架	
2	临时设施	
3	环境保护	
4	安全和文明施工	
合计		

【第五题】

某造价工程咨询事务所的造价工程师对甲、乙、丙、丁四个项目分别开展量价的计算工作。其中甲项目为基坑支护工程，乙项目为桩基工程，丙项目为楼梯工程，丁项目为竣工结算文件的编制。基本信息如下：

甲项目为某边坡工程，采用土钉支护，根据岩土工程勘察报告，地层为带块石的碎石土，土钉成孔直径为 90mm，采用 1 根 HRB335、直径 25 的钢筋作为杆体，成孔深度为 10.0m，土钉入射倾角为 15 度，杆筋送入钻孔后，灌注 M30 水泥砂浆。混凝土面板采用 C25 喷射混凝土，厚度为 120mm，见图 3-2-6。

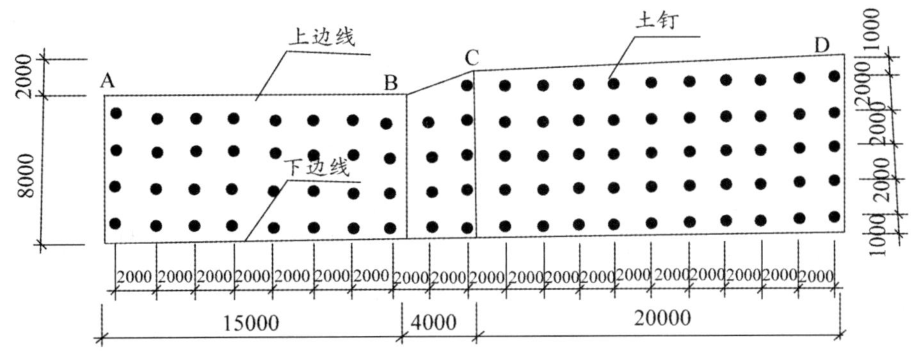

(a)AD段边坡立面图

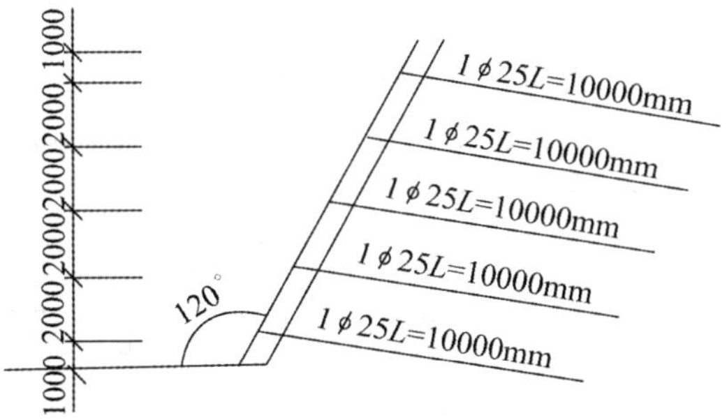

(b)AD段边坡剖面图

图 3-2-6　边坡工程平面图

乙项目为某工程的人工挖孔桩基础，设计情况见图 3-2-7。桩数 10 根，桩端进入中风化泥岩不少于 1.5m，护壁混凝土采用现场搅拌，强度等级为 C30，桩芯采用商品混凝土，强度等级为 C30，土方采用场地内转运。地层情况自上而下为：卵石层（四类土）厚 5～7m，强风化泥岩（极软岩）厚 3～5m，以下为中风化泥岩（软岩）。

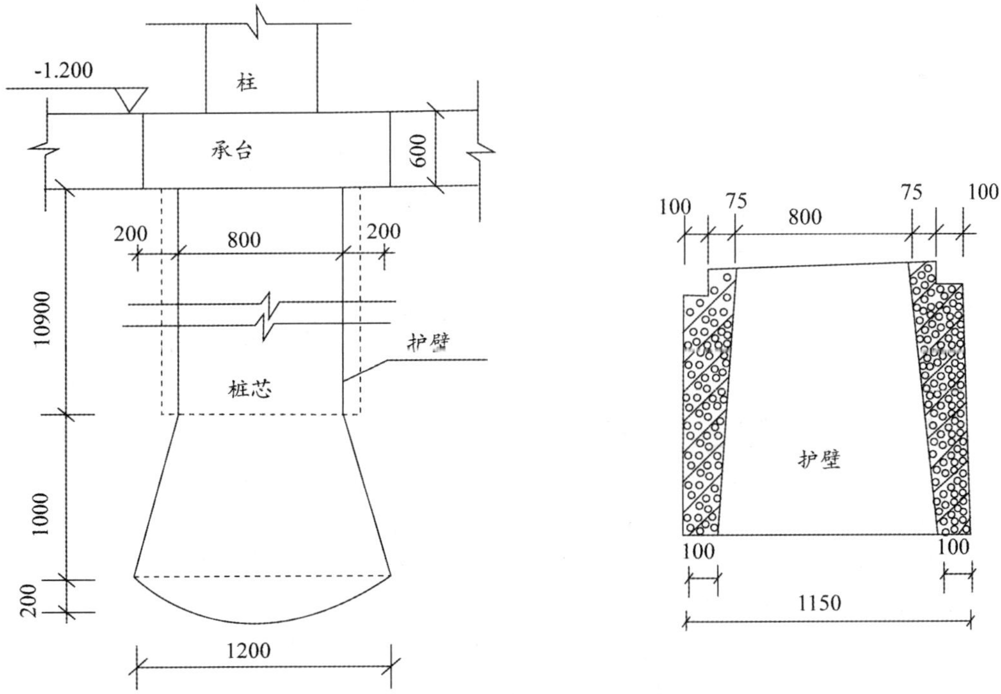

图 3-2-7　某工程的人工挖孔桩基础

丙项目为某住宅楼现浇混凝土楼梯，其梯段详图、平面投影图及剖面图见图 3-2-8、图 3-2-9、图 3-2-10，混凝土强度均为 C30，商品混凝土。

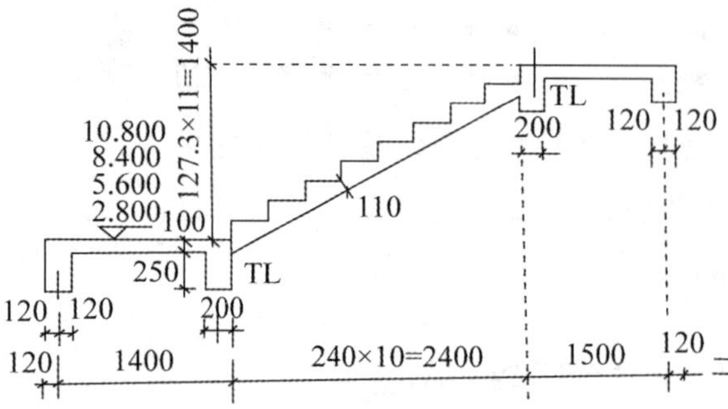

图 3-2-8　某现浇混凝土楼梯梯段详图

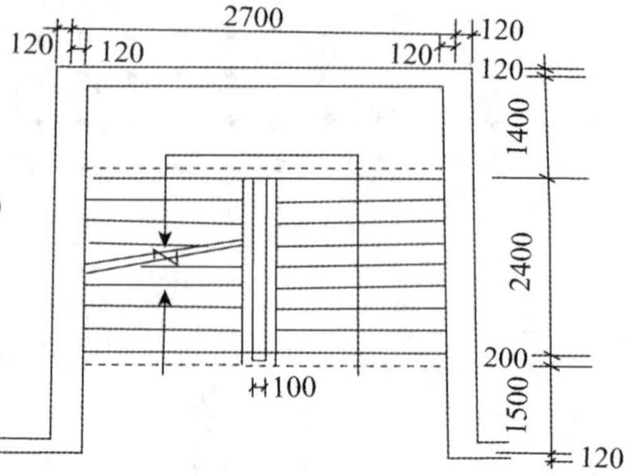

图 3-2-9　某现浇混凝土楼梯平面投影图

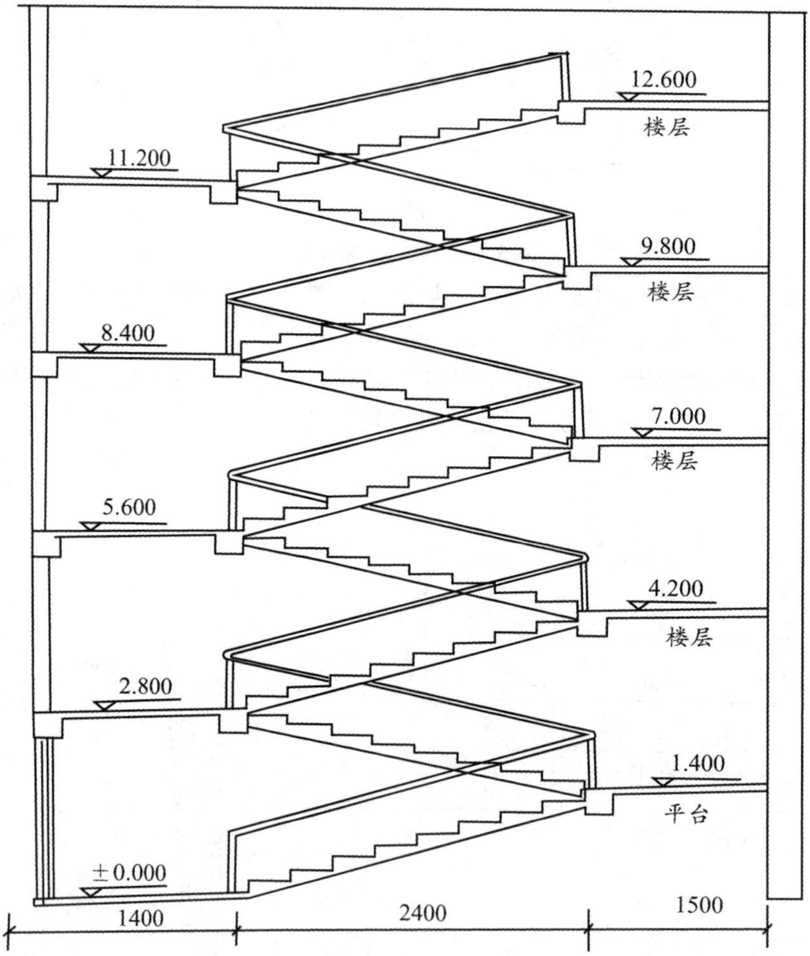

图 3-2-10　某住宅现浇混凝土楼梯剖面图

丁项目分部分项工程费用的清单竣工结算金额为 3000000.00 元，单价措施项目清单结算金额为 36000.00 元，安全文明施工费按分部分项工程结算金额的 2%计取，其他项目费为零，人工费占分部分项工程及措施项目费（总价措施项目费只包含安全文明施工费）的 11%，规费按人工费的 16%计取，增值税税率按 9%计取。

【问题】

1. 根据现行国家标准《建设工程工程量清单计价规范》(GB 50500—2013)、《房屋建筑与装饰工程工程量计算规范》(GB 50854—2013)，试计算甲项目中土钉、喷射混凝土分部分项工程的清单工程量（不考虑挂网及锚杆、喷射平台等内容），按表 3-2-12 填写。

表 3-2-12　清单工程量计算表

序号	清单项目编码	清单项目名称	计算式	工程量合计	计量单位
1	010202008001	土钉			
2	010202009001	喷射混凝土			

2. 根据现行国家标准《建设工程工程量清单计价规范》(GB 50500—2013)、《房屋建筑与装饰工程工程量计算规范》(GB 50854—2013)，试计算乙项目中挖孔桩土（石）方、人工挖孔灌注桩分部分项工程的清单工程量，按表 3-2-13 表填写。

表 3-2-13　人工挖孔灌注桩分部分项工程的清单工程量

序号	清单项目编码	清单项目名称	计算式	工程量合计	计量单位
1	010302004001	挖孔桩土（石）方			
2	010302005001	人工挖孔灌注桩			

3. 根据现行国家标准《建设工程工程量清单计价规范》(GB 50500—2013)、《房屋建筑与装饰工程工程量计算规范》(GB 50854—2013)，计算丙项目楼梯的混凝土工程量。

4. 按照《建设工程工程量清单计价规范》(GB 50500—2013) 的要求，列式计算丁项目安全文明施工费、措施项目费、规费、增值税，并在表 3-2-14“单位工程竣工结算汇总表”中编制该土建装饰工程结算。

(计算结果保留两位小数)

表 3-2-14　单位工程竣工结算汇总表

序号	项目名称	金额/元
1	分部分项工程费	
2	措施项目费	
2.1	单价措施费	
2.2	安全文明施工费	
3	规费	
4	增值税	
单位工程合计		

二、安装（管道）工程

【第一题】

某一化工生产装置中部分热交换工艺管道系统见图 3-2-11。

计算该管道系统工程相关费用的条件为：

分部分项工程量清单项目费用合计 1770 万元，其中人工费 15 万元。管理费、利润分别按人工费的 50%、60%计。

脚手架搭拆的工料机费用按分部分项工程人工费的 7%计，其中人工费占 25%；大型机械进出场耗用人工费 1 万元，材料费 3 万元，机械费 4.9 万元；安全文明施工等措施项目费用总额为 40 万元。

其他项目清单费用 100 万元；规费 80 万元。

税金按 10%计（不考虑人、材、机、管理费等含有的进项税额对计算结果的影响）。

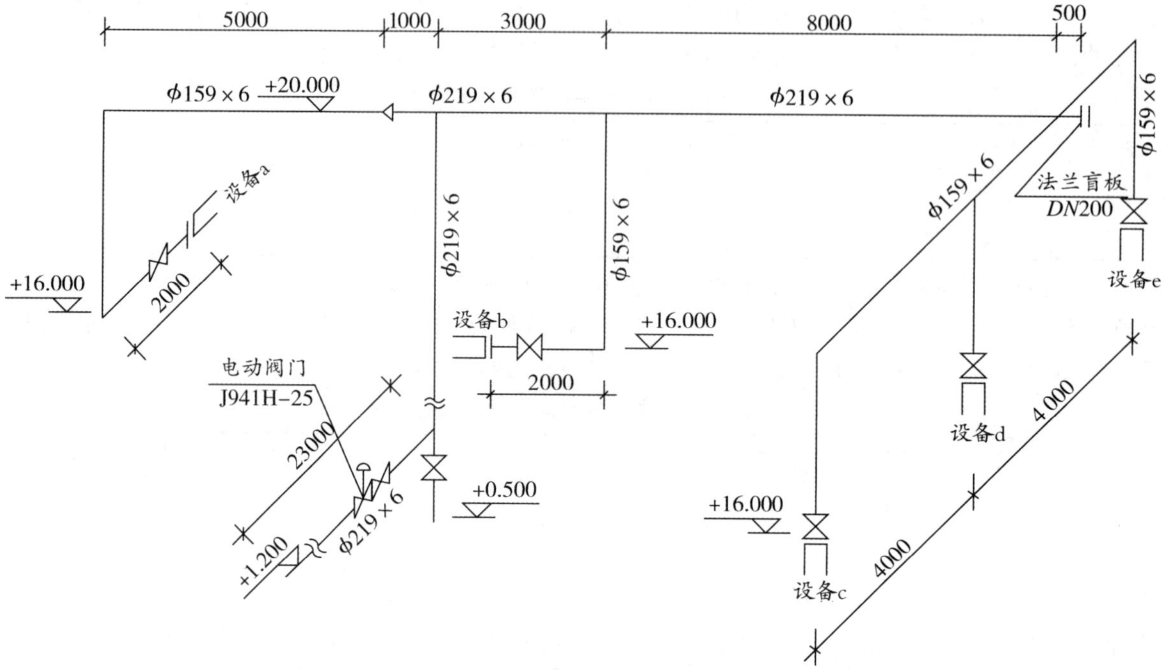

图 3-2-11　部分热交换工艺管道系统图

说明：

①图中标注尺寸标高以 m 计，其他均以 mm 计。该管道系统工作压力为 2.0MPa。

②管道：采用 20# 碳钢无缝钢管；管件：弯头采用成品冲压弯头，三通、四通现场挖眼连接，异径管现场摔制。

③阀门、法兰：所有法兰为碳钢对焊法兰；阀门型号除图中说明外，均为 J41H－25，采用对焊法兰连接；系统连接全部为电弧焊。

④管道支架为普通支架，其中：ϕ219×6 管支架共 12 处，每处 25kg；ϕ159×6 管支架共 10 处，每处 20kg。支架手工除锈后刷防锈漆、调和漆两遍。

⑤管道安装完毕做水压试验，对管道焊口按 50%的比例做超声波探伤，其焊口总数为：ϕ219×6 管道焊口 12 个，ϕ159×6 管道焊口 24 个。

⑥管道安装就位后，所有管道外壁手工除锈后均刷防锈漆两遍。采用岩棉管壳（厚度为 60mm）做绝热层，外包铝箔保护层。

【问题】

1. 根据图 3-2-11 所示内容和《建设工程工程量清单计价规范》的规定和表 3-2-15 所列的分部分项工程量清单的统一项目编码，编制分部分项工程量清单（不含法兰有关分项），并将计算过程及结果填入表 3-2-16。

表 3-2-15　分部分项工程量清单统一项目编码及项目名称

项目编码	项目名称	项目编码	项目名称
030602002	中压碳钢管	030608002	中压法兰阀门
030605001	中压碳钢管件	030608003	中压齿轮、液压传动、电动阀门
030615001	管架制作安装	030616005	焊缝超声波探伤

表 3-2-16　分部分项工程量清单

序号	项目编码	项目名称	项目特征	计量单位	工程数量	计算过程

2. 依据上述条件计算单位工程费用，编制表 3-2-17 单位工程费用汇总表。并在表下面列出措施项目清单费用和税金的计算过程（计算式）。(计算结果保留两位小数)

表 3-2-17　单位工程费汇总表

序号	项目名称	金额/万元
合计		

【第二题】

某生产装置中部分工艺管道系统见图 3-2-12。

根据《通用安装工程工程量计算规范》(GB 50856—2013) 的规定，管道系统各分部分项工程量清单项目的统一编码及项目名称见表 3-2-18。

表 3-2-18　工程量清单统一编码及项目名称

项目编码	项目名称	项目编码	项目名称
030802001	中压碳钢管道	030816003	焊缝 X 光射线探伤
030805001	中压碳钢管件	030816005	焊缝超声波探伤
030808003	中压法兰阀门	031201001	管道刷油
030811002	中压碳钢焊接法兰	031201003	金属结构刷油
030815001	管架制作安装		

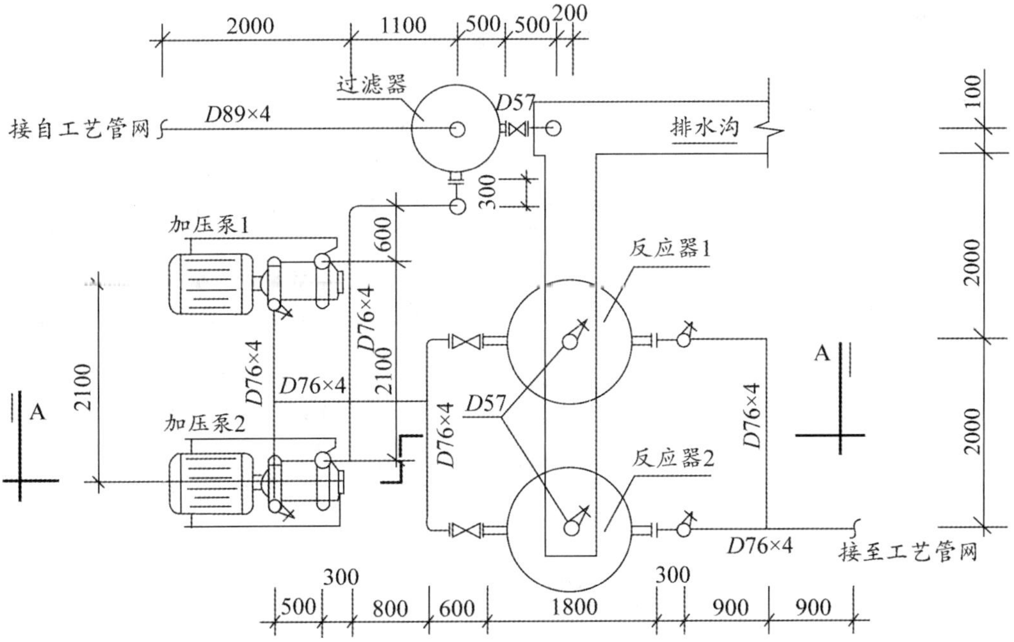

(a) 工艺管道平面图

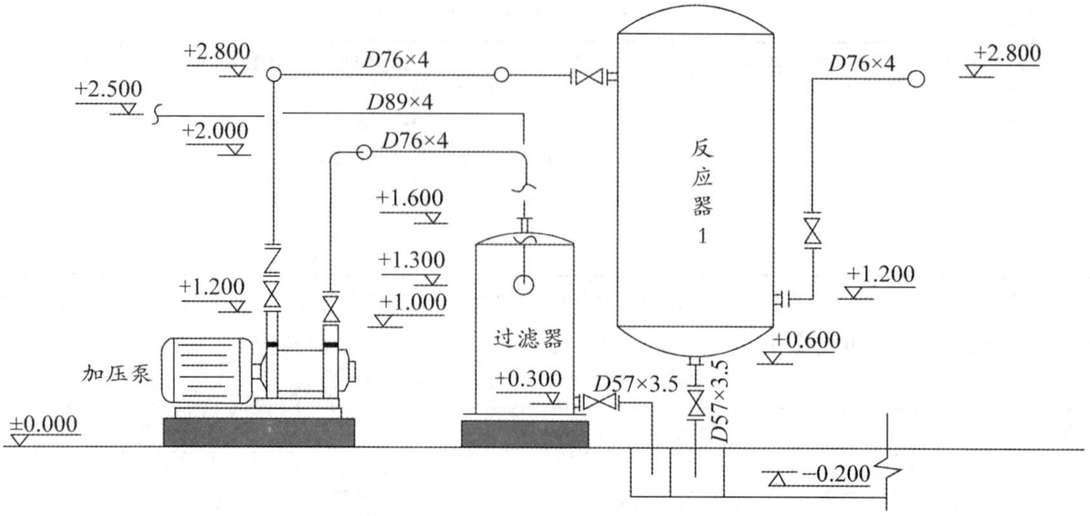

(b) 工艺管道剖面图

图 3-2-12　某生产装置中部分工艺空管道系统图

说明：

①图中所示为某工厂生产装置的部分工艺管道系统，管道的系统工作压力为 2.0MPa。(图中标注尺寸标高以 m 计，其他均以 mm 计)

②管道均采用 20 号碳钢无缝钢管，弯头采用成品压制弯头，三通为现场挖眼连接，管道系统的焊接均为氩电联焊。

③所有法兰为碳钢对焊法兰；阀门型号：止回阀为 H41H—25，截止阀为 J41H—25；用对焊法兰连接。

④管道支架为普通支架，共耗用钢材 42.4kg，其中施工损耗为 6%。

⑤管道系统安装就位后，对 $D76\times4$ 的管线的焊口进行无损探伤。其中法兰处焊口采用超声波探伤，管道焊缝采用 X 光射线探伤，片子规格为 80mm×150mm，焊口按 36 个计。

⑥管道安装完毕后，进行水压试验和空气吹扫。管道、管道支架除锈后，均刷防锈漆、调和漆各两遍。

【问题】

1. 根据《通用安装工程工程量计算规范》和《建设工程工程量清单计价规范》的规定，计算管道 $D89\times4$、管道 $D76\times4$、管道 $D57\times3.5$、管架制作安装、焊缝 X 光射线探伤、焊缝超声波探伤等六项工程量，并写出计算过程。

2. 编列出该管道系统（阀门、法兰安装除外）的分部分项工程量清单，将计算结果填入分部分项工程和单价措施项目清单与计价表中，见表 3-2-19。

表 3-2-19　分部分项工程和单价措施项目清单与计价表

序号	项目编码	项目名称	项目描述特征	计量单位	工程量	金额/元		
						综合单价	合价	其中：暂估价
1	030802001001	中压碳钢管道	无缝钢管 $D89\times4$ 氩电联焊 水压试验，空气吹扫	m				
2	030802001002	中压碳钢管道	无缝钢管 $D76\times4$ 氩电联焊 水压试验，空气吹扫	m				

续表

序号	项目编码	项目名称	项目描述特征	计量单位	工程量	金额/元		
						综合单价	合价	其中：暂估价
3	030802001003	中压碳钢管道	无缝钢管 $D57\times3.5$ 氩电联焊 水压试验，空气吹扫	m				
4	030805001001	中压碳钢管件	$DN80$ 冲压弯头 氩电联焊	个				
5	030805001002	中压碳钢管件	$DN70$ 冲压弯头 氩电联焊	个				
6	030805001003	中压碳钢管件	$DN70$，挖眼连接， 氩电联焊	个				
7	030805001004	中压碳钢管件	$DN50$ 冲压弯头 氩电联焊	个				
8	030815001001	管架制作安装钢材	普通支架	kg				
9	030816003001	X 光射线探伤胶片	80m×150mm 管壁 $\delta=4$mm	张				
10	030816005001	超声波探伤	$DN100$ 以内	口				
11	031201001001	管道刷油	除锈、刷防锈漆、调和漆两遍	m^2				
12	031201003001	金属结构刷油除锈	刷防锈漆、调和漆两遍	kg				

【第三题】

某化工厂内新建办公实验楼集中空调通风系统安装工程，见图 3-2-13。

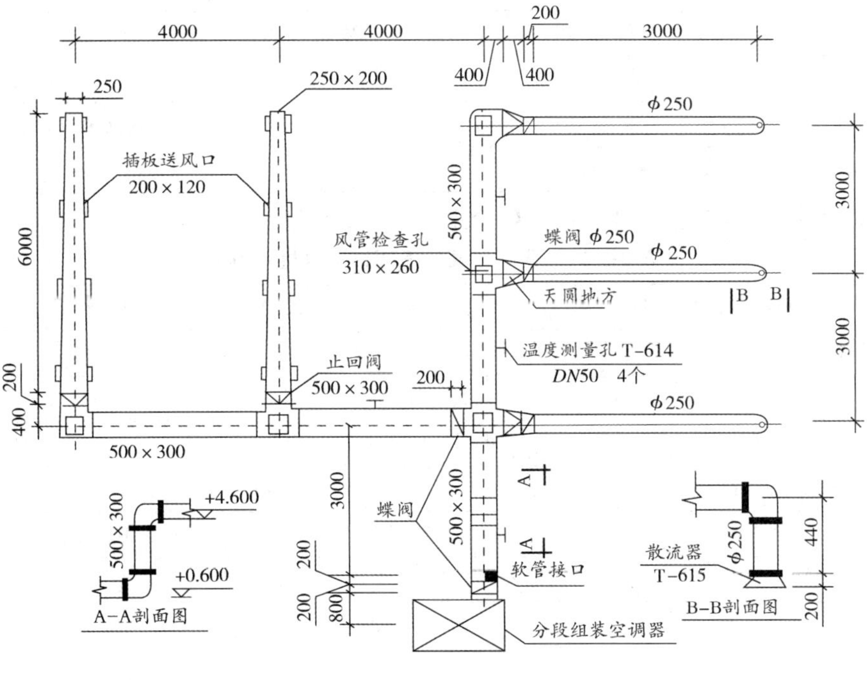

序号	名称	规格型号	长度/mm	单重/kg
1	空调器	分段组装 ZK－2000		3000
2	矩形风管	500×300	图示	
3	渐缩风管	500×300/250×200	图示	
4	圆形风管	ϕ250	图示	
5	矩形蝶阀	500×300	200	13.85
6	矩形止回阀	500×300	200	15.00
7	圆形蝶阀	ϕ250	200	3.43
8	插板送风口	200×120		0.88
9	散流器	ϕ250	200	5.45
10	风管检查孔	310×260 T－614		4.00
11	温度测定孔	T－615		0.50
12	软管接口	500×300	200	

图 3-2-13　集中空调通风管道系统布置图

说明：

①本图为某化工厂试验办公楼的集中空调通风管道系统，图中标注尺寸标高以 m 计，其他均以 mm 计。

②集中通风空调系统的设备为分段组装式空调器，落地安装。

③风管及其管件采用镀锌钢板（咬口）现场制作安装，天圆地方按大口径计。

④风管系统中的软管接口、风管检查孔、温度测定孔、插板式送风口为现场制作安装；阀门管件、散流器为供应产品现场安装。

⑤风管法兰、加固框、支托吊架除锈后刷防锈漆两遍。

⑥风管保温本项目不作考虑。

⑦其他未尽事宜均视为与《全国统一安装工程预算定额》的要求相符。

有关条件如下：

1．该工程分部分项工程量清单项目名称与统一编码见表 3-2-20。

表 3-2-20　分部分项工程量清单项目名称与统一项目编码

项目编码	项目名称	项目编码	项目名称
030701003	空调器	030702001	碳钢通风管道
030703001	碳钢阀门	030703007	碳钢风口、散流器、百叶窗
030704001	通风工程检测、调试		

2．该工程分部分项工程项目工料机单价见下表 3-2-21。

表 3-2-21　分部分项工程项目工料机单价表

序号	工程项目及材料名称	计量单位	人工费/元	材料费/元	机械费/元
1	矩形风管 500×300 $\delta=0.75$	m^2	14.00	20.00	2.00
	镀锌钢板 $\delta=0.75$	m^2		50.00	
2	矩形蝶阀 500×300	个	10.00	280.00	10.00
3	风管检查孔 310×260	kg	6.00	6.00	1.00
4	温度测定孔 *DN*50	个	15.00	10.00	5.00
5	软管接口 500×300	m^2	50.00	120.00	5.00

续表

序号	工程项目及材料名称	计量单位	人工费/元	材料费/元	机械费/元
6	风管法兰加固框吊托支架除锈	100kg	10.00	3.00	7.00
7	风管法兰加固框吊托支架刷防锈漆两遍	100kg	20.00	2.00	28.00
	防锈漆	kg		32.800	
8	通风工程检测、调试	系统	200.00	100.00	400.00

注：①每 $10m^2$ 通风管道制安工程量耗用 $11.38m^2$ 镀锌钢板。

②每 $10m^2$ 通风管道制安中，风管法兰加固框吊托支架耗用钢材按 52.00kg 计，其中施工损耗为 4%。

③每 100kg 风管法兰加固框吊托支架刷油工程量，刷防锈漆两遍耗用防锈漆 2.5kg。

3. 管理费、利润分别按人工费的 55%、45%计。

【问题】

1. 根据《建设工程工程量清单计价规范》（GB 50500—2013）的规定，编列出该工程的分部分项工程量清单项目，将相关内容填入表 3-2-22 中，并在表 3-2-22 的下面列式计算三种通风管道的工程量。

表 3-2-22　分部分项工程量清单表

序号	项目编码	项目名称	项目特征描述	计量单位	工程量

2. 假设矩形风管 500×300 的工程量为 $40m^2$，根据《建设工程工程量清单计价规范》（GB 50500—2013）的规定，计算矩形风管 500×300 的工程量清单综合单价，将相关数据内容填入表 3-2-23 中。

（计算结果均保留两位小数）

表 3-2-23　分部分项工程量清单综合单价分析表

项目编码			项目名称					计量单位		工程量	
清单综合单价组成明细											
定额编号	定额项目名称	定额单位	数量	单价				合价			
				人工费	材料费	机械费	管理费和利润	人工费	材料费	机械费	管理费和利润
人工单价		小计									
元/工日		未计价材料费									
清单项目综合单价											
材料费明细	主要材料名称、规格、型号			单位		数量		单价/元	合计/元	暂估单价/元	暂估合计/元
	其他材料费										
	材料费小计										

【第四题】

某工程背景资料如下：

1. 图 3-2-14 为某泵房工艺及伴热管道系统部分安装图。

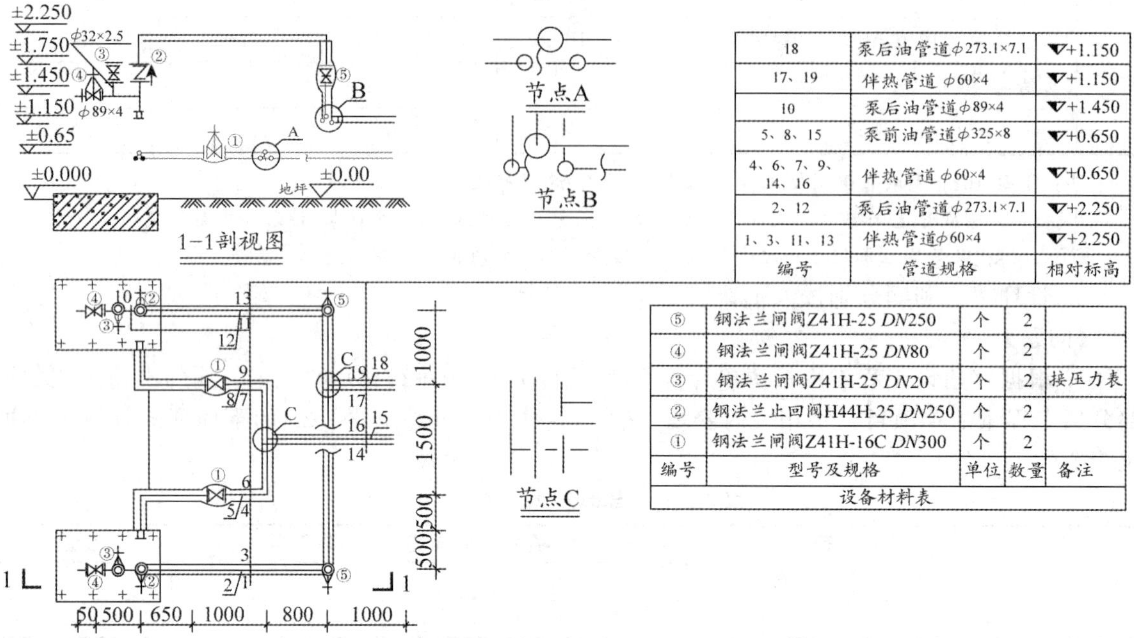

编号	管道规格	相对标高
18	泵后油管道φ273.1×7.1	▼+1.150
17、19	伴热管道 φ60×4	▼+1.150
10	泵后油管道φ89×4	▼+1.450
5、8、15	泵前油管道φ325×8	▼+0.650
4、6、7、9、14、16	伴热管道φ60×4	▼+0.650
2、12	泵后油管道φ273.1×7.1	▼+2.250
1、3、11、13	伴热管道φ60×4	▼+2.250

设备材料表

编号	型号及规格	单位	数量	备注
⑤	钢法兰闸阀Z41H-25 *DN*250	个	2	
④	钢法兰闸阀Z41H-25 *DN*80	个	2	
③	钢法兰闸阀Z41H-25 *DN*20	个	2	接压力表
②	钢法兰止回阀H44H-25 *DN*250	个	2	
①	钢法兰闸阀Z41H-16C *DN*300	个	2	

图 3-2-14　某泵房工艺及伴热管道系统安装平面图

说明：

①本图为某泵房工艺及伴热管道系统部分安装图，标高以 m 计，其余尺寸均以 mm 计。

②管道材质为 20[#] 无缝钢管，管件均为成品，法兰为对焊法兰。焊接方式为氩电联焊。

③管道焊缝进行 X 光无损检验，水压强度和严密性试验合格后，压缩空气吹扫。

④伴热管用镀锌铁丝捆绑在油管道外壁上，水平管段捆绑在油管下部两侧。图中标注的伴热管道标高、平面位置为示意，可视为与相应油管道等同。

⑤管道就位后，其外壁进行人工除锈，再刷红丹防锈漆两遍。

⑥管线采用岩棉保温，保温层厚度有伴热管的为 50mm，其他为 30mm，玻璃布防潮，0.5mm 厚铝皮保护。

⑦伴热管和泵后油管道设计压力为 2.0MPa，泵前油管道压力为 0.4MPa。

2. 假设管道安装工程的分部分项清单工程量如下：

φ325×8 低压管道 7m；φ273.1×7.1 中压管道 15m；φ108×4.5 管道 5m，其中低压 2m，中压 3m；φ89×4.5 管道 1.5m；φ60×4 管道 40m，均为中压。

3. 相关分部分项工程量清单统一项目编码见表 3-2-24。

表 3-2-24　分部分项工程量清单项目名称与统一项目编码

项目编码	项目名称	项目编码	项目名称
030801001	低压碳钢管	030807003	低压法兰阀门
030802001	中压碳钢管	030808003	中压法兰阀门
030803001	高压碳钢管	030809002	高压法兰阀门
031201001	管道刷油	030808002	管道绝热

4. φ325×8 碳钢管道安装工程的相关定额见表 3-2-25。

表 3-2-25 碳钢管道安装工程的相关定额表

定额编号	项目名称	计量单位	基价/元			未计价主材	
			人工费	材料费	机械费	单价	耗量
6—38	低压管道电弧焊安装	10m	244.32	54.67	223.20	6.5元/kg	9.36m
6—56	低压管道氩电联焊安装	10m	262.03	63.02	257.60	6.5元/kg	9.36m
6—413	中压管道氩电联焊安装	10m	341.38	88.66	321.86	6.5元/kg	9.36m
6—2430	中低压管道水压试验	100m	623.35	204.60	24.62		
11—1	管道人工除锈	$10m^2$	27.15	6.76			
6—2477	管道水冲洗	100m	373.84	242.72	48.95		
6—2484	管道空气吹扫	100m	205.63	272.94	32.60		
11—51、52	管道刷红丹防除锈漆两遍	$10m^2$	43.89	4.06			

该管道安装工程的管理费和利润分别按人工费的20%和10%计。

【问题】

1. 按照图3-2-14所示内容，列式计算管道、管件安装项目的分部分项清单工程量。（注：其中伴热管道工程量计算，不考虑跨越三通、阀门处的煨弯增加量。图3-2-14中所标注伴热管道的标高、平面位置，按与相应油管道的标注等同计算）

2. 按照背景资料2、3给出的管道工程量和相关分部分项工程量清单统一项目编码以及图3-2-14的技术要求和所示阀门数量，根据《通用安装工程工程量计算规范》（GB 50856—2013）和《建设工程工程量清单计价规范》（GB 50500—2013）的规定，编制管道、阀门安装项目的分部分项工程量清单，填入表3-2-26“分部分项工程量清单和单价措施项目与计价表”中。

表 3-2-26 分部分项工程量清单和单价措施项目清单与计价表

工程名称：工艺及伴热管道系统　　标段：泵房管道及安装

序号	项目编码	项目名称	项目描述特征	计量单位	工程量	金额/元		
						综合单价	合价	其中：暂估价
1								
2								
3								
4								
5								
6								
7								
8								
9								
10								
11								
本页小计								

3. 按照背景资料4中的相关定额，根据《通用安装工程工程量计算规范》（GB 50856—2013）和《建设工程工程量清单计价规范》（GB 50500—2013）规定，编制$\phi 325\times 8$低压管道（单重62.54kg/m）安装分部分项工程量清单“综合单价分析表”，填入表3-2-27中。

（计算结果保留两位小数）

表 3-2-27　综合单价分析表

工程名称：工艺及伴热管道系统　　标段：泵房管道及安装

项目编码			项目名称					计量单位		工程量	
清单综合单价组成明细											
定额编号	定额项目名称	定额单位	数量	单价				合价			
				人工费	材料费	机械费	管理费和利润	人工费	材料费	机械费	管理费和利润
人工单价		小计									
		未计价材料费									
清单项目综合单价											

材料费明细	主要材料名称规格、型号	单位	数量	单价/元	合计/元	暂估单价/元	暂估合计/元
	其他材料费						
	材料费小计						

【第五题】

某工程背景资料如下：

1. 图 3-2-15 为某加压泵房工艺管道系统安装的截取图。

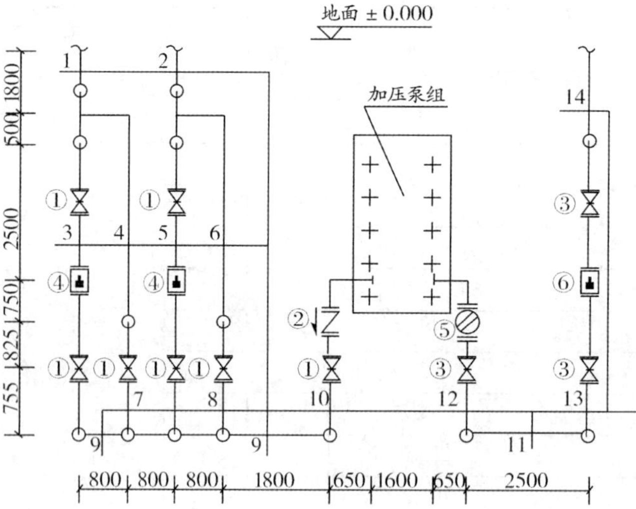

编号	名称型号及规格	单位	数量
⑥	流量计 DN300	台	1
⑤	过滤器 DN300	台	1
④	流量计 DN200	台	2
③	阀门Z41H-16C DN300	个	3
②	阀门H41H-40C DN200	个	1
①	阀门Z41H-40C DN200	个	7

设备材料表

序号	管线规格	相对标高
14	$\phi325\times8$	▼ −2.000
12、13	$\phi325\times8$	▼ +1.000
11	$\phi325\times8$	▼ −1.000
10	$\phi219\times32$	▼ +1.000
9	$\phi219\times32$	▼ −1.000
7、8	$\phi219\times32$	▼ +1.000
4、6	$\phi219\times32$	▼ −1.000
3、5	$\phi219\times32$	▼ +1.000
1、2	$\phi219\times32$	▼ −2.000

图 3-2-15　某加压泵房工艺管道系统安装截取图

说明：

①本图为某加压泵房站工艺管道系统部分安装图。标高以 m 计，其余尺寸均以 mm 计。

②管道材质为 20# 碳钢无缝钢管；管件为成品，法兰：进口管段为低压碳钢平焊法兰，出口管段为中压

碳钢对焊法兰，均为氩电联焊。

③管道水压强度及严密性试验合格后，压缩空气吹扫。

④地上管道外壁喷砂除锈、氯磺化聚乙烯防腐；地下管道外壁喷砂除锈、聚乙烯粘胶带防腐。

2. 假设管道的清单工程量如下：

低压管道 ϕ325×8 管道 21m；中压管道 ϕ219×32 管道 32m，ϕ168×24 管道 23m，ϕ114×16 管道 7m。

3. 相关分部分项工程量清单统一项目编码见表 3-2-28。

表 3-2-28　分部分项工程量清单项目名称与统一项目编码

项目编码	项目名称	项目编码	项目名称
030801001	低压碳钢管	030810002	低压碳钢平焊法兰
030802001	中压碳钢管	030811002	中压碳钢对焊法兰

4. ϕ219×32 碳钢管道工程的相关定额见表 3-2-29。

表 3-2-29　碳钢管道工程的相关定额表

定额编号	项目名称	计量单位	安装基价/元			未计价主材	
			人工费	材料费	机械费	单价	耗量
6－36	低压管道电弧焊安装	10m	672.80	80.00	267.00	6.5 元/kg	9.38m
6－411	中压管道氩电联焊安装	10m	699.20	80.00	277.00	6.5 元/kg	9.38m
6－2429	中压管道水压试验	100m	448.00	81.30	21.00		
11－33	管道喷砂除锈	100m	164.80	30.60	236.80	115.00	0.83m^3
11－474－477	氯磺化聚乙烯防腐	10m^2	309.40	39.00	112.00	22.00	7.75kg
6－2483	管道空气吹扫	100m	169.60	120.00	28.00		
6－2476	管道水冲洗	10m^2	272.00	102.50	22.00	5.5	43.70

该工程的人工单价为 80 元/工日，企业管理费和利润分别是人工费的 83%和 35%。

【问题】

1. 按照图 3-2-15 所示内容，列式计算管道、管件安装项目的清单工程量。

2. 按照背景资料 2、3 给出的管道工程量和相关分部分项工程量清单统一项目编码，图 3-2-15规定的管道安装技术要求及所示法兰数量，根据《通用安装工程工程量计算规范》（GB 50856—2013）和《建设工程工程量清单计价规范》（GB 50500—2013）的规定，编制管道、法兰安装项目的分部分项工程量清单，填入表 3-2-30“分部分项工程量清单和单价措施项目与计价表”中。

表 3-2-30　分部分项工程和单价措施项目清单与计价表

工程名称：某泵房　　　　　标段：工艺管道系统安装

序号	项目编码	项目名称	项目描述特征	计量单位	工程量	金额/元		
						综合单价	合价	其中：暂估价
1								
2								
3								
4								
5								
6								

续表

序号	项目编码	项目名称	项目描述特征	计量单位	工程量	金额/元		
						综合单价	合价	其中：暂估价
或5、6合并								
7								
8								
或7、8合并								
本页小计								
合计								

3. 按照背景条件4中的相关定额，根据《通用安装工程工程量计算规范》（GB 50856—2013）和《建设工程工程量清单计价规范》（GB 50500—2013）的规定，编制$\phi 219\times 32$管道（单重147.5kg/m）安装分部分项工程量清单"综合单价分析表"，填入表3-2-31中。

（表中数量栏保留三位小数，其余保留两位小数）

表 3-2-31 综合单价分析表

工程名称：某泵房　　　　　　标段：工艺管道系统安装

项目编码			项目名称				计量单位		工程量		
清单综合单价组成明细											
定额编号	定额项目名称	定额单位	数量	单价				合价			
				人工费	材料费	机械费	管理费和利润	人工费	材料费	机械费	管理费和利润
人工单价		小计									
80元/工日		未计价材料费									
清单项目综合单价											
材料费明细	主要材料名称规格、型号			单位		数量		单价/元	合计/元	暂估单价/元	暂估合计/元
	其他材料费										
	材料费小计										

三、安装（电气）工程

【第一题】

工程背景资料如下：

1. 图 3-2-16 所示为某综合楼底层会议室的照明平面图及所用设备材料。

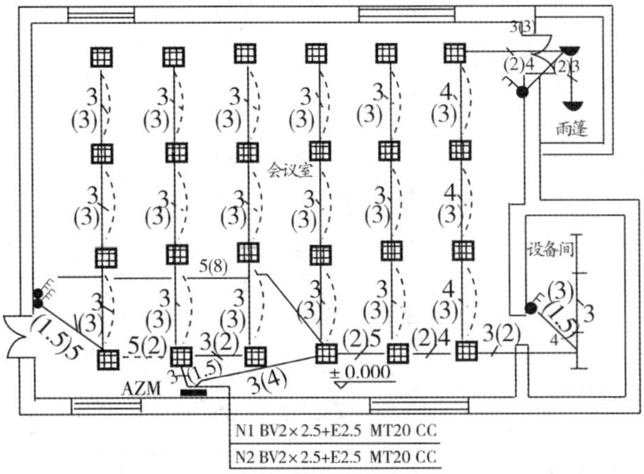

序号	图例	名称、型号、规格	备注
1		照明配电箱 AZM 500×300mm×150mm （宽×高×厚）	箱底高度 1.5m
2	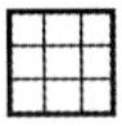	格栅荧光灯盘 XD512－Y20×3	吸顶
3		单管荧光灯 YG2－1 1×40W	
4		半圆球吸顶灯 JXD2－1 1×18W	
5		双联单控暗开关 250V 10A	安装高度 1.3m
6		三联单控暗开关 250V 10A	

说明：

①照明配电箱 AZM 电源由本层总配电箱引来。

②管路为镀锌电线管 ϕ20 或 ϕ25 沿墙、楼板暗配，顶管敷设标高除雨篷为 4m 外，其余均为 5m。管内穿绝缘导线 BV－500 2.5mm²。管内穿线管径选择：3 根线选用 ϕ20 镀锌电线管；4～5 根线选用 ϕ25 镀锌电线管。所有管路内均带一根专用接地线（PE 线）。

③配管水平长度见图中括号内数字，单位为 m。

图 3-2-16　某综合楼底层会议室照明平面图及所用设备材料

2. 照明工程的相关定额、主材单价、损耗率见表 3-2-32。

表 3-2-32　照明工程的相关定额、主材单价、损耗率

定额编号	项目名称	定额单位	安装基价/元			主材	
			人工费	材料费	机械费	单价	损耗率/%
2－263	成套配电联嵌入式安装（半周长 0.5m 以内）	台	119.98	79.58	0	250.00 元/台	
2－264	成套配电联嵌入式安装（半周长 1m 以内）	台	144.00	85.98	0	300.00 元/台	
2－1596	隔栅荧光灯盘 XD－512－Y20×3	10 套	243.97	53.28	0	120.00/套	1

续表

定额编号	项目名称	定额单位	安装基价/元			主材	
			人工费	材料费	机械费	单价	损耗率/%
2—1594	单管荧光灯 YG2—1 吸顶安装	10 套	173.59	53.28	0	70.00/套	1
2—1384	半圆球吸顶灯 JXD2—1 安装	10 套	179.69	299.60	0	50.00/套	1
2—1637	单联单控暗开关安装	10 个	68.00	11.18	0	12.00 元/个	2
2—1638	双联单控暗开关安装	10 个	71.21	15.45	0	15.00 元/个	2
2—1639	三联单控暗开关安装	10 个	74.38	19.70	0	18.00 元/个	2
2—1377	暗装接线盒	10 个	36.00	53.85	0	2.70 元/个	2
2—1378	暗装开关盒	10 个	38.41	24.93	0	2.30 元/个	2
2—982	镀锌电线管 ϕ20 沿砖、混凝土结构暗配	100m	471.96	82.65	35.68	6.00 元/m	3
2—983	镀锌电线管 ϕ25 沿砖、混凝土结构暗配	100m	679.94	144.68	36.50	8.00 元/m	3
2—1172	管内穿线 BV—2.5mm^2	100m	79.99	44.53	0	2.20 元/m	16

3. 该工程的人工单价为 80 元/工日，管理费和利润分别按人工费的 50%和 30%计算。

4. 相关分部分项工程量清单统一项目编码见表 3-2-33。

表 3-2-33　分部分项工程量清单项目编码表

项目编码	项目名称	项目编码	项目名称
030404017	配电箱	030404034	照明开光
030412001	普通灯具	030404035	其他电器
030412004	装饰灯	030411005	接线箱
030412005	荧光灯	030411006	接线盒
030404019	控制开关	030411001	配管
030404031	小电器	030411004	配线

【问题】

1. 按照背景资料 1～4 和图 3-2-16 所示内容，根据《建设工程工程量清单计价规范》（GB 50500—2013）和《通用安装工程工程量计算规范》（GB 50856—2013）的相关规定，列式计算管、线的工程量，将计算结果填入表 3-2-34 中编制该工程的“分部分项工程和单价措施项目清单及计价表”。

表 3-2-34　分部分项工程和单价措施项目清单及计价表

工程名称：会议室照明工程

序号	项目编号	项目名称	项目特征描述	计量单位	工程量	金额/元		
						综合单价	合价	其中：暂估价
1								
2								
3								

续表

序号	项目编号	项目名称	项目特征描述	计量单位	工程量	金额/元		
						综合单价	合价	其中：暂估价
4								
5								
6								
7								
8								
9								
10								
11								
本页小计								
合计								

2. 设定该工程镀锌电线管 ϕ20 暗配的清单工程量按照 70m 计，其余条件均不变。根据上述相关定额，计算 ϕ20 暗配项目的综合单价，并填入表 3-2-35“综合单价分析表”中。

（计算结果保留两位小数）

表 3-2-35　综合单价分析表

工程名称：会议室照明工程

<table>
<tr><td colspan="2">项目编码</td><td colspan="2"></td><td colspan="2">项目名称</td><td></td><td>计量单位</td><td></td><td>工程量</td><td colspan="2"></td></tr>
<tr><td colspan="12">清单综合单价组成明细</td></tr>
<tr><td rowspan="2">定额编号</td><td rowspan="2">定额名称</td><td rowspan="2">定额单位</td><td rowspan="2">数量</td><td colspan="4">单价</td><td colspan="4">合价</td></tr>
<tr><td>人工费</td><td>材料费</td><td>机械费</td><td>管理费和利润</td><td>人工费</td><td>材料费</td><td>机械费</td><td>管理费和利润</td></tr>
<tr><td></td><td></td><td></td><td></td><td></td><td></td><td></td><td></td><td></td><td></td><td></td><td></td></tr>
<tr><td colspan="2">人工单价</td><td colspan="6">小计</td><td></td><td></td><td></td><td></td></tr>
<tr><td colspan="2">80 元/工日</td><td colspan="6">未计价材料费（元）</td><td colspan="4"></td></tr>
<tr><td colspan="7">清单项目综合单价/（元/m）</td><td></td><td colspan="4"></td></tr>
<tr><td rowspan="4">材料费明细</td><td colspan="3">主要材料名称、规格、型号</td><td colspan="2">单位</td><td colspan="2">数量</td><td>单价/元</td><td>合价/元</td><td>暂估单价/元</td><td>暂估合价/元</td></tr>
<tr><td colspan="3"></td><td colspan="2"></td><td colspan="2"></td><td></td><td></td><td></td><td></td></tr>
<tr><td colspan="7">其他材料费</td><td></td><td></td><td></td><td></td></tr>
<tr><td colspan="7">材料费小计</td><td></td><td></td><td></td><td></td></tr>
</table>

【第二题】

1. 某控制室照明系统中回路见图 3-2-17。

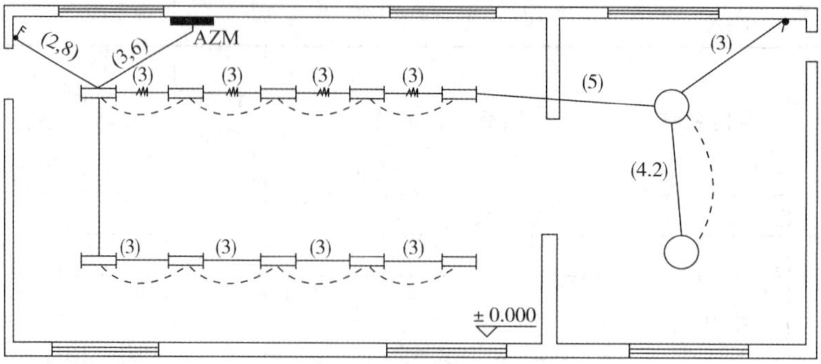

序号	图例	名称、型号、规格	备注
1		双管荧光灯 YG—2 2×40W	吸顶
2		装饰灯 FZS—164 1×100W	吸顶
3		单联单控 暗开关 10A，250V	安装高度 1.4m
4		双联单控 暗开关 10A，250V	安装高度 1.4m
5		照明配电箱 AZM 400mm×200mm×120mm 宽×高×厚	箱底高度 1.6m

说明：

①照明配电箱 AZM 由本层总配电箱引来，配电箱为嵌入式安装。

②管路均为镀锌钢管 ϕ15 沿墙、楼板暗配，顶管敷管标高为 4.500m，管内穿阻燃绝缘导线 ZRBV—500 2.5mm²。

③配管水平长度见括号内数字，单位为 m。

图 3-2-17 控制室照明平面图

【问题】

1. 根据图示内容和《建设工程工程量清单计价规范》(GB 50500—2013）的相关规定列式计算管线工程量（管内穿线不考虑预留长度，未标注配线根数的为 2 根）。

2. 本工程分部分项工程量清单项目编码及项目名称见表 3-2-36。编制分部分项工程量清单及计价表，填入表 3-2-37 中。

（计算结果保留两位小数）

表 3-2-36 分部分项工程量清单项目编码及项目名称

项目编码	项目名称	项目编码	项目名称
030404017	配电箱	030411004	配线
030404034	照明开关	030412001	普通灯具
030404031	小电器	030412005	荧光灯
030411001	配管	030412004	装饰灯

表 3-2-37 工程量清单综合单价分析表

序号	项目编码	项目名称	项目特征描述	计量单位	工程量	综合单价	合价

【第三题】

工程背景资料如下：

1. 图 3-2-18 某配电房电气平面图，图 3-2-19 配电箱系统图和设备材料表。该建筑物为单层平屋面砖、混凝土结构，建筑物室内净高为 4.000m，图中括号内数字表示线路水平长度，配管进入地面或顶板内深度均按 0.05m 计算，穿管规格：BV2.5mm² 导线穿 3～5 根均采用刚性阻燃管 PC20，其余按系统图。

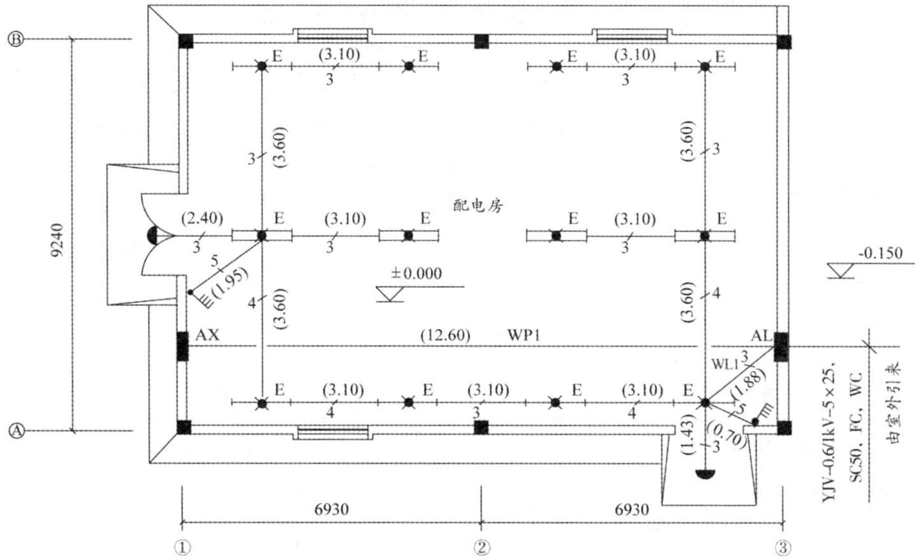

图 3-2-18 配电房电气平面图

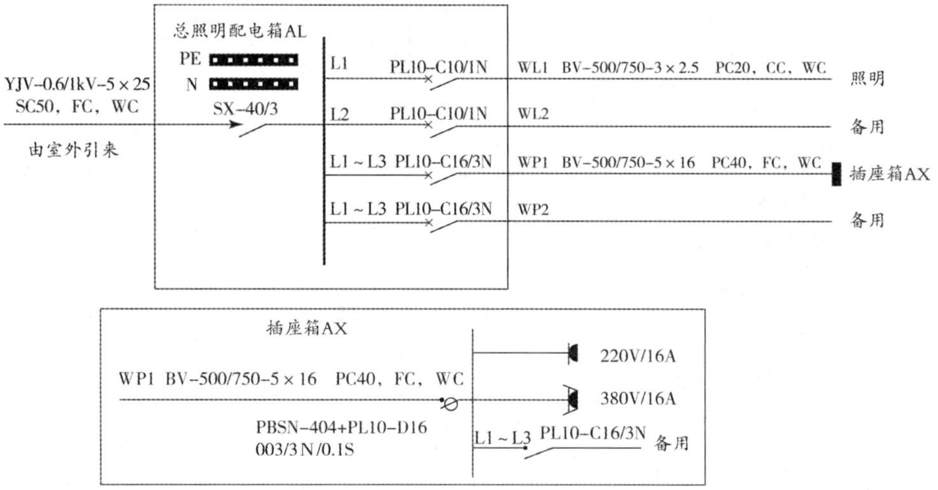

序号	图例	材料/设备名称	型号规格	单位	备注
1		总照明配电箱 AL	非标定制：600（宽）×800（高）×200（深）	台	嵌入式，安装高度底边离地 1.5m
2		插座箱 AX	PZ30，300（宽）×300（高）×120（深）	台	嵌入式，安装高度底边离地 0.5m
3		吸顶灯 HYG7001	HYG 7001，1×32W，*D*350	套	吸顶安装
4	E	双管荧光灯自带蓄电池	HYG218－2C，2×28W	套	应急时间不小于 120min，吸顶安装
5	E	单管荧光灯自带蓄电池	HYG118－2C，1×28W	套	应急时间不小于 120min，吸顶安装
6		四联单控暗开关	AP86K41－10，250V/10A	个	安装高度离地 1.3m

图 3-2-19 配电箱系统图和设备材料表

2. 该工程的相关定额、主材单价及损耗率见表 3-2-38。

表 3-2-38　相关定额、主材单价及损耗率表

定额编号	项目名称	定额单位	安装基价/元			主材	
			人工费	材料费	机械费	单价	损耗率/%
4—2—76	成套插座箱安装　嵌入式 半周长≤1.0m	台	102.30	34.40	0	500.00 元/台	
4—2—77	成套配电箱安装　嵌入式 半周长≤1.5m	台	131.50	37.90	0	4000.00 元/台	
4—1—14	无端子外部接线 导线截面≤2.5mm^2	个	1.20	1.44	0		
4—4—26	压铜接线端子 导线截面≤16mm^2	个	2.50	3.87	0		
4—12—133	砖、混凝土结构暗配 刚性阻燃管 PC20	10m	54.00	5.20	0	2.00 元/m	6
4—12—137	砖、混凝土结构暗配 刚性阻燃管 PC40	10m	66.60	14.30	0	5.00 元/m	6
4—13—5	管内穿照明线　铜芯 导线截面≤2.5mm^2	10m	8.10	1.50	0	1.80 元/m	16
4—13—28	管内穿照明线　铜芯 导线截面≤16mm^2	10m	8.10	1.80	0	11.50 元/m	5
4—14—2	吸顶灯具安装 灯罩周长≤1100mm	套	13.80	1.90	0	100.00 元/套	1
4—14—204	荧光灯具安装 吸顶式 单管	套	13.90	1.50	0	120.00 元/套	1
4—14—205	荧光灯具安装 吸顶式 双管	套	17.50	1.50	0	180.00 元/套	1
4—14—380	四联单控暗开关安装	个	7.00	0.80	0	15.00 元/个	2

注：表内费用均不包含增值税可抵扣进项税额。

3. 该工程的人工费单价（综合普工、一般技工和高级技工）为 100 元/工日，管理费和利润分别按人工费的 40%和 20%计算。

4. 相关分部分项工程量清单项目编码及项目名称见表 3-2-39。

表 3-2-39　分部分项工程量清单项目编码及项目名称

项目编码	项目名称	项目编码	项目名称
030404017	配电箱	030411001	配管
030404018	插座箱	030411004	配线
030404034	照明开关	030412005	荧光灯
030404031	小电器	030412001	普通灯具

【问题】

1. 按照背景资料 1～4 和图 3-2-18 及图 3-2-19 所示内容，根据《建设工程工程量清单计价规范》（GB 50500—2013）和《通用安装工程工程量计算规范》（GB 50856—2013）的规定，计算各分部分项工程量，并将配管（PC20、PC40）和配线（BV2.5、BV16）的工程量计算式与结果填写在指定位置；编制完成表 3-2-40“分部分项工程和单价措施项目清单与计价表”（答题时不考虑总照明配电箱的进线管道和电缆，不考虑开关盒和灯头盒）。

表 3-2-40　分部分项工程和单价措施项目清单与计价表

序号	项目编号	项目名称	项目特征描述	计量单位	工程量	金额/元		
						综合单价	合价	暂估价
1								
2								
3								
4								
5								
6								
7								
8								
9								
10								
		合计						

2. 设定该工程“总照明配电箱 AL”的清单工程量为 1 台，其余条件均不变，根据背景资料 2 中的相关数据，编制完成表 3-2-41“综合单价分析表”。

（计算结果保留两位小数）

表 3-2-41　综合单价分析表

工程名称：配电房　　　　标段：电气工程

项目编码		项目名称				计量单位			工程量		
清单综合单价组成明细											
定额编号	定额名称	定额单位	数量	单价				合价			
				人工费	材料费	机械费	管理费和利润	人工费	材料费	机械费	管理费和利润
人工日工资单价		小计									
100 元/工日		未计价材料费/元									
清单项目综合单价/（元/m）											
材料费明细	主要材料名称、规格、型号					单位	数量	单价	合价	暂估单价/元	暂估合价/元
	其他材料费/元										
	材料费小计/元										

【第四题】

某工程背景资料如下：

1. 图 3-2-20 所示为某汽车库及其动力配电间平面图。

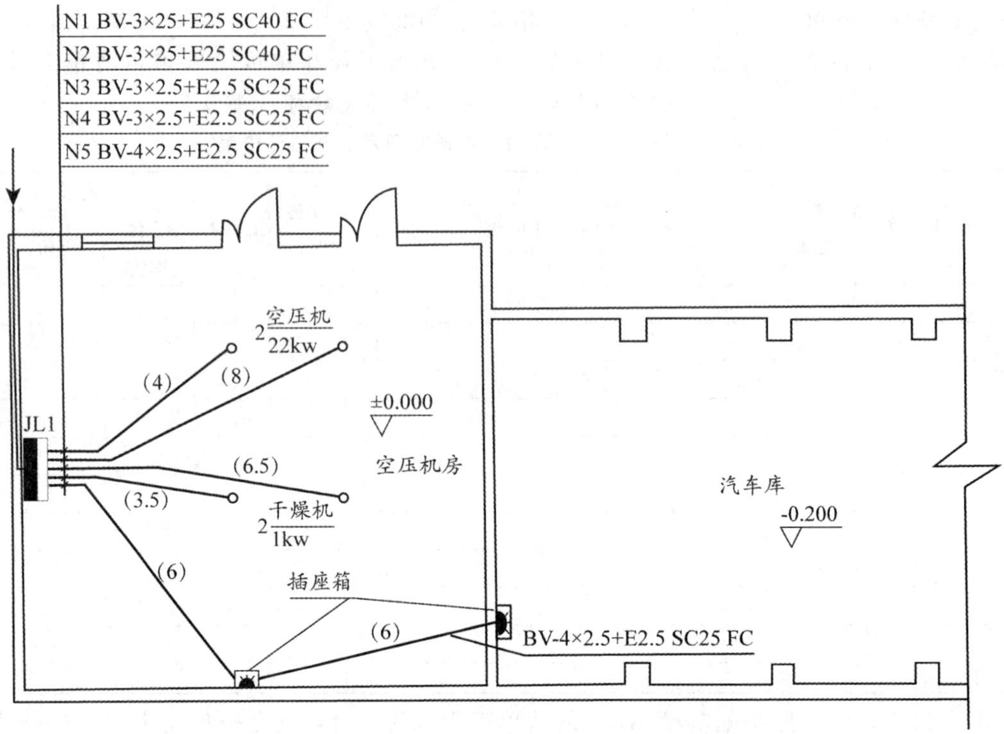

图 3-2-20　汽车库及其动力配电间平面图

说明：

①管路为钢管沿地坪暗敷，水平管路均敷设在地坪下 0.1m 处，电机出线口处高出地坪 0.5m，管口导线预留长度为 1m。管路旁括号内数字为该管的水平长度，单位为 m。

②动力配电箱 JL1 和插座箱均为成套产品，嵌入式安装，底边距地 1.4m，动力配电箱箱体尺寸 800×700×200（mm）（宽×高×厚），插座箱箱体尺寸为 300×200×150（mm）（宽×高×厚）。

2. 动力配电工程的相关定额、主材单价及损耗率见表 3-2-42（本题不考虑焊压铜接线端子工作内容）。

表 3-2-42　相关定额、主材单价及损耗率

定额编号	项目名称	定额单位	安装基价/元			主材	
			人工费	材料费	机械费	单价	损耗率/%
2—264	成套动力配电箱嵌入式安装（半周长 1.0m 以内）	台	162.00	68.78	0	5000 元/台	
2—265	成套动力配电箱嵌入式安装（半周长 1.5m 以内）	台	207.00	73.68	0	8000 元/台	
2—266	成套动力配电箱嵌入式安装（半周长 2.5m 以内）	台	252.00	62.50	7.14	11000 元/台	

续表

定额编号	项目名称	定额单位	安装基价/元			主材	
			人工费	材料费	机械费	单价	损耗率/%
2—270	成套插座电箱嵌入式安装（半周长0.5m以内）	台	135.00	63.66	0	1500元/台	
2—438	小型交流异步电机检查接线（功率1kW以下）	台	120.60	39.24	14.62		
2—439	小型交流异步电机检查接线（功率13kW以下）	台	230.40	66.98	16.76		
2—440	小型交流异步电机检查接线（功率30kW以下）	台	360.90	88.22	22.44		
2—1010	钢管 ϕ25 沿砖、混凝土结构暗配	100m	785.70	144.94	41.50	9.30元/m	3
2—1012	钢管 ϕ40 沿砖、混凝土结构暗配	100m	1341.60	248.40	59.36	12.80元/m	3
2—1198	管内穿线 动力线路BV2.5mm^2	100m	63.00	34.86	0	1.40元/m	3
2—1203	管内穿线 动力线路BV2.5mm^2	100m	123.30	57.44	0	14.60元/m	3

3. 该工程的管理费和利润分别按人工费的30%和10%计算。

4. 相关分部分项工程量清单统一项目编码及项目名称见表3-2-43。

表3-2-43　分部分项工程量清单项目编码及项目名称

项目编码	项目名称	项目编码	项目名称
030404017	配电箱	030411001	配管
030404018	插座箱	030411004	配线
030406006	低压交流异步电动机		

【问题】

1. 按照背景资料1～4和图3-2-20所示内容，根据《建设工程工程量清单计价规范》(GB 50500—2013)和《通用安装工程工程量计算规范》（GB 50856—2013）的规定，分别列式计算管、线工程量（不计算进线电缆部分），列出计算式与结果，并在表3-2-44“分部分项工程和单价措施项目清单与计价表”中计算和编制该分项工程的各分部分项工程清单的综合单价与合价。

表3 2 44　分部分项工程和单价措施项目清单与计价表

工程名称：汽车库动力配电

序号	项目编码	项目名称	项目特征描述	计量单位	工程量	金额/元		
						综合单价	合价	其中：暂估价
本页小计								

2. 本工程在编制招标控制价时的数据设定如下：分部分项工程量清单费用为200万元，其中人工费为34万元，发包人提供材料为20万元，总价项目措施费为8万元，单价项目措施费为6万元，暂列金额为12万元，材料暂估价为18万元，发包人发包专业工程暂估价为13万元，计日工为1.5万元，总承包服务费费率（发包人发包专业工程）按3%计，总承包服务费费率（发包人提供材料）按1%计，规费、税金为15万元。

请根据上述给定的数据，在表3-2-45“其他项目清单与计价汇总表”中计算并填写其他项目中各项费用的金额；在表3-2-46“单位工程招标控制价汇总表”中计算并填写本工程招标控制价中各项费用的金额。

（计算结果保留两位小数）

表3-2-45　其他项目清单与计价汇总表

工程名称：汽车库动力配电

序号	项目名称	金额/万元	结算金额/万元	备注
1	暂列金额			
2	暂估价			
2.1	材料暂估价			
2.2	专业工程暂估价			
3	计日工			
4	总承包服务费			
4.1	其中：发包人发包专业工程			
4.2	其中：发包人提供材料			
合计				

表3-2-46　单位工程招标控制价汇总表

工程名称：汽车库动力配电

序号	汇总内容	金额/万元	其中暂估价/万元
1	分部分项工程		
2	措施项目		
2.1	其中：单价措施项目		
2.2	其中：总价措施项目		
3	其他项目		
4	规费		
5	税金		
招标控制价合计			

【第五题】

工程背景资料如下：

1. 图3-2-21～3-2-23所示为某变电所变配电工程的平面图和高、低压配电系统图，图中③号高压成套配电柜到电力变压器的电线管线的清单工程量设定为：100钢管暗敷9m；电力电缆穿管敷设 YJV－10kV－3×700mm^{2}为 10m，其另应增加的附加长度为 3.5m。

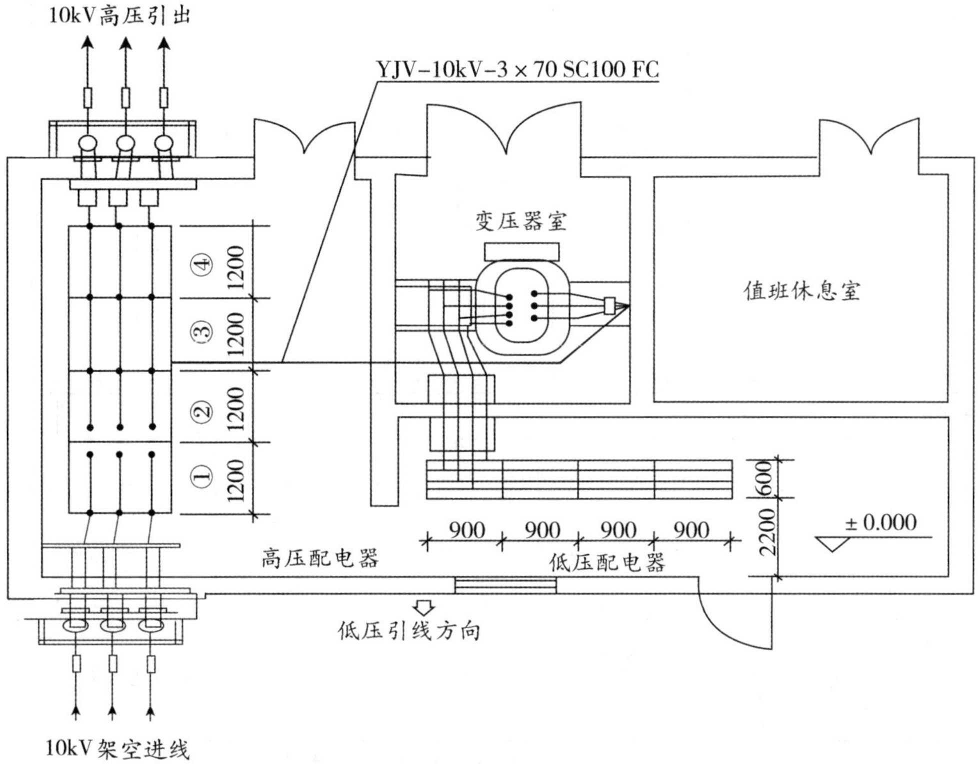

图 3-2-21 变电所变配电平面图

说明：基础槽钢均采用 10# 槽钢制作。

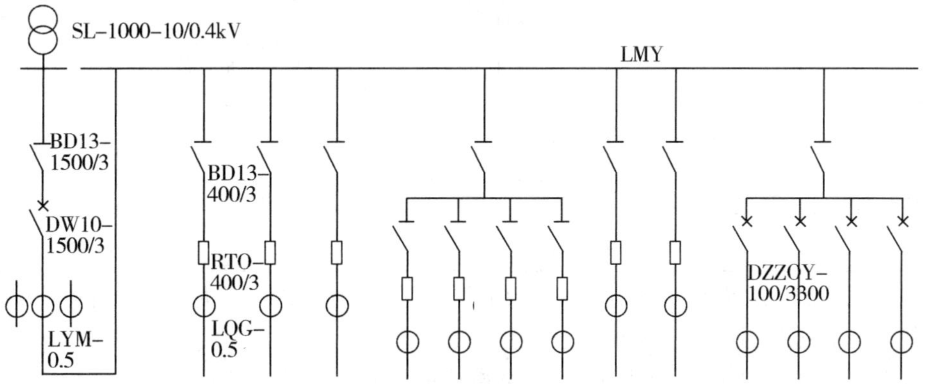

开关柜编号	①	②			③				④					
开关柜型号	PGL－1－04	PGL－1－23			PGL－1－20				PGL－1－41					
外形尺寸（高×宽×深）	2000×900×600	2000×900×600			2000×900×600				2000×900×600					
回路编号		1	2	3	4	5	6	7	8	9	10	11	12	13

图 3-2-22 变电所变配电低压配电系统图

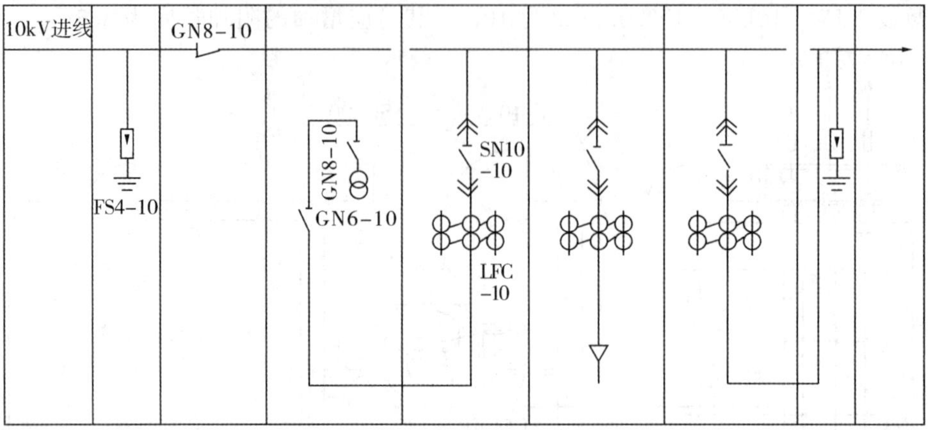

配电柜编号				①	②	③	④		
电器、开关柜型号		FS4－1	GN8－10	GG－1A－65	GG－1A－15	GG－1A－11	GG－1A－11	FS4－10	
外形尺寸（高×宽×深）				2200×1200×1200	2200×1200×1200	2000×1200×1200	2000×1200×1200		
用途	架空进线	避雷器	进线隔离开关	电压互感器柜	总进线柜	变压器柜	架空出线柜	避雷器	架空出线

图 3-2-23　变电所变配电高压配电系统图

2. 电缆工程的相关定额、主材单价、损耗率见表 3-2-47。

表 3-2-47　相关定额、主材单价、损耗率表

序号	项目名称	计量单位	安装费/元			主材	
			人工费	材料费	机械费	单价	损耗率/%
1	电力电缆敷设 YJV－10kV－3×70	m	10.14	4.08	0.722	200.00 元/m	1
2	户内热缩式电力电缆终端头制作安装 10kV，YJV3×70	个	136.00	249.18	—	100.00 元/个	2

3. 该工程变配电装置中的全部母线均由生产厂家制作安装，人工费单价为 80 元/工日，管理费和利润分别按人工费的 60%和 40%计算。

4. 相关分部分项工程量清单项目统一编码及项目名称见表 3-2-48。

表 3-2-48　分部分项工程量清单项目统一编码

项目编码	项目名称	项目编码	项目名称
030201001	油浸电力变压器	030204004	低压开关柜
030201002	干式电力变电器	030208001	电力电缆
030201006	隔离开关	030212001	电气配管
030201010	避雷器	030208003	电缆保护管
030201017	高压成套配电柜		

【问题】

1. 按照背景材料 1、3、4 和图 3-2-21～3-2-23 所示的内容，在表 3-2-49 中编制该工程变配电装置安装和电缆管线的“分部分项工程量清单与计价表”（不计算基价部分）。

表 3-2-49 分部分项工程和和单价措施项目清单与计价表

<table>
<tr><th rowspan="2">序号</th><th rowspan="2">项目编码</th><th rowspan="2">项目名称</th><th rowspan="2">项目特征描述</th><th rowspan="2">计量单位</th><th rowspan="2">工程量</th><th colspan="3">金额/元</th></tr>
<tr><th>综合单价</th><th>合价</th><th>其中：暂估价</th></tr>
<tr><td></td><td></td><td></td><td></td><td></td><td></td><td></td><td></td><td></td></tr>
<tr><td></td><td></td><td></td><td></td><td></td><td></td><td></td><td></td><td></td></tr>
<tr><td></td><td></td><td></td><td></td><td></td><td></td><td></td><td></td><td></td></tr>
<tr><td></td><td></td><td></td><td></td><td></td><td></td><td></td><td></td><td></td></tr>
<tr><td></td><td></td><td></td><td></td><td></td><td></td><td></td><td></td><td></td></tr>
<tr><td></td><td></td><td></td><td></td><td></td><td></td><td></td><td></td><td></td></tr>
<tr><td></td><td></td><td></td><td></td><td></td><td></td><td></td><td></td><td></td></tr>
<tr><td colspan="4">本页小计</td><td></td><td></td><td></td><td></td><td></td></tr>
<tr><td colspan="4">合计</td><td></td><td></td><td></td><td></td><td></td></tr>
</table>

2. 根据背景材料 2 中的相关定额，计算“电力电缆”项目的综合单价，在表 3-2-50 中编制“工程量清单综合单价分析表”（“数量”栏保留三位小数，其余保留两位小数）。

表 3-2-50 工程量清单综合单价分析表

<table>
<tr><td>项目编码</td><td></td><td>项目名称</td><td colspan="4"></td><td>计量单位</td><td></td><td>工程量</td><td colspan="2"></td></tr>
<tr><td colspan="12">清单综合单价组成明细</td></tr>
<tr><td rowspan="2">定额编号</td><td rowspan="2">定额名称</td><td rowspan="2">定额单位</td><td rowspan="2">数量</td><td colspan="4">单价</td><td colspan="4">合价</td></tr>
<tr><td>人工费</td><td>材料费</td><td>机械费</td><td>管理费和利润</td><td>人工费</td><td>材料费</td><td>机械费</td><td>管理费和利润</td></tr>
<tr><td></td><td></td><td></td><td></td><td></td><td></td><td></td><td></td><td></td><td></td><td></td><td></td></tr>
<tr><td colspan="2">人工单价</td><td colspan="6">小计</td><td></td><td></td><td></td><td></td></tr>
<tr><td colspan="2">80 元/工日</td><td colspan="6">未计价材料费</td><td colspan="4"></td></tr>
<tr><td colspan="8">清单项目综合单价</td><td colspan="4"></td></tr>
<tr><td rowspan="4">材料费明细</td><td colspan="5">主要材料名称、规格、型号</td><td>单位</td><td>数量</td><td>单价/元</td><td>合价/元</td><td>暂估单价/元</td><td>暂估合价/元</td></tr>
<tr><td colspan="5"></td><td></td><td></td><td></td><td></td><td></td><td></td></tr>
<tr><td colspan="5">其他材料费</td><td></td><td></td><td></td><td></td><td></td><td></td></tr>
<tr><td colspan="5">材料费小计</td><td></td><td></td><td></td><td></td><td></td><td></td></tr>
</table>

››› 解析与点拨 ‹‹‹

一、土木建筑工程

【第一题】

(1) 砌筑 $1m^3$ 1 砖砖墙的人工定额：

$定额时间=\frac{t_{基}}{1-(t_{辅}\%+t_{准}\%+t_{断}\%+t_{休}\%)}=\frac{16.6}{1-(3\%+2\%+2\%+18\%)}\approx22.13$（h）；

$时间定额=\frac{定额时间}{工作班延续时间}=\frac{22.13}{8}\approx2.77$（工日）。

（2）1m³1砖砖墙的材料消耗定额：

标准砖净用量=（墙厚砖数×2）/［墙厚×（砖长+灰缝）×（砖厚+灰缝）］=（1×2）/［0.24×（0.24+0.01）×（0.053+0.01）］=529.10（块）；

砂浆净用量=1－砖的净用量×单块砖体积=1－529.10×0.24×0.115×0.053=0.226（m³）；

标准砖的消耗量=砖的净用量×（1+砖的损耗率）=529.10×（1+3%）=544.97（块）；

砂浆的消耗量=砂浆的净用量×（1+砂浆的损耗率）=0.226×1.07×（1+8%）=0.261（m³）；

水的消耗量=0.8m³。

（3）1m³1砖砖墙的机械台班定额：

搅拌机一次循环的延续时间=200+40+80+30+10=360（s）；

搅拌机净工作1h的循环次数：$n=60\times60/360=10$（次）；

搅拌机净工作1h的生产效率：$N_h=n\times m=10\times0.4\times0.65=2.6$（m³）；

搅拌机台班产量定额：$n_{台班}=N_h\times T\times K_B=2.6\times8\times0.8=16.64$（m³）

$搅拌机时间定额=\frac{1}{搅拌机每台班产量}=\frac{1}{16.64}=0.06$（台班）。

【点拨】本题考查知识点：工程计价定额的应用——施工定额。

【第二题】

问题1：

该烟囱基础的平整场地、挖基础土方、垫层和混凝土基础的工程量计算见表3-2-51。

表3-2-51　工程量计算表

序号	项目名称	单位	工程量	计算过程
1	平整场地	m²	508.68	3.14×9×9×2=508.68
2	挖基础土方	m³	1066.10	3.14×9.1×9.1×4.1=1066.10
3	C15混凝土基础垫层	m³	26.00	3.14×9.1×9.1×0.1=26.00
4	C30混凝土满堂基础	m³	417.92	3.14×9×9×0.9+1/3×0.9×3.14×（5×5+9×9+5×9）+1/3×2.2×3.14×（5×5+4.54×4.54+5×4.54）－3.14×4×4×2.2=228.91+142.24+157.30－110.53=417.92

【点拨】本题考查知识点：建筑工程工程量计算——平整场地、挖土方、混凝土垫层、混凝土基础。

问题2：

（1）土方工程量计算：

挖基础土方量=1/3×3.14×4×［（9+0.1+0.3）²+（9.4+4×0.33）²+9.4×10.72］+3.14×9.4²×0.1=1300.69（m³）。

回填土方量=1300.69－26－417.92－3.14×4²×2.2=746.24（m³）。

外运余土方量＝1300.69－746.24＝554.45（m^3）。

(2) 综合单价分析表数据计算：

人工挖土方量＝1300.69×10%/1066.10＝0.12（m^3）。

机械挖土方量＝（1300.69－1300.69×10%－554.45）/1066.10＝0.58（m^3）。

机械挖土外运工程量＝554.45/1066.10＝0.52（m^3）。

工程量清单综合单价分析表见表 3-2-52。

表 3-2-52 工程量清单综合单价分析表

工程名称：钢筋混凝土烟囱

项目编码	010101003001	项目名称	挖基础土方				计量单位	m^3	工程量	1066.10	
清单综合单价组成明细											
定额编号	定额名称	定额单位	数量	单价/元				合价/元			
				人工费	材料费	机械费	管理费和利润	人工费	材料费	机械费	管理费和利润
1－7	人工挖土方	$10m^3$	0.12	12.62	0.00	0.00	1.64	1.51	0.00	0.00	0.20
1－148	机械挖土方	m^3	0.58	0.27	0.00	7.31	0.99	0.16	0.00	4.24	0.57
1－162	机械挖、运土方	m^3	0.52	0.31	0.00	21.33	2.81	0.16	0.00	11.09	1.46
人工单价		小计						1.83	0.00	15.33	2.23
60、80、110 元/工日		未计价材料/元									
清单项目综合单价/（元/m^3）								19.39			
材料费明细	主要材料名称、规格、型号					单位	数量	单价/元	合价/元	暂估单价/元	暂估合价/元
	其他材料费/元										
	材料费小计/元										

【点拨】本题考查知识点：编制综合单价分析表——挖基础土方分项工程综合单价的计算。

问题 3：

分部分项工程量清单与计价表见表 3-2-53。

表 3-2-53 分部分项工程量清单与计价表

序号	项目编码	项目名称	项目特征描述	计量单位	工程量	金额/元	
						综合单价	合价
1	010101001001	平整场地	—	m^2	508.68	1.26	640.94
2	010101003001	挖基础土方	三类土、余土外运 5000m 内	m^3	1066.10	19.39	20671.68
3	010103001001	土方回填	人工分层夯填	m^3	511.65	15.00	7674.75
4	010501001001	C15 混凝土垫层	C15 预拌混凝土	m^3	26.00	460.00	11960.00
5	010501004001	C30 混凝土满堂基础	C30 预拌混凝土	m^3	417.92	520.00	217318.40
合价/元						258265.77	

【点拨】本题考查知识点：清单计价及组价程序——分部分项工程量清单与计价表。

【第三题】

问题1：

1—1断面挖土方工程量=1.2×（2.1−0.75）×［20.6+8.1×2+（3.3+3+2.7−0.6−0.8）×2+（2.1×2+3×2）+（2.4−0.6）×2］=106.60（m^3）。

2—2断面挖土方工程量=1.6×（2.1−0.75）×［20.6+（4.2−0.8−0.6）×4+（4.2+1.5−0.8−0.6）×2+（2.4−1.2）×3］=95.04（m^3）。

合计：106.60+95.04=201.64（m^3）。

【点拨】本题考查知识点：建筑工程工程量计算——土方开挖工程量计算。

问题2：

1—1剖面垫层工程量=1.2×0.3×［（20.6+8.1×2）+（3.3+3+2.7−0.6−0.8）×2+（2.1×2+3×2）+（2.4−0.6）×2］=1.2×0.3×65.8=23.69（m^3）。

2—2剖面垫层工程量=1.6×0.3×［20.6+（4.2−0.6−0.8）×4+（4.2+1.5−0.8−0.6）×2+（2.4−1.2）×3］=1.6×0.3×44=21.12（m^3）。

合计：23.69+21.12=44.81（m^3）。

【点拨】本题考查知识点：建筑工程工程量计算——混凝土垫层工程量的计算。

问题3：

外墙中心线长度=20.6×2+8.1×2=57.40（m）。

内墙净长线长度=2.1×2+3×2+（2.4−0.12）×2+（2.4−0.24）×3+（4.2+1.5−0.24）×2+（4.2−0.24）×4+（3.3+3+2.7−0.24）×2=65.52（m）。

地圈梁工程量=0.24×0.24×（57.4+65.52）=7.08（m^3）。

【点拨】本题考查知识点：建筑工程工程量计算——地圈梁工程量计算。

问题4：

室内回填土工程量=［（20.6+0.24）×（8.1+0.24）−（57.4+65.52）×0.24］×（0.75−0.08）=144.30×0.67=96.68（m^3）。

【点拨】本题考查知识点：建筑工程工程量计算——土方回填工程量的计算。

【第四题】

问题1：

分部分项工程量计算见表3-2-54。

表3-2-54　分部分项工程量计算表

序号	分项工程名称	计量单位	工程量	计算过程
1	带形基础	m^3	38.52	(10.8+6+6)×2+4.2+2.1+4.2+2.7+4.2+6.3+2.7=72.00 (1.10×0.35+0.5×0.3)×72.00=38.52
2	独立基础	m^3	1.61	$[1.20\times1.20\times0.35+1/3\times0.35\times(1.20^2+0.36^2+\sqrt{1.20\times0.36})+0.36\times0.36\times0.30]\times2=(0.504+0.260+0.039)\times2=1.61$
3	带形基础垫层	m^3	9.36	1.3×0.1×72=9.36
4	独立基础垫层	m^3	0.39	1.4×1.4×0.1×2=0.39

【点拨】本题考查知识点：建筑工程工程量计算——带形垫层、基础及独立基础垫层、基础工程量的计算。

问题2：

分部分项工程量清单见表3-2-55。

表 3-2-55　分部分项工程量清单

序号	项目编码	项目名称及特征	计量单位	工程量
1	010501002001	混凝土带形基础： （1）混凝土强度等级：C20混凝土 （2）混凝土拌合料要求：外购商品混凝土	m^3	38.52
2	010501003001	混凝土独立基础： （1）混凝土强度等级：C20混凝土 （2）混凝土拌合料要求：外购商品混凝土	m^3	1.61

【点拨】本题考查知识点：建筑工程工程量计算——编制带形基础、独立基础工程量清单。

问题3：

分部分项工程量清单综合单价分析见表3-2-56。

表 3-2-56　分部分项工程量清单综合单价分析表

项目编码	010501002001	项目名称	带形基础			计量单位	m^3	工程量	38.52		
清单综合单价组成明细											
定额编号	定额名称	定额单位	数量	单价/元				合价/元			
				人工费	材料费	机械费	管理费和利润	人工费	材料费	机械费	管理费和利润
1	带形基础	$10m^3$	0.100	500.56	2732.91	138.85	303.51	50.06	273.29	13.89	30.35
人工单价		小计						50.06	273.29	13.89	30.35
60、80、110元/工日		未计价材料/元									
清单项目综合单价/（元/m^3）								367.59			
材料费明细	主要材料名称、规格、型号					单位	数量	单价/元	合价/元	暂估单价/元	暂估合价/元
	混凝土C20					m^3	1.015	266.05	270.04		
	其他材料费/元								3.25		
	材料费小计/元								273.29		

【点拨】本题考查知识点：编制综合单价分析表——编制带形基础综合单价表。

问题4：

模板工程量计算见表3-2-57。

表 3-2-57　模板工程量计算表

序号	模板名称	计量单位	工程量	计算过程
1	带形基础模板	m^2	93.60	（0.35+0.30）×2×72=93.60
2	独立基础组合钢模板	m^2	4.22	（0.35×1.20+0.30×0.36）×4×2=4.22

续表

序号	模板名称	计量单位	工程量	计算过程
3	垫层木模板	m^2	15.52	带形基础垫层：0.1×2×72=14.4 独立基础：1.4×0.1×4×2=1.12 合计：14.4+1.12=15.52

【点拨】本题考查知识点：建筑工程工程量计算——模板工程量的计算。

问题5：

模板及支架费=（93.6×31.98+4.22×28.72+15.52×25.68）×（1+5%+4%）=3829.26（元）。

临时设施费=（57686+3829.26）×1.5%=922.73（元）。

环境保护费=（57686+3829.26）×0.8%=492.12（元）。

安全文明施工费=（57686+3829.26）×1.8%=1107.27（元）。

合计：3829.26+922.73+492.12+1107.27=6351.38（元）。

措施项目清单计价见表3-2-58。

表3-2-58 措施项目清单计价表

序号	项目名称	金额/元
1	模板及支架	3829.26
2	临时设施	922.73
3	环境保护	492.12
4	安全文明施工	1107.27
合计		6351.38

【点拨】本题考查知识点：清单计价及组价程序——编制措施项目清单计价表。

【第五题】

问题1：

A项目中土钉、喷射混凝土分部分项工程清单工程量计算见表3-2-59。

表3-2-59 清单工程量计算表

序号	清单项目编码	清单项目名称	计算式	计量单位	工程量合计
1	010202008001	土钉	$n=91$	根	91
2	010202009001	喷射混凝土	（1）AB段 $S_1=8/\sin\frac{\pi}{3}\times15=138.56$ （2）BC段 $S_2=(10+8)/2/\sin\frac{\pi}{3}\times4=41.57$ （3）CD段 $S_3=10/\sin\frac{\pi}{3}\times20=230.94$ $S=138.56+41.57+230.94=411.07$	m^2	411.07

【点拨】本题考查知识点：建筑工程工程量计算——土钉、喷射混凝土分部分项工程的清单工程量计算。

问题2：

B项目中挖孔桩土（石）方、人工挖孔灌注桩分部分项工程清单工程量计算见表3-2-60。

表 3-2-60　清单工程量计算表

序号	清单项目编码	清单项目名称	计算式	计量单位	工程量合计
1	010302004001	挖孔桩土（石）方	(1) 直芯 $V_1=\pi\times(\frac{1.150}{2})^2\times10.9=11.32$ (2) 扩大头 $V_2=\frac{1}{3}\times1\times(\pi\times0.4^2+\pi\times0.6^2+\pi\times0.4\times0.6)=0.80$ (3) 扩大头球冠 $V_3=\pi\times0.2^2\times(R-\frac{0.2}{3})^2=3.14\times0.2^2\times(1-\frac{0.2}{3})^2=0.11$ 其中，$R=\frac{0.2^2+0.6^2}{2\times0.2}=1$ $V=(11.32+0.80+0.11)\times10=122.30$	m^3	122.30
2	010302005001	人工挖孔灌注桩	(1) 护桩壁 C20 混凝土 $V=\pi\times[(\frac{1.15}{2})^2-(\frac{0.875}{2})^2]\times10.9\times10=47.65$ (2) 桩芯混凝土 $V=122.30-47.65=74.65$	m^3	74.65

【点拨】本题考查知识点：建筑工程工程量计算——挖孔桩土（石）方、人工挖孔灌注桩分部分项工程的清单工程量计算。

问题 3：

方法一：按面积计

$S_{清}=[(1.4-0.12)+2.4+0.2]\times(2.7-0.24)\times(5-1)+(1.5-0.12)\times(2.7-0.24)+2.4\times(2.7-0.24-0.1)/2=44.41\ (m^2)$。

方法二：按体积计

(1) 梯段板：

$V_1=0.11\times[(2.4\times2.4+1.4\times1.4)^{\frac{1}{2}}\times(2.7-0.24-0.1)/2]\times9=3.25\ (m^3)$。

(2) 平台板

$V_2=0.1\times[(1.4+0.12)\times(2.7+0.24)\times4+(1.5+0.12)\times(2.7+0.24)]=2.26\ (m^3)$。

(3) 平台梁

$V_3=0.2\times0.25\times(2.7+0.24)\times9=1.32\ (m^3)$。

(4) 收口梁

$V_4=0.24\times0.25\times(2.7+0.24)\times4=0.71\ (m^3)$。

(5) 踏步

$V_5=(0.24\times0.13)\div2\times(2.7-0.24-0.1)/2\times10\times9=1.66\ (m^3)$。

(6) 混凝土用量：

$V=V_1+V_2+V_3+V_4+V_5=3.25+2.26+1.32+0.71+1.66=9.20\ (m^3)$。

【点拨】本题考查知识点：建筑工程工程量计算——楼梯混凝土工程量的计算。

问题4：

安全文明施工费＝3000000×2%＝60000.00（元）。

规费＝（3000000＋60000＋36000）×11%×16%＝54489.60（元）。

增值税＝（3000000＋60000＋36000＋54489.6）×9%＝283544.06（元）。

单位工程竣工结算汇总见表3-2-61。

表3-2-61　单位工程竣工结算汇总表

序号	项目名称	金额/元
1	分部分项工程费	3000000.00
2	措施项目费	96000.00
2.1	单价措施费	36000.00
2.2	安全文明施工费	60000.00
3	规费	54489.60
4	增值税	283544.06
单位工程合计		3434033.66

【点拨】本题考查知识点：清单计价及组价程序——编制单位工程竣工结算表。

二、安装（管道）工程

【第一题】

问题1：

分部分项工程量清单见表3-2-62。

表3-2-62　分部分项工程量清单

序号	项目编码	项目名称	项目特征	计量单位	工程数量	计算过程
1	030602002001	中压碳钢管	ϕ219×6，20[#]碳钢无缝钢管，电弧焊接，水压试验，手工除锈，刷防锈漆两遍，岩棉管壳保温δ＝60mm，外包铝箔保护层	m	55	23＋20－0.5＋1＋3＋8＋0.5
2	030602002002	中压碳钢管	ϕ159×6（其他同上）	m	37	（5＋20－16＋2）＋（20－16＋2）＋4＋4＋（20－16）×3
3	030605001001	中压碳钢管件	*DN*200，电弧焊接	个	5	三通3个 四通1个 异径管1个
4	030605001002	中压碳钢管件	*DN*150，电弧焊接	个	6	三通1个 冲压弯头5个
5	030608002001	中压法兰阀门	*DN*200，J41T－25	个	2	1＋1
6	030608002002	中压法兰阀门	*DN*150，J41T－25	个	5	1＋1＋1＋1＋1
7	030608003001	中压电动阀门	*DN*200，J941H－25	个	1	1

续表

序号	项目编码	项目名称	项目特征	计量单位	工程数量	计算过程
8	030615001001	管架制作安装	普通碳钢支架、手工除锈后刷防锈漆、调和漆两遍	kg	500	12×25＋10×20
9	030616005001	管道焊缝超声波探伤	ϕ219	口	6	ϕ219 管口：12×50%
10	030616005002	管道焊缝超声波探伤	ϕ159	口	12	ϕ159 管口：24×50%

【点拨】 本题考查知识点：竖向立管和水平管道的工程量计算。

问题 2：

单位工程费用汇总见表 3-2-63。

表 3-2-63　单位工程费用汇总表

序号	项目名称	金额/万元
1	分部分项工程量清单计价	1770.00
2	措施项目清单计价	51.34
3	其他项目清单计价	100.00
4	规费	80.00
5	税金	200.13
合计		2201.47

措施项目清单费用计算过程（计算式）：

(1) 脚手架搭拆费＝15×7%＋15×7%×25%×（50%＋60%）＝1.05＋0.29＝1.34（万元）。

(2) 大型机械进出场费＝（1＋3＋4.9）＋1×（50%＋60%）＝8.9＋1.1＝10.00（万元）。

(3) 安全文明施工等措施项目费用＝40 万元。

(4) 措施项目清单费用合计＝1.34＋10.00＋40＝51.34（万元）。

税金计算过程（计算式）：

税金＝（1770.00＋51.34＋100.00＋80.00）×10%＝200.13（万元）。

【点拨】 本题考查知识点：单位工程费用汇总表。

【第二题】

问题 1：

(1) 无缝钢管 $D89\times4$ 安装工程量＝2＋1.1＋（2.5－1.6）＝4（m）。

(2) 无缝钢管 $D76\times4$ 安装工程量＝[0.3＋（2－1.3）＋1.1＋0.6＋2.1＋（0.3＋2－1）×2]＋[2.1＋（2.8－1.2）×2＋0.5＋0.3＋0.8＋2＋（0.6×2）]＋[（0.3＋0.9＋2.8－1.2）×2＋2＋0.9]＝7.4＋10.1＋8.5＝26（m）。

(3) 无缝钢管 $D57\times3.5$ 安装工程量＝（0.3＋0.2＋0.5）＋（0.6＋0.2）×2＝1＋1.6＝2.6（m）。

(4) 管架制作安装工程量＝42.4/1.06＝40（kg）。

(5) $D76\times4$ 管道焊缝X光射线探伤工程量:

每个焊口的胶片数量=0.076×3.14/(0.15−0.025×2)=2.39(张),取3张。

36个焊口的胶片数量=36×3=108(张)。

(6) $D76\times4$($DN70$)法兰焊缝超声波探伤工程量=1+2+2+2+2+4=13(口)。

(7) 管道刷油的工程量=3.14×(0.089×4+0.076×26+0.057×2.6)=7.79(m)。

(8) 管道支架刷油的工程量=42.4/1.06=40(kg)。

【点拨】本题考查知识点:管道、管架制作安装、焊缝X光射线探伤、焊缝超声波探伤的工程量计算。

问题2:

分部分项工程和单价措施项目清单与计价见表3-2-64。

表3-2-64 分部分项工程和单价措施项目清单与计价表

序号	项目编码	项目名称	项目描述特征	计量单位	工程量	金额/元		
						综合单价	合价	其中:暂估价
1	030802001001	中压碳钢管道	无缝钢管 $D89\times4$ 氩电联焊 水压试验,空气吹扫	m	4			
2	030802001002	中压碳钢管道	无缝钢管 $D76\times4$ 氩电联焊 水压试验,空气吹扫	m	26			
3	030802001003	中压碳钢管道	无缝钢管 $D57\times3.5$ 氩电联焊 水压试验,空气吹扫	m	2.6			
4	030805001001	中压碳钢管件	$DN80$ 冲压弯头 氩电联焊	个	1			
5	030805001002	中压碳钢管件	$DN70$ 冲压弯头 氩电联焊	个	15			
6	030805001003	中压碳钢管件	$DN70$,挖眼连接,氩电联焊	个	4			
7	030805001004	中压碳钢管件	$DN50$ 冲压弯头 氩电联焊	个	1			
8	030815001001	管架制作安装钢材	除锈、刷防锈漆、调和漆两遍	kg	40			
9	030816003001	X光射线探伤胶片	80m×150mm 管壁 $\delta=4$mm	张	108			
10	030816005001	超声波探伤	$DN100$ 以内	口	13			
11	031201001001	管道刷油	除锈、刷防锈漆、调和漆两遍	m^2	7.79			
12	031201003001	金属结构刷油除锈	刷防锈漆、调和漆两遍	kg	40			

【点拨】本题考查知识点:填写分部分项工程量清单计价表。

【第三题】

问题1：

分部分项工程量清单见表3-2-65。

表3-2-65　分部分项工程量清单表

序号	项目编码	项目名称	项目描述特征	计量单位	工程量
1	030701003001	空调器	分段组装空调器 ZK—2000	kg	3000
2	030702001001	碳钢通风管道	通风管道 500×300 δ=0.75	m^2	38.40
3	030702001002	碳钢通风管道	通风渐缩风管 500×300/250×200 δ=0.75	m^2	15.00
4	030702001003	碳钢通风管道	通风管道 ϕ250 δ=0.75	m^2	8.10
5	030703001001	碳钢阀门	矩形蝶阀 500×300	个	2
6	030703001002	碳钢阀门	矩形止回阀 500×300	个	2
7	030703001003	碳钢阀门	圆形蝶阀 ϕ250	个	3
8	030703007001	碳钢风口、散流器、百叶窗	插板式送风口 200×120	个	16
9	030703007002	碳钢风口、散流器、百叶窗	散流器 ϕ250	个	3
10	030704001001	通风工程检测、调试	通风工程检测、调试	系统	1

三种通风管道工程量计算：

(1) 矩形风管 500×300：

长度=3+（4.6−0.6）+3+3+（0.4+0.4）×3+4+4−0.2+0.4+0.4=24.00（m）。

面积=（0.3+0.5）×2×24.00=38.40（m^2）。

(2) 渐缩风管 500×300/250×200：

长度=6+6=12.00（m）。

面积=12.00×（0.5+0.3+0.25+0.2）=15.00（m^2）。

(3) 圆形风管 ϕ250：

长度=3×（3+0.44）=10.32（m）。

面积=10.32×3.14×0.25=8.10（m^2）

【点拨】本题考查知识点：风管的工程量计算。

问题2：

分部分项工程量清单综合单价分析见表3-2-66。

表3-2-66　分部分项工程量清单综合单价分析表

项目编码	030702001001	项目名称	矩形风管	计量单位		m²		工程量	40
清单综合单价组成明细									
定额编号	定额项目名称	定额单位	数量	单价				合价	
				人工费	材料费	机械费	管理费和利润	人工费	材料费	机械费	管理费和利润
1	通风管道 500×300 δ=0.75	m^2	1.000	14.00	20.00	2.00	14.00	14.00	20.00	2.00	14.00

续表

项目编码	030702001001	项目名称	矩形风管	计量单位		m^2	工程量	40
清单综合单价组成明细								
人工单价		小计			14.00	20.00	2.00	14.00
元/工日		未计价材料费			56.90			
清单项目综合单价					106.90			
材料费明细	主要材料名称、规格、型号		单位	数量	单价/元	合计/元	暂估单价/元	暂估合计/元
	镀锌钢板 δ=0.75		m^2	1.138	50.00	56.90		
	其他材料费					20.00		
	材料费小计					76.90		

【点拨】本题考查知识点：填写分部分项工程量清单计价表。

【第四题】

问题1：

(1) 管道清单工程量：

1) ϕ32×2.5低压管道工程量=(1.75－1.45)×2=0.60(m)。

2) ϕ60×4中压管道工程量=[(0.65＋1＋0.8)×2＋(2.25－1.15)×2＋(0.5＋0.5＋1.5＋1)＋1]×2＋[(0.5＋0.65＋1)×2＋1.5＋(0.8＋1)]×2=23.20＋15.2=38.40(m)。

3) ϕ89×4中压管道工程量=(0.15＋0.5)×2=1.30(m)。

4) ϕ273.1×7.1中压管道清单工程量=1＋(0.65＋1＋0.8)×2＋(0.5＋0.5＋1.5＋1)＋(2.25－1.15)×4=1＋12.80=13.80(m)。

5) ϕ325×8低压管道清单工程量=(0.5＋0.65＋1＋1.5＋1＋0.65＋0.5)＋(0.8＋1)=7.60(m)。

(2) 管件清单工程量：

1) 中压 *DN*50：

弯头：6×2＋6×2=24(个)。

三通：1×2＋1×2=4(个)。

2) 中压 *DN*80：

三通：1×2=2(个)。

3) 中压 *DN*250：

弯头：6个。

三通：3个。

4) 低压 *DN*300：

弯头：4个。

三通：1个。

【点拨】本题考查知识点：管道和管件的工程量计算。

问题2：

分部分项工程和单价措施项目清单与计价见表3-2-67。

表 3-2-67　分部分项工程和单价措施项目清单与计价表

工程名称：工艺及伴热管道系统　　　　　标段：泵房管道及安装

序号	项目编码	项目名称	项目描述特征	计量单位	工程量	金额/元		
						综合单价	合价	其中：暂估价
1	030801001001	低压碳钢管	ϕ108×4.5；20# 无缝钢管；氩电联焊；X 光无损检验，水压强度和严密性试验；空气吹扫	m	2.00			
2	030801001002	低压碳钢管	ϕ325×8；20# 无缝钢管；氩电联焊；X 光无损检验，水压强度和严密性试验；空气吹扫	m	7.00			
3	030802001001	中压碳钢管	ϕ60×4；20# 无缝钢管；氩电联焊；X 光无损检验，水压强度和严密性试验；空气吹扫	m	40.00			
4	030802001002	中压碳钢管	ϕ89×4.5；20# 无缝钢管；氩电联焊；X 光无损检验，水压强度和严密性试验；空气吹扫	m	1.50			
5	030802001003	中压碳钢管	ϕ108×4.5；20# 无缝钢管；氩电联焊；X 光无损检验，水压强度和严密性试验；空气吹扫	m	3.00			
6	030802001004	中压碳钢管	ϕ273.1×7.1；20# 无缝钢管；氩电联焊；X 光无损检验，水压强度和严密性试验；空气吹扫	m	15.00			
7	030807003001	低压法兰阀门	钢法兰阀 *DN*300，241H—16C	个	2.00			
8	030808003001	中压法兰阀门	钢法兰闸阀 *DN*20，241H—25	个	2.00			
9	030808003002	中压法兰阀门	钢法兰闸阀 *DN*80，241H—25	个	2.00			
10	030808003003	中压法兰阀门	钢法兰闸阀 *DN*250，241H—25	个	2.00			
11	030808003004	中压法兰阀门	钢法兰止回阀 *DN*250，H44H—2	个	2.00			
本页小计								

【点拨】本题考查知识点：填写分部分项工程量清单计价表。

问题 3：

综合单价分析见表 3-2-68。

表 3-2-68 综合单价分析表

工程名称：工艺及伴热管道系统　　　　标段：泵房管道及安装

项目编码	030801001001		项目名称	低压碳钢管道 ϕ325×8				计量单位	m	工程量	7.00
清单综合单价组成明细											
定额编号	定额项目名称	定额单位	数量	单价				合价			
				人工费	材料费	机械费	管理费和利润	人工费	材料费	机械费	管理费和利润
6—56	低压管道氩电联焊	10m	0.100	262.03	63.02	257.60	78.61	26.20	6.30	25.76	7.86
6—2430	中低压管道水压试验	100m	0.010	623.35	204.60	24.62	187.01	6.23	2.05	0.25	1.87
6—2484	管道空气吹扫	100m	0.010	205.63	272.94	32.60	61.69	2.06	2.73	0.33	0.62
人工单价		小计						34.49	11.08	26.34	10.35
		未计价材料费						380.51			
清单项目综合单价								462.77			
材料费明细	主要材料名称规格、型号			单位		数量		单价/元	合计/元	暂估单价/元	暂估合计/元
	20# 碳钢无缝管 ϕ325×8			kg		58.540		6.50	380.51		
	其他材料费										
	材料费小计								380.51		

【点拨】本题考查知识点：ϕ325×8 低压管道综合单价分析表。

【第五题】

问题 1：

（1）ϕ325×8 碳钢管道工程量计算：

地下：1.8＋0.5＋2.0＋1.0＋2.5＋1.0＝8.80（m）。

地上：1.0＋2.5＋0.75＋0.825＋0.755＋1.0＋1.0＋0.75＋0.825＋0.755＋0.65＝10.81（m）。

合计：8.80＋10.81＝19.61（m）。

（2）ϕ219×32 碳钢管道工程量计算：

地下：（1.8＋0.5＋1.0＋1.0）×2＋（0.8＋0.5＋2.5＋0.75＋1.0）×2＋0.8×3＋1.8＋1.0×5＝28.90（m）。

地上：（1.0＋2.5＋0.75＋0.825＋0.755＋1.0）×2＋（1.0＋0.825＋0.755＋1.0）×2＋1.0＋0.825＋0.755＋0.75＋0.65＝24.80（m）。

合计：28.90＋24.80＝53.70（m）。

（3）管件工程量计算：

*DN*300 弯头：2+2+2+1=7（个）。

*DN*200 弯头：（2+2）×2+（1+2）×2+1×4+1+2+1=22（个）。

三通：1×2+1×3=5（个）。

【点拨】本题考查知识点：管道和管件的工程量计算。

问题 2：

管道、法兰安装项目的分部分项工程和单价措施项目清单与计价见表 3-2-69。

表 3-2-69　分部分项工程和单价措施项目清单与计价表

工程名称：某泵房　　　　　　标段：工艺管道系统安装

序号	项目编码	项目名称	项目描述特征	计量单位	工程量	金额/元		
						综合单价	合价	其中：暂估价
1	030801001001	低压碳钢管	ϕ325×8、$20^{\#}$碳钢管、氩电联焊、水压试验、空气吹扫	m	21.00			
2	030802001001	中压碳钢管	ϕ219×32、$20^{\#}$碳钢管、氩电联焊、水压试验、空气吹扫	m	32.00			
3	030802001002	中压碳钢管	ϕ168×24、$20^{\#}$碳钢管、氩电联焊、水压试验、空气吹扫	m	23.00			
4	030802001003	中压碳钢管	ϕ114×16、$20^{\#}$碳钢管、氩电联焊、水压试验、空气吹扫	m	7.00			
5	030810002001	低压焊接法兰	*DN*300 1.6MPa 碳钢平焊	副	5.00			
6	030810002002	低压焊接法兰	*DN*300 1.6MPa 碳钢平焊	片	1.00			
或 5、6 合并	030810002001	低压焊接法兰	*DN*300 1.6MPa 碳钢平焊	副（片）	5.50（11）			
7	030811002001	中压焊接法兰	*DN*200 4.0MPa 碳钢对焊	副	10.00			
8	030811002002	中压焊接法兰	*DN*200 4.0MPa 碳钢对焊	片	1.00			
或 7、8 合并	030811002001	中压焊接法兰	*DN*200 4.0MPa 碳钢对焊	副（片）	10.50（21）			
本页小计								
合　　计								

【点拨】本题考查知识点：填写分部分项工程量清单计价表。

问题 3：

ϕ219×32 管道安装分部分项工程量清单综合单价分析见表 3-2-70。

表 3-2-70 综合单价分析表

工程名称：某泵房　　　　　　　标段：工艺管道系统安装

项目编码	030802001001		项目名称	ϕ219×32 中压管道				计量单位	m	工程量	32.00
清单综合单价组成明细											
定额编号	定额项目名称	定额单位	数量	单价				合价			
				人工费	材料费	机械费	管理费和利润	人工费	材料费	机械费	管理费和利润
6—411	中压管道氩电联焊安装	10m	0.100	699.20	80.00	277.00	825.06	69.92	8.00	27.70	82.51
6—2429	中压管道水压试验	100m	0.010	448.00	81.30	21.00	528.64	4.48	0.81	0.21	5.29
6—2483	管道空气吹扫	100m	0.010	169.60	120.00	28.00	200.13	1.70	1.20	0.28	2.00 (2.01)
人工单价		小计						76.10	10.01	28.19	89.80 (89.81)
80 元/工日		未计价材料费						899.31			
清单项目综合单价								1103.41（或 1103.42）			
材料费明细	主要材料名称规格、型号			单位		数量		单价/元	合计/元	暂估单价/元	暂估合计/元
	ϕ219×32 钢管			kg		138.355		6.50	899.31		
	或：ϕ219×32 钢管			m		0.938		958.75	899.31		
	其他材料费							—		—	
	材料费小计							—	899.31	—	

【点拨】本题考查知识点：ϕ219×32 中压管道综合单价分析表。

三、安装（电气）工程

【第一题】

问题 1：

（1）镀锌电线管 ϕ20 暗配工程量：

三线：3×3×5＋2＋［3＋（5－4）］＋2＋3＋2＋［1.5＋（5－1.5－0.3）］＋［4＋（5－1.5－0.3）］＝69.90（m）。

（2）镀锌电线管 ϕ25 暗配工程量：

四线：3×3＋2＋［1.5＋（5－1.3）］＋［2＋（4－1.3）］＝20.90（m）。

五线：2＋2＋［8＋（5－1.3）］＋［1.5＋（5－1.3）］＝20.90（m）。

总计：20.90＋20.90＝41.80（m）。

（3）管内穿线 BV－2.5mm^2 工程量：

3×69.9＋4×20.9＋5×20.9＋［（0.5＋0.3）×3×2］＝402.60（m）。

分部分项工程和单价措施项目清单及计价见表 3-2-71。

表 3-2-71　分部分项工程和单价措施项目清单及计价表

工程名称：会议室照明工程

序号	项目编号	项目名称	项目特征描述	计量单位	工程量	金额/元		
						综合单价	合价	其中：暂估价
1	030401017001	配电箱	照明配电箱（AZM）嵌入式安装 尺寸：500m×300m×150mm（宽×高×厚）	台	1	645.18	645.18	
2	030412005001	荧光灯	隔栅荧光灯盘 XD—512—Y20×3 吸顶安装	套	24	170.44	4090.56	
3	030705004002	荧光灯	单管荧光灯 YG2—1 吸顶安装	套	2	107.27	214.54	
4	030412001001	普通灯具	半圆球吸顶灯 JXD2—1 安装	套	2	112.80	225.60	
5	030404034001	照明开关	双联单控暗开关安装 250V　10A	个	2	29.66	59.32	
6	030404034002	照明开关	三联单控暗开关安装 250V　10A	个	2	33.72	67.44	
7	030411006001	接线盒	暗装接线盒	个	28	14.62	409.36	
8	030411006002	接线盒	暗装开关盒	个	4	11.75	47.00	
9	030411001001	配管	镀锌电线管 ϕ20 沿砖、混凝土结构暗配	m	69.90	15.86	1108.61	
10	030411001002	配管	镀锌电线管 ϕ25 沿砖、混凝土结构暗配	m	41.80	22.29	931.72	
11	030411004001	配线	管内穿线 BV—2.5mm^2	m	402.60	4.44	1787.54	
本页小计								
合计							9586.87	

【点拨】本题考查知识点：照明工程的配管、配线工程量计算和填写分部分项工程量清单计价表。

问题 2：

该工程镀锌电线管 ϕ20 暗配项目综合单价分析见表 3-2-72。

表 3-2-72　综合单价分析表

工程名称：会议室照明工程

项目编码		030411001001		项目名称	配管	计量单位	m	工程量	70.00		
清单综合单价组成明细											
定额编号	定额名称	定额单位	数量	单价				合价			
				人工费	材料费	机械费	管理费和利润	人工费	材料费	机械费	管理费和利润
2—982	镀锌电线管 ϕ20 暗配	100m	0.010	471.96	82.65	35.68	377.57	4.72	0.83	0.36	3.78

续表

项目编码	030411001001	项目名称	配管	计量单位	m	工程量	70.00
清单综合单价组成明细							
人工单价	小计			4.72	0.83	0.36	3.78
80元/工日	未计价材料费/元			6.18			
清单项目综合单价/（元/m）				15.87			
材料费明细	主要材料名称、规格、型号	单位	数量	单价/元	合价/元	暂估单价/元	暂估合价/元
	镀锌电线管 ϕ20 暗配	m	1.030	6.00	6.18		
	其他材料费			—	0.83		
	材料费小计			—	7.01		

【点拨】本题考查知识点：镀锌电线管的综合单价分析表。

【第二题】

问题1：

(1) 镀锌钢管 ϕ15 工程量：

二线：(4.5－1.6－0.2)＋3.6＋2.8＋(4.5－1.4)＋4.8＋3×4＋5＋4.2＋3＋(4.5－1.4)＝44.30(m)。

三线：3×4＝12.00(m)。

共计：44.30＋12＝56.30(m)。

(2) 阻燃绝缘导线 ZRBV－500 2.5mm^2 工程量：

二线：2×(0.4＋0.2)＋2×44.30＝89.80(m)。

三线：3×12＝36.00(m)。

共计：89.80＋36＝125.80(m)。

【点拨】本题考查知识点：配管、配线的工程量计算。

问题2：

分部分项工程量清单及计价见表3-2-73。

表3-2-73 分部分项工程量清单及计价表

工程名称：控制室照明工程

序号	项目编码	项目名称	项目特征描述	计量单位	工程量	综合单价	合价
1	030404011001	配电箱	照明配电箱 AZM 400mm×200mm×120mm (宽×高×厚) 嵌入式安装，箱底高度1.6m	台	1.00		
2	030412005001	荧光灯	双管荧光灯 YG2－2 2×40W，吸顶安装	套	10.00		

续表

序号	项目编码	项目名称	项目特征描述	计量单位	工程量	综合单价	合价
3	030412034001	装饰灯	FZS－1641×100W 吸顶安装	套	2.00		
4	030404034001	照明开光	单联单控暗开关 10A 250V，安装高度 1.4m	个	1.00		
5	030404034002	照明开关	双联单控暗开关 10A 250V，安装高度 1.4m	个	1.00		
6	030411001001	配管	镀锌钢管 ϕ15 沿墙、楼板暗装敷设	m	56.30		
7	030411004001	配线	ZRBV－500 2.5mm^2	m	125.80		

【点拨】本题考查知识点：填写分部分项工程量清单计价表。

【第三题】

问题 1：

(1) PC20 暗配工程量：

三线管：(4－1.5－0.8＋0.05) ＋1.88＋1.43＋3.6×2＋3.1×5＋2.4＝30.16 (m)。

四线管：3.1×2＋3.6×2＝13.40 (m)。

五线管：0.7＋1.95＋ (4－1.3＋0.05) ×2＝8.15 (m)。

合计：30.16＋13.40＋8.15＝51.71 (m)。

(2) PC40 暗配工程量：

(1.5＋0.05) ＋ (0.05＋0.5) ＋12.60＝14.70 (m)。

(3) 管内穿线 BV2.5mm^2 工程量：

(0.6＋0.8＋30.16) ×3＋13.40×4＋8.15×5＝189.03 (m)。

(4) 管内穿线 BV16mm^2 工程量：

(0.6＋0.8＋0.3＋0.3＋14.70) ×5＝83.50 (m)。

分部分项工程和单价措施项目清单与计价见表 3-2-74。

表 3-2-74 分部分项工程和单价措施项目清单与计价表

序号	项目编号	项目名称	项目特征描述	计量单位	工程量	金额/元		
						综合单价	合价	暂估价
1	030404017001	配电箱	(1) 总照明配电箱 AL (2) 非标定制 600mm×800mm×200mm (宽×高×厚) (3) 嵌入式安装，底边距地 1.5m (4) 无端子外部接线 2.5mm^2 共 3 个 (5) 压铜接线端子 16mm^2 共 5 个	台	1.00	4297.73	4297.73	
2	030404018001	插座箱	(1) 插座箱 AX (2) 300mm×300mm×120mm (宽×高×厚) (3) 嵌入式安装：底边距地 0.5m	台	1.00	698.08	698.08	

续表

序号	项目编号	项目名称	项目特征描述	计量单位	工程量	金额/元		
						综合单价	合价	暂估价
3	030404034001	照明开关	(1)四联单控暗开关安装250V/10A (2)底边距地1.3m安装	个	2.00	27.30	54.60	
4	030411001001	配管	刚性阻燃管PC20砖、混凝土结构暗配CC、WC	m	51.71	11.28	583.29	
5	030411001002	配管	刚性阻燃管PC40砖、混凝土结构暗配FC、WC	m	14.70	17.39	255.63	
6	030411004001	配线	管内穿线BV2.5mm²	m	189.03	3.53	667.28	
7	030411004002	配线	管内穿线BV16mm²	m	83.50	13.55	1131.43	
8	030412001001	普通灯具	吸顶灯1×32W	套	2.00	124.98	249.96	
9	030412005001	荧光灯	(1)单管荧光灯,自带蓄电池1×28W (2)应急时间不小于120min,吸顶安装	套	8.00	144.94	1159.52	
10	030412005002	荧光灯	(1)双管荧光灯,自带蓄电池2×28W (2)应急时间不小于120min,吸顶安装	套	4.00	211.30	845.20	
合计							9942.72	

【点拨】本题考查知识点:配线、配管工程量计算和填写分部分项工程量清单计价表。

问题2:

该工程总照明配电箱的综合单价分析见表3-2-75。

表3-2-75 综合单价分析表

工程名称:配电房　　标段:电气工程

项目编码	030404017001	项目名称	总照明配电箱AL			计量单位	台	工程量	1.00		
清单综合单价组成明细											
定额编号	定额名称	定额单位	数量	单价				合价			
				人工费	材料费	机械费	管理费和利润	人工费	材料费	机械费	管理费和利润
4—2—77	成套配电箱安装嵌入式半周长≤1.5m	台	1	131.50	37.90	0	78.90	131.50	37.90	0	78.90
4—1—14	无端子外部接线导线截面≤2.5mm²	个	3	1.20	1.44	0	0.72	3.60	4.32	0	2.16

续表

项目编码	030404017001	项目名称	总照明配电箱 AL				计量单位	台	工程量	1.00	
清单综合单价组成明细											
4—4—26	压铜接线端子 导线截面≤16mm²	个	5	2.50	3.87	0	1.50	12.50	19.35	0	7.50
人工日工资单价		小计						147.60	61.57	0	88.56
100 元/工日		未计价材料费/元						4000.00			
清单项目综合单价/（元/m）								4297.73			
材料费明细	主要材料名称、规格、型号					单位	数量	单价/元	合价/元	暂估单价/元	暂估合价/元
	总照明配电箱 AL					台	1.00	4000.00	4000.00		
	其他材料费							—	61.57	—	
	材料费小计							—	4061.57	—	

【点拨】 本题考查知识点：配电箱的综合单价分析表。

【第四题】

问题 1：

（1）钢管 ϕ25 暗配工程量：

N_3：1.4＋0.1＋6.5＋0.1＋0.5＝8.60（m）。

N_4：1.4＋0.1＋3.5＋0.1＋0.5＝5.60（m）。

N_5：1.4＋0.1＋6＋1.5×2＋6＋0.1＋（1.4－0.2）＝17.80（m）。

N_3＋N_4＋N_5＝8.6＋5.6＋17.8＝32.00（m）。

（2）钢管 ϕ40 暗配工程量：

（1.4＋0.1＋8＋0.1＋0.5）＋（1.4＋0.1＋4＋0.1＋0.5）＝10.1＋6.1＝16.20（m）。

（3）管内穿线 BV－2.5mm² 工程量：

（8.6＋5.6）×4＋（9＋8.8）×5＋（4＋4＋5）×（0.8＋0.7）＋（4＋4）×1＋（5＋5＋5）×（0.3＋0.2）＝56.8＋89＋19.5＋8＋7.5＝180.80（m）。

（4）管内穿线 BV－25mm² 工程量：

16.2×4＋（4＋4）×（0.7＋0.8）＋（4＋4）×1＝64.8＋12＋8＝84.80（m）。

分部分项工程和单价措施项目清单与计价见表 3-2-76。

表 3-2-76 分部分项工程和单价措施项目清单与计价表

工程名称：汽车库动力配电

序号	项目编码	项目名称	项目特征描述	计量单位	工程量	金额/元		
						综合单价	合价	其中：暂估价
1	030404017001	配电箱	动力配电箱 JL1 嵌入式安装，箱体尺寸：800×700×200（mm）（宽×高×厚）	台	1	8363.48	8363.48	

续表

序号	项目编码	项目名称	项目特征描述	计量单位	工程量	金额/元		
						综合单价	合价	其中：暂估价
2	030404018001	插座箱	插座箱嵌入式安装，箱体尺寸：300×200×150（mm）（宽×高×厚）	台	2	1752.66	3505.32	
3	030406006001	低压交流异步电动机	干燥机功率1kW电机检查接线	台	2	222.70	445.40	
4	030406006002	低压交流异步电动机	空压机功率22kW电机检查接线	台	2	615.92	1231.84	
5	030411001001	配管	钢管ϕ25沿砖、混凝土结构暗配	m	32.00	22.44	718.08	
6	030411001002	配管	钢管ϕ40沿砖、混凝土结构暗配	m	16.20	35.04	567.65	
7	030411004001	配线	管内穿线BV—2.5mm^2	m	180.80	2.70	488.16	
8	030411004001	配线	管内穿线BV—25mm^2	m	84.80	17.63	1495.02	
本页小计							16814.95	

【点拨】本题考查知识点：配管、配线工程量计算和填写分部分项工程量清单计价表。

问题2：

（1）其他项目清单与计价汇总见表3-2-77。

表3-2-77 其他项目清单与计价汇总表

工程名称：汽车库动力配电

序号	项目名称	金额/万元	结算金额/万元	备注
1	暂列金额	12.00		
2	暂估价	13.00		
2.1	材料暂估价	—		
2.2	专业工程暂估价	13.00		
3	计日工	1.50		
4	总承包服务费	0.59		
4.1	其中：发包人发包专业工程	0.39		
4.2	其中：发包人提供材料	0.20		
合计		27.09		

（2）单位工程招标控制价汇总见表3-2-78。

表3-2-78 单位工程招标控制价汇总表

工程名称：汽车库动力配电

序号	汇总内容	金额/万元	其中暂估价/万元
1	分部分项工程	200.00	
2	措施项目	14.00	
2.1	其中：单价措施项目	6.00	

续表

序号	汇总内容	金额/万元	其中暂估价/万元
2.2	其中：总价措施项目	8.00	
3	其他项目	27.09	
4	规费	15.00	
5	税金		
招标控制价合计		256.09	

【点拨】本题考查知识点：单位工程招标控制价汇总表。

【第五题】

问题1：

该工程变配电装置安装和电缆管线的分部分项工程和单价措施项目清单与计价见表3-2-79。

表3-2-79　分部分项工程和单价措施项目清单与计价表

序号	项目编码	项目名称	项目特征描述	计量单位	工程量	金额		
						综合单价	合价	其中：暂估价
1	030201001001	油浸电力变压器	型号：SL—1000kVA	台	1			
2	030202017001	高压成套配电柜	电压互感器柜：GG—1A—65 高×宽×深：2200×1200×1200 基础槽钢（10#）制作安装4.8m	台	1			
3	030201017002	高压成套配电柜	总进线柜：GG—1A—15 高×宽×深：2200×1200×1200 基础槽钢（10#）制作安装4.8m	台	1			
4	030201017003	高压成套配电柜	变压器柜、架空出线柜： GG—1A—11 高×宽×深：2200×1200×1200 基础槽钢（10#）制作安装4.8m	台	2			
5	030204004001	低压开关柜	型号：PGL—1—04 高×宽×深：2000×900×600 基础槽钢（10#）制作安装3m	台	1			
6	030204004002	低压开关柜	型号：PGL—1—23 高×宽×深：2000×900×600 基础槽钢（10#）制作安装3m	台	1			
7	030204004003	低压开关柜	型号：PGL—1—20 高×宽×深：2000×900×600 基础槽钢（10#）制作安装3m	台	1			

续表

序号	项目编码	项目名称	项目特征描述	计量单位	工程量	金额		
						综合单价	合价	其中：暂估价
8	030204004004	低压开关柜	型号：PGL—1—41 高×宽×深：2000×900×600 基础槽钢（$10^{\#}$）制作安装 3m	台	1			
9	030202006001	隔离开关	型号：GN8—10　户内安装	台	1			
10	030201010001	避雷器	型号：FS4—10 电压等级：10kV	台	2			
11	030212001001	电气配管	钢管 ϕ100 沿砖、混凝土结构暗配	m	9.00			
12	030208001002	电力电缆	型号：YJV—10kV—3×70 穿管敷设	m	13.50			
本页小计								
合计								

【点拨】本题考查知识点：填写分部分项工程量清单计价表。

问题 2：

工程量清单综合单价分析见表 3-2-80。

表 3-2-80　工程量清单综合单价分析表

工程名称：变电所变配电工程　　　　标段：变配电装置安装和电缆管线

项目编码		030208001001		项目名称		电力电缆 YJV—10kV—3×70 穿墙敷设		计量单位	m	工程量	13.50
清单综合单价组成明细											
定额编号	定额名称	定额单位	数量	单价				合价			
				人工费	材料费	机械费	管理费和利润	人工费	材料费	机械费	管理费和利润
1	电力电缆穿线敷设 YJV—10kV—3×70	m	1.000	10.14	4.08	0.72	10.14	10.14	4.08	0.72	10.14
人工单价		小计						10.14	4.08	0.72	10.14
80 元/工日		未计价材料费						202.00			
清单项目综合单价								227.08			
材料费明细	主要材料名称、规格、型号					单位	数量	单价/元	合价/元	暂估单价/元	暂估合价/元
	电力电缆 YJV—10kV—3×70					m	1.010	200.00	202.00		
	其他材料费							—	4.08	—	
	材料费小计							—	206.08	—	

【点拨】本题考查知识点：电力电缆综合单价分析表。

第四章

建设工程招标投标

（建议学习时间：1周）

学习计划（第6周）：

Day 1

Day 2

Day 3

Day 4

Day 5

Day 6

Day 7

扫码即听
本章导学

第四章　建设工程招标投标

知识脉络

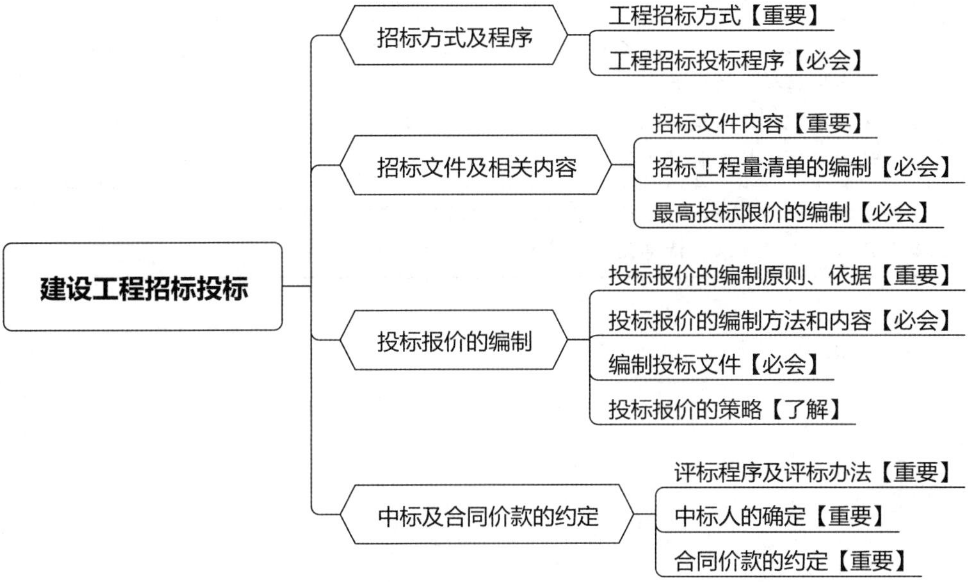

考试思路

第四章内容涉及的题目在2019年考试试卷中对应试题二，分值为20分。招标投标题目与其他题目不同，问答题内容所占比重较大，根据近3年真题可以看出招标投标题目考查越来越灵活、越来越体现考生的专业素质，结合清单规范、合同示范文本深入考查考生对招投标过程中内容的理解和应用。招投标题目主要考查招标投标程序、招标投标双方各自的责任和义务，适当结合等值计算、决策树考查计算题。

历年考点统计

年份	考查内容
2019	1. 绘制决策树并计算，分析投低价标是否合理 2. 投标文件是否有效 3. 合同文件签订的相关规定 4. 转包、违法分包行为的判定
2018	1. 招标投标中投标有效期、最高投标限价、最低投标限价、工程量清单复核、计日工表格填写的相关规定 2. 投标中综合单价的确定 3. 投标和评标中，分项工程量清单中某分项工程特征描述和图纸不符的处理 4. 投标文件中工程量清单项目未填写单价与合价的处理

续表

年份	考查内容
2017	1. 招标投标中投标有效期、投标报价、投标人业绩要求、综合单价的约定、质量保证金的相关规定 2. 投标文件撤回的时间限制、程序要求 3. 投标文件中暂列金额、投标报价的要求 4. 评标中有效报价的计算、投标人得分计算
2016	1. 招标投标中现场踏勘、招标文件异议、自主报价、清标活动、招标控制价的相关规定 2. 视为相互串通投标的行为 3. 招标文件中暂估价的填写规则 4. 评标过程中对评标委员会的要求
2015	1. 招标投标中投标人要求，招标保证金、履约保证金的相关规定 2. 合同条款、评标办法、清单漏项、最高投标报价的相关规定

模块一 典型真题精讲

【2018 真题】

某依法必须公开招标的国有资金投资建设项目，采用工程量清单计价方式进行施工招标，业主委托具有相应资质的某咨询企业编制了招标文件和最高投标限价。

招标文件部分规定或内容如下：

（1）投标有效期自投标人递交投标文件时开始计算。

（2）评标方法采用经评审的最低投标价法：招标人将在开标后公布可接受的项目最低投标报价或最低投标报价测算方法。

（3）投标人应当对招标人提供的工程量清单进行复核。

（4）招标工程量清单中给出的“计日工表（局部）”见表 4-1-1。

表 4-1-1 计日工表

工程名称：×××× 标段：×××× 第×页共×页

编号	项目名称	单位	暂定数量	实际数量	综合单价/元	合价/元	
						暂定	实际
一	人工						
1	建筑与装饰工程普工	工日	1		120		
2	混凝土工、抹灰工、砌筑工	工日	1		160		
3	木工、模板工	工日	1		180		
4	钢筋工、架子工	工日	1		170		
人工小计							
二	材料						
…	…	…	…				

在编制最高投标限价时，由于某分项工程使用了一种新型材料，定额及造价信息均无该材料消耗量和价格的信息。编制人员按照理论计算法计算了材料净用量，并以此净用量乘以向材料生产厂家询价确认的材料出厂价格，得到该分项工程综合单价中新型材料的材料费。

在投标和评标的过程中，发生了下列事件：

事件 1：投标人 A 发现分部分项工程量清单中某分项工程特征描述和图纸不符。

事件 2：投标人 B 的投标文件中，有一工程量较大的分部分项工程量清单项目未填写单价与合价。

【问题】

1. 分别指出招标文件中（1）～（4）项的规定或内容是否妥当？并说明理由。

2. 编制最高投标限价时，编制人员确定综合单价中新型材料费的方法是否正确？并说明理由。

3. 针对事件 1，投标人 A 应如何处理？

4. 针对事件 2，评标委员会是否可以否决投标人 B 的投标？并说明理由。

➢ **真题精讲**

【问题 1 · 解题思路】

问题 1 考核的核心知识点是投标有效期、最高投标限价的规定、复核工程量、清单表格填写要求。根据相关法律法规、规范标准对背景中的内容进行判断、分析。解题思路如下：

☑ 投标有效期	投标有效期应从提交投标文件的截止之日起计算
☑ 投标限价	根据《招标投标法实施条例》的规定： （1）最高投标限价：招标人设有最高投标限价的，应当在招标文件中明确最高投标限价或者最高投标限价的计算方法 （2）最低投标限价：投标人不得规定最低投标限价
☑ 复核工程量	工程量清单作为招标文件的组成部分，是由招标人提供的。工程量的大小是投标报价最直接的依据。复核工程量的准确程度，将影响承包商的经营行为：一是根据复核后的工程量与招标文件提供的工程量之间的差距，从而考虑相应的投标策略，决定报价尺度；二是根据工程量的大小采取合适的施工方法，选择适用、经济的施工机具设备、投入使用相应的劳动力数量等
☑ 计日工表的填写要求	此表项目名称、暂定数量由招标人填写，编制招标控制价时，单价由招标人按有关计价规定确定；投标时，单价由投标人自主报价，按暂定数量计算合价计入投标总价中。结算时，按发承包双方确认的实际数量计算合价

思路拓展

1. 标底≠最低投标限价

招标人可以自行决定是否编制标底，一个招标项目只能有一个标底，标底必须保密。招标人不得规定最低投标限价。

2. 其他项目清单的填写

（1）材料（工程设备）暂估单价计入清单项目综合单价，此处不汇总。

（2）暂列金额由招标人填写，如不能详列，也可只列暂列金额总额，投标人应将上述暂列金额计入投标总价中。

（3）材料暂估单价由招标人填写，并在备注栏说明暂估价的材料、工程设备拟用在哪些清单项目上，投标人应将上述材料、工程设备暂估价计入工程量清单综合单价报价中。专业工程暂估价由招标人填写，投标人应将“暂估金额”计入投标总价中。结算时按合同约定结算金额填写。

（4）总承包服务费项目名称、服务内容由招标人填写，编制招标控制价时，费率及金额由招标人按有关计价规定确定；投标时，费率及金额由投标人自主报价，计入投标总价中。

参考答案

招标文件中的（1）项内容“投标有效期自投标人递交投标文件时开始计算”不妥。

理由：投标有效期应从提交投标文件的截止之日起计算。

招标文件中的（2）项内容“招标人将在开标后公布可接受的项目最低投标报价或最低投标报价测算方法”不妥。

理由：招标人设有最高投标限价的，应当在招标文明中明确最高投标限价或者最高投标限价的计算方法，招标人不得规定最低投标限价。

招标文件中的（3）项内容“投标人应当对招标人提供的工程量清单进行复核”妥当。

理由：工程量清单作为招标文件的组成部分，是由招标人提供的，工程量的大小是投标报价最直接的依据。复核工程量的准确程度，将影响承包商的经营行为。投标人复核工程量可以根据复核后的工程量与招标文件提供的工程量之间的差距，考虑相应的投标策略，决定报价尺度；根据工程量的大小采取合适的施工方法。选择适用、经济的施工机具设备、投入使用相应的劳动力数量等。

招标文件中的（4）项内容“计日工表格中综合单价由招标人填写”不妥。

理由：招标工程量清单中的计日工表，综合单价应由投标人自主报价，按暂定数量计算合价计入投标总价中。结算时，按发承包双方确认的实际数量计算合价。本题是招标工程量清单，不是招标控制价的编制，所以不应该由招标人填写。

【问题 2 · 解题思路】

问题 2 考核的核心知识点是材料消耗量、材料单价的计算。解题思路如下：

☑ 材料消耗量	材料消耗量=净用量+损耗量=净用量×（1+损耗率）
☑ 材料单价	材料单价={（供应价格+运杂费）+[1+运输损耗率（%）]}×[1+采购及保管费率（%）]

参考答案

编制最高投标限价时，编制人员确定综合单价中新型材料的材料费方法不正确。

理由：编制人员按照理论计算法计算了材料净用量后，还应根据施工方法确定损耗率（损耗量），用材料净用量加上损耗量，从而确定材料的消耗量。在向材料生产厂家询价确认材料出厂价格后，还应考虑运杂费、运输损耗、采购及仓库保管费等费用，从而确定材料单价。应以分项工程中清单项目单位工程量中的材料消耗量乘以按上述方法确定的材料单价得到此分项工程的综合单价中新型材料的材料费。

【问题 3 · 解题思路】

问题 3 考核的核心知识点是招标文件的澄清、综合单价的确定。解题思路如下：

☑ 招标文件的澄清	投标人应仔细阅读和检查招标文件的全部内容。如发现缺页或附件不全，应及时向招标人提出，以便补齐。如有疑问，应在规定的时间前以书面形式（包括信函、电报、传真等可以有形地表现所载内容的形式），要求招标人对招标文件予以澄清
☑ 综合单价的确定	1. 项目特征是确定综合单价的重要依据之一，投标人投标报价时应依据招标文件中清单项目的特征描述确定综合单价 2. 在招标投标过程中，当出现招标工程量清单特征描述与设计图纸不符时，投标人应以招标工程量清单的项目特征描述为准，确定投标报价的综合单价 3. 当施工中施工图纸或设计变更与招标工程量清单项目特征描述不一致时，发承包双方应按实际施工的项目特征，依据合同约定重新确定综合单价

思路拓展

招标文件的澄清要求：

（1）招标文件的澄清将在规定的投标截止时间 15d 前以书面形式发给所有购买招标文件的投标人，但不指明澄清问题的来源。如果澄清发出的时间距投标截止时间不足 15d，相应推迟投标截止时间。

（2）投标人在收到澄清后，应在规定的时间内以书面形式通知招标人，确认已收到该澄清。

参考答案

针对事件 1，投标人 A 可以在规定的时间内向招标人书面提出质疑，要求招标人澄清，按澄清后的内容确定投标报价的综合单价，或直接以招标工程量清单的特征描述为准，确定投标报价的综合单价。

【问题 4 · 解题思路】

问题 4 考核的核心知识点是否决投标的情形。解题思路如下：

☑建设工程工程量清单计价规范（GB 50500—2013）	招标工程量清单与计价表中列明的所有需要填写单价和合价的项目，投标人均应填写且只允许有一个报价。未填写单价和合价的项目，可视为此项目费用已包含在已标价工程量清单其他项目的单价和合价之中

参考答案

针对事件 2，评标委员会不可否决投标人 B 的投标。

理由：投标人 B 的投标文件中有一工程量较大的分部分项工程量清单项目未填写单价与合价，应视为此部分工程不涉及工程费用的发生或此部分工程费用已经含在其他项目的报价中。

【2017 真题】

国有资金投资依法必须公开招标的某建设项目，采用工程量清单计价方式进行施工招标，招标控制价为 3568 万元，其中暂列金额 280 万元，招标文件中规定：

（1）投标有效期 90 天，投标保证金有效期与其一致。

（2）投标报价不得低于企业平均成本。

（3）近 3 年施工完成或在建的合同价超过 2000 万元的类似工程项目不少于 3 个。

（4）合同履行期间，综合单价在任何市场波动和政策变化下均不得调整。

（5）缺陷责任期为 3 年，期满后退还预留的质量保证金。

投标过程中，投标人 F 在开标前 1 小时口头告知招标人，撤回了已提交的投标文件，要求招标人 3 日内退还其投标保证金。

除投标人 F 外，还有 A、B、C、D、E 五个投标人参加了投标，其总报价（万元）分别为：3489、3470、3358、3209、3542。评标过程中，投标委员会发现投标人 B 的暂列金额按 260 万元计取，且对招标清单中的材料暂估单价均下调 5%后计入报价；发现投标人 E 报价中混凝土梁的综合单价为 700 元/m^3，招标清单工程量为 520m^3，合价为 36400 元。其他投标人的投标文件均符合要求。

招标文件中规定的评分标准如下：商务标中的总报价评分占 60 分，有效报价的算术平均数为评标基准价，报价等于评标基准价者得满分（60 分），在此基础上，报价比评标基准价每下降 1%，扣 1 分；每上升 1%，扣 2 分。

【问题】

1. 请逐一分析招标文件中规定的（1）～（5）项内容是否妥当，并对不妥之处分别说明理由。

2. 请指出投标人 F 行为的不妥之处，并说明理由。

3. 针对投标人 B、投标人 E 的报价，评标委员会应如何处理？并说明理由。

4. 计算各有效报价投标人的总报价得分。（计算结果保留两位小数）

真题精讲

【问题 1 · 解题思路】

问题 1 考核的核心知识点是投标有效期与投标保证金有效期、投标报价的编制、工程业绩的要求、综合单价的调整、缺陷责任期的约定。解题思路如下：

☑投标有效期与投标保证金有效期	1. 投标有效期 投标有效期从投标截止时间起开始计算，主要用作组织评标委员会评标、招标人定标、发出中标通知书，以及签订合同等工作，一般考虑以下几个因素： （1）组织评标委员会完成评标需要的时间 （2）确定中标人需要的时间 （3）签订合同需要的时间 一般项目投标有效期为60～90d 2. 投标保证金有效期 投标保证金的有效期应与投标有效期保持一致

☑ 投标报价编制原则	1. 投标报价由投标人自主确定 2. 投标人的投标报价不得低于工程成本 3. 风险分担原则。投标报价要以招标文件中设定的发承包双方责任划分，作为考虑投标报价费用项目和费用计算的基础 4. 发挥自身优势原则 5. 科学严谨原则
☑ 合理的风险的约定	1. 招标文件中要求投标人承担的风险费用，投标人应考虑进入综合单价。在施工过程中，当出现的风险内容及其范围（幅度）在招标文件规定的范围（幅度）内时，综合单价不得变动，合同价款不作调整 2. 对于主要由市场价格波动导致的价格风险，如工程造价中的建筑材料、燃料等价格风险，发承包双方应当在招标文件中或在合同中对此类风险的范围和幅度予以明确约定，进行合理分摊。根据工程特点和工期要求，一般采取的方式是承包人承担5%以内的材料、工程设备价格风险，10%以内的施工机具使用费风险
☑ 缺陷责任期的期限	1. 缺陷责任期从工程通过竣工验收之日起计。由于承包人原因导致工程无法按规定期限进行竣工验收的，缺陷责任期从实际通过竣工验收之日起计。由于发包人原因导致工程无法按规定期限进行竣工验收的，在承包人提交竣工验收报告90天后，工程自动进入缺陷责任期 2. 缺陷责任期一般为1年，最长不超过2年，由发、承包双方在合同中约定
☑ 质量保证金的返还	缺陷责任期内，承包人认真履行合同约定的责任，到期后，承包人向发包人申请返还质量保证金

思路拓展

1. 投标保证金

除现金外，投标保证金可以是银行出具的银行保函、保兑支票、银行汇票或现金支票。投标保证金的数额不得超过项目估算价的 2%（《中华人民共和国招标投标法实施条例》规定），具体标准可遵照各行业规定。

2. 质量保证金

质量保证金总额预留比例不得高于工程价款结算总额的 3%。

在工程项目竣工前，已经缴纳履约保证金的，发包人不得同时预留工程质量保证金。

3. 合理的风险的约定

对于法律、法规、规章或有关政策出台导致工程税金、规费、人工费发生变化，并由省级、行业建设行政主管部门或其授权的工程造价管理机构根据上述变化发布的政策性调整，以及由政府定价或政府指导价管理的原材料等价格进行了调整，承包人不应承担此类风险，应按照有关调整规定执行。

对于承包人根据自身技术水平、管理、经营状况能够自主控制的风险，如承包人的管理费、利润的风险，承包人应结合市场情况，根据企业自身的实际合理确定、自主报价，该部分风险由承包人全部承担。

参考答案

招标文件中的（1）项内容“投标有效期 90 天，投标保证金有效期与其一致”妥当。

招标文件中的（2）项内容“投标报价不得低于企业平均成本”不妥。

理由：投标报价不得低于成本价，并不是低于企业的平均成本。

招标文件中的（3）项内容“近 3 年施工完成或在建的合同价超过 2000 万元的类似工程项目不少于 3 个”妥当。

招标文件中的（4）项内容“合同履行期间，综合单价在任何市场波动和政策变化下均不得调整”不妥。

理由：对于主要由市场价格波动导致的价格风险，发承包双方应在招标文件中或在合同中对此类风险的范围和幅度予以明确约定，进行合理分摊。法律、法规等政策性变化，由发包人承担，承包人不应承担此类风险。

招标文件中的（5）项内容“缺陷责任期为3年，期满后退还预留的质量保证金”不妥。

理由：缺陷责任期一般为半年或1年，最长不超过2年。招标文件中规定3年不妥。

【问题2·解题思路】

问题2考核的核心知识点是投标程序中的相关要求。解题思路如下：

☑ 投标文件的修改与撤回	在规定的投标截止时间前，投标人可以修改或撤回已递交的投标文件，但应以书面形式通知招标人。在招标文件规定的投标有效期内，投标人不得要求撤销或修改其投标文件
☑ 投标规定	1. 投标人撤回已提交的投标文件，应当在投标截止时间前书面通知招标人。招标人已收取投标保证金的，应当自收到投标人书面撤回通知之日起5日内退还 2. 投标截止后投标人撤销投标文件的，招标人可以不退还投标保证金

思路拓展

1. 投标保证金退还相关规定

中标人无正当理由拒签合同的，招标人取消其中标资格，其投标保证金不予退还；给招标人造成的损失超过投标保证金数额的，中标人还应当对超过部分予以赔偿。

发出中标通知书后，招标人无正当理由拒签合同的，招标人向中标人退还投标保证金；给中标人造成损失的，还应当赔偿损失。

招标人最迟应当在与中标人签订合同后5d内，向中标人和未中标的投标人退还投标保证金及银行同期存款利息。

2. 投标保证金不予返还的情况

（1）投标人在规定的投标有效期内撤销或修改其投标文件。

（2）中标人在收到中标通知书后，无正当理由拒签合同协议书或未按招标文件规定提交履约担保。

参考答案

投标人F行为的不妥之处：

(1)“投标人F在开标前1小时口头告知招标人”不妥。

理由：投标人撤回已提交的投标文件，应当在投标截止时间前书面通知招标人。

(2)“要求招标人3日内退还其投标保证金”不妥。

理由：投标人撤回已提交的投标文件，应当在投标截止时间前书面通知招标人。招标人已收取投标保证金的，应当自收到投标人书面撤回通知之日起5日内退还。

【问题3·解题思路】

问题3考核的核心知识点是投标文件中清单填写要求、报价有算术错误的修正。解题思路如下：

☑ 投标报价中其他项目清单的编制	1. 暂列金额应按照招标人提供的其他项目清单中列出的金额填写，不得变动 2. 暂估价不得变动和更改 3. 计日工应按照招标人提供的其他项目清单列出的项目和估算的数量，自主确定各项综合单价并计算费用 4. 总承包服务费应根据招标人在招标文件中列出的分包专业工程内容和供应材料、设备情况，按照招标人提出的协调、配合与服务要求和施工现场管理需要自主确定
☑ 报价有算术错误的修正	投标报价有算术错误的，评标委员会按以下原则对投标报价进行修正，修正的价格经投标人书面确认后具有约束力。投标人不接受修正价格的，其投标被否决。 (1) 投标文件中的大写金额与小写金额不一致的，以大写金额为准 (2) 总价金额与依据单价计算出的结果不一致的，以单价金额为准修正总价，但单价金额小数点有明显错误的除外

参考答案

(1) 针对投标人 B 的报价，评标委员会应作废标处理。

理由：因为投标人应按照招标人提供的暂列金额、暂估价进行投标报价，不得变动和更改。投标人 B 的投标报价中，暂列金额、材料暂估价没有按照招标文件的要求填写，未在实质上响应招标文件，故应作为废标处理。

(2) 针对投标人 E 的报价，评标委员会应作废标处理。

理由：投标人 E 的混凝土梁的报价中，单价与总价不符，评标委员会应以单价金额为准修正总价，并请投标单位确认。修正后混凝土梁的总价为 700×520/10000＝36.4（万元），则投标人 E 经修正后的报价＝3542＋（36.4－3.64）＝3574.76（万元），高于招标控制价 3568 万元，故应作废标处理。

【问题 4·解题思路】

问题 4 考核根据题目条件计算投标总报价的分数。此类题目主要依据题目条件计算，注意细心、认真。

参考答案

有效投标共 3 家单位：分别为投标人 A（3489 万元）、投标人 C（3358 万元）、投标人 D（3209 万元）。

有效报价的算数平均数＝（3489＋3358＋3209）/3＝3352（万元）。

投标人 A 总报价得分：

(3489－3352) /3352＝4.09%；

60－ (4.09%/1%) ×2＝51.82（分）。

投标人 C 总报价得分：

(3358－3352) /3352＝0.18%；

60－ (0.18%/1%) ×2＝59.64（分）。

投标人 D 总报价得分：

(3209－3352) /3352＝－4.27%；

60－［－4.27%/（－1%）］×1＝55.73（分）。

模块二　精选章节习题

【第一题】

某招标项目招标控制价 210 万元，2017 年 10 月 25 日 13 时开始发售招标文件。投标须知前附表部分内容见表 4-2-1。

表 4-2-1　投标须知前附表

编号	条款名称	编制内容
1	计划工期	30 周
2	踏勘现场	不组织
3	分包	中标人必须将绿化工程分包给本市园林绿化公司
4	投标截止时间	2017 年 11 月 10 日 13 时
5	投标有效期	2018 年 2 月 10 日
6	投标保证金	投标保证金的形式：现金支票 投标保证金的金额：10 万元
7	近年财务状况的年份要求	3 年
8	签字或盖章要求	单位公章、法人盖章、项目经理盖章
9	开标时间	2017 年 11 月 20 日 8 时
10	评标委员会的组建	评标委员构成：7 人 其中招标代表 3 人，技术专家 3 人，经济专家 1 人
11	履约担保	履约担保的形式：银行保函 履约担保的金额：招标控制价的 10%

某施工单位决定参与该工程的投标。施工网络计划见图 4-2-1（相应的工期为 30 周，报价 200 万元）。关键工作可压缩时间及相应增加费用见表 4-2-2。

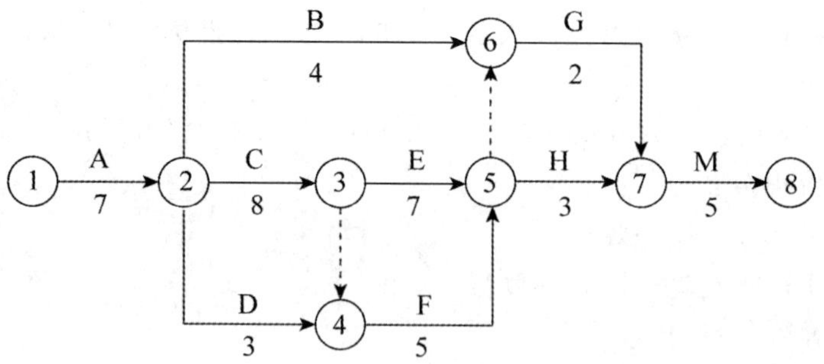

图 4-2-1　施工网络计划图

表 4-2-2　关键工作可压缩时间及相应增加费用

关键工作	A	C	E	H	M
可压缩时间/周	1	2	1	3	2
压缩 1 周增加的费用/（万元/周）	5.5	2.5	4.5	6.0	2.0

投标文件规定：评标采用“经评审的最低投标价法”，工期不得超过 30 周，施工单位自报工期在 30 周基础上，每提前 1 周，其总报价降低 4 万元作为经评审的报价。

【问题】

1. 投标须知前附表的内容有哪些不妥？为什么？

2. 为争取中标，该施工单位投标报价和工期各为多少？

3. 评标价为多少？该施工单位如果中标，签约合同价为多少？

【第二题】

某工程项目招标文件中的评标标准如下：

（1）该项目的要求工期不超过 18 个月。

（2）对各投标报价进行初步评审时，若最低报价低于有效标书的次低报价 15%及以上，视为最低报价低于其成本价。

（3）在详细评审时，对有效标书的各投标单位自报工期比要求工期每提前 1 个月给业主带来的提前投产效益按 40 万元计算。

（4）经初步评审后确定的有效标书在详细评审时，除报价外，只考虑将工期折算为货币，不再考虑其他评审要素。

投标单位的投标情况如下：A、B、C、D、E 五家投标单位均在招标文件规定的投标截止时间前提交了投标文件。在开标会议上招标人宣读了各投标文件的主要内容，见表 4-2-3。

表 4-2-3 各投标文件主要内容汇总表

投标人	基础工程		结构工程		装修工程		结构工程与装修工程搭接时间/月
	报价/万元	工期/月	报价/万元	工期/月	报价/万元	工期/月	
A	420	4	1000	10	800	6	0
B	390	3	1080	9	960	6	2
C	420	3	1100	10	1000	5	3
D	480	4	1040	9	1000	5	1
E	380	4	800	10	800	6	2

【问题】

1. 通过评审各投标人的自报工期和标价，判别投标文件是否有效？

2. 若不考虑资金的时间价值，仅考虑工期提前给业主带来效益，确定各投标人的综合报价（评审价）并从低到高进行排列。

【第三题】

某开发商开发的某大型小区工程，分为两期进行。某承包企业管理层拟投标一期商住楼工程施工（工期为 18 个月），为了有序进行投标工作，企业管理层将投标全过程按先后顺序确定为以下工作：①投标报名申请；②接受资格审查；③参加现场踏勘；④领取招标文件；⑤编制投标文件；⑥参加投标预备会；⑦投送投标文件；⑧编制项目管理实施规划；⑨参加开标会议；⑩递交投标保证金；⑪投标文件内容澄清与陈述；⑫接收中标通知；⑬签订合同。

经研究提出投高标和投低标两种方案。根据前期调研，获得的投标决策资料如下：

（1）投高标的中标概率为 0.5，如果中标，施工期内每月工程收入的净现金流量 90 万元。

（2）投低标的中标概率为 0.7，如果中标，施工期内每月工程收入的净现金流量 80 万元。

（3）一期商住楼工程投标的全部费用为 15 万元。

【问题】

1. 该承包企业管理层确定的各项投标工作的先后顺序有何不妥?

2. 试绘制投标决策树。

3. 如果月利率为1%,列式计算各机会点的损益期望值,并做出投标决策。(计算结果保留两位小数)

【第四题】

某国有资金投资的大型建设项目,建设单位采用工程量清单计价、公开招标的方式进行施工招标。建设单位委托具有相应资质的招标代理机构编制了招标文件,招标文件包括如下规定:

(1)招标人设有最高投标限价和最低投标限价,高于最高投标限价低于最低投标限价的投标报价均按废标处理。

(2)投标人应对工程量清单进行复核,招标人不对工程量清单的准确性和完整性负责。

(3)招标人将在投标截止日后的90日完成评标和公布中标候选人工作。

投标和评标过程中发生如下事件:

事件1:投标人A对工程量清单中某分项工程工程量的准确性有异议,并于投标截止时间15日前向招标人书面提出了澄清申请。

事件2:投标人B在投标截止时间前10分钟以书面形式通知招标人撤回已递交的投标文件,并要求招标人5日内退还已递交的投标保证金。

事件3:在评标过程中,投标人D主动对自己的投标文件向评标委员会提出了书面澄清、说明。

事件4:在评标过程中,评标委员会发现投标人E和投标人F的投标文件中载明的项目管理成员中有一人为同一人。

【问题】

1. 招标文件中,除了投标人须知、图纸、技术标准和要求、投标文件格式,还包括哪些内容?

2. 分析招标代理机构编制的招标文件中(1)~(3)项规定是否妥当?并说明理由。

3. 针对事件1和事件2,招标人应如何处理?

4. 针对事件3和事件4,评标委员会应如何处理?

【第五题】

某国有资金投资的某重点工程项目计划于2013年8月8日开工,招标人拟采用公开招标方式进行项目施工招标,并委托某具有招标代理和造价咨询资质的招标代理机构编制该项目的标底和最低投标限价。该机构还接受了该项目投标人D的投标文件的编制。招标过程中发生了以下事件:

事件1:2013年2月8日,已通过资格预审的A、B、C、D、E 5家施工承包商拟参与该项目的投标,招标人规定2月20日~2月23日为招标文件发售时间。3月6日下午4时为投标截止时间。投标有效期自投标文件发售时间起算,总计60天。

事件2:考虑该项目的估算价格为10000万元,所以投标保证金统一定为200万元,其有效期从递交投标文件时间起算,总计60天。

事件3:评标委员会成员由7人组成,其中当地招标监督管理办公室1人、公证处1人、招标人1人、技术经济方面专家4人。评标时发现投标人E投标文件虽无法定代表人签字和委托人授权书，但投标文件均已有项目经理签字并加盖了单位公章。评标委员会于5月28日提出了书面评标报告。投标人C、A分列综合得分第一、第二名。

事件4：5月30日招标人向投标人C发出了中标通知书，6月2日投标人C收到中标通知书，双方于7月1日签订了书面合同。7月15日，招标人向其他未中标人退回了投标保证金。

【问题】

1. 该项目招标人和招标代理机构有何不妥之处？并说明理由。
2. 请指出事件1的不妥之处，并说明理由。
3. 请指出事件2的不妥之处，并说明理由。
4. 请指出事件3的不妥之处，并说明理由。
5. 请指出事件4的不妥之处，并说明理由。

››› 解析与点拨 ‹‹‹

【第一题】

问题1：

投标须知前附表内容不妥之处有：

(1)“中标人必须将绿化工程分包给本市园林绿化公司”不妥。

理由：招标人不得指定分包人。

(2)“投标截止时间为2017年11月10日13时”不妥。

理由：根据《招标投标法实施条例》，从出售招标文件到投标截止日期的时间不得少于20日，而2017年10月25日～2017月11月10日共17天。

(3)“投标保证金的金额：10万元”不妥。

理由：根据《招标投标法实施条例》，投标保证金的金额不应超过项目估算价的2%。

(4)“签字或盖章要求：单位公章、法人盖章、项目经理盖章”不妥。

理由：投标文件不需要项目经理盖章。

(5)“开标时间为2017年11月20日8时”不妥。

理由：开标时间应与投标截止时间相同。

(6)“评标委员构成：7人，其中招标代表3人，技术专家3人，经济专家1人”不妥。

理由：评标委员会中的技术经济专家不应少于2/3，即至少5人。

(7)“履约担保的金额：招标控制价的10%”不妥。

理由：履约担保应不超过中标合同价的10%。

【点拨】 本题考查知识点：招标文件出售时间、投标保证金、投标文件的要求，评标委员会的构成。

问题2：

为争取中标，该施工单位应压缩工作C、M。

工期＝30－2－2＝26（周）。

报价＝200＋2.5×2＋2×2＝209（万元）。

【点拨】 本题考查知识点：工期压缩、报价的计算。

问题3：

评标价＝209－4×4＝193（万元）；签约合同价＝209万元。

【点拨】 本题考查知识点：评标价的计算，评标价与签约合同价的区分。

【第二题】

问题1：

(1) 投标人A：工期=4+10+6=20（月），报价=420+1000+800=2220（万元）；因工期超过18个月，投标文件无效。

(2) 投标人B：工期=3+9+6−2=16（月），报价=390+1080+960=2430（万元）；投标文件有效。

(3) 投标人C：工期=3+10+5−3=15（月），报价=420+1100+1000=2520（万元）；投标文件有效。

(4) 投标人D：工期=4+9+5−1=17（月），报价=480+1040+1000=2520（万元）；投标文件有效。

(5) 投标人E：工期=4+10+6−2=18（月），报价=380+800+800=1980（万元）；

投标人E的报价最低，投标人B的报价次低，两者之差百分率=（2430−1980）/2430≈18.5%>15%，视为最低报价低于成本价；投标文件无效。

【点拨】本题考查知识点：工期、投标报价的计算。

问题2：

各投标人的综合报价：

(1) 投标人B：2430−（18−16）×40=2350（万元）。

(2) 投标人C：2520−（18−15）×40=2400（万元）。

(3) 投标人D：2520−（18−17）×40=2480（万元）。

综上，第一中标候选人为投标人B；第二中标候选人为投标人C。

【点拨】本题考查知识点：综合报价的计算。

【第三题】

问题1：

各投标工作的先后顺序不妥之处有：

(1) 参加现场踏勘时间不妥，应在领取招标文件之后。

(2) 编制投标文件时间不妥，应在参加投标预备会之后。

(3) 编制项目管理实施规划时间不妥，应在签订合同之后（或编制项目管理实施规划不是投标工作内容）。

(4) 递交投标保证金时间不妥，应在递交投标文件同时或投标截止时间之前。

【点拨】本题考查知识点：招标投标程序的规定。

问题2：

绘制决策树，见图4-2-2。

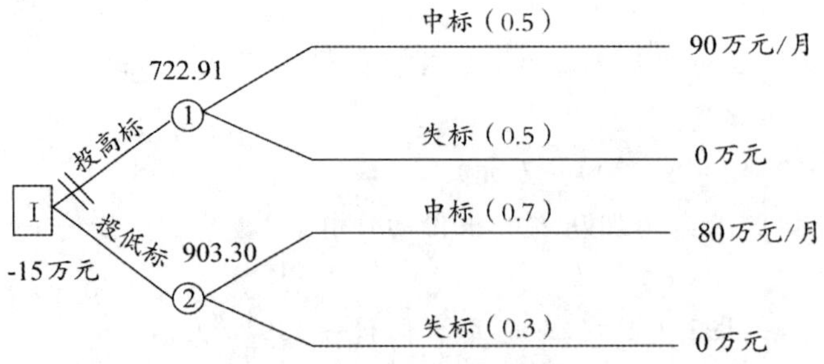

图4-2-2　决策树

【点拨】本题考查知识点：决策树的绘制。

问题3：

机会点①：

期望值 $=90\times(P/A, 1\%, 18)\times0.5+0\times0.5-15$

$=90\times\{[(1+1\%)^{18}-1]/[1\%\times(1+1\%)^{18}]\}\times0.5+0\times0.5-15$

$=722.92$（万元）。

机会点②：

期望值 $=80\times(P/A, 1\%, 18)\times0.7+0\times0.3-15$

$=80\times\{[(1+1\%)^{18}-1)]/[1\%\times(1+1\%)^{18}]\}\times0.7+0\times0.3-15$

$=903.30$（万元）。

因 $722.92<903.30$，所以选择投低标。

【点拨】本题考查知识点：期望值的计算。

【第四题】

问题1：

招标文件的内容还有招标公告（或投标邀请书）、评标办法、合同条款及格式、工程量清单、规定的其他资料。

【点拨】本题考查知识点：招标文件包含的内容。

问题2：

招标文件的规定（1）中“招标人设有最高投标限价，高于最高投标限价的投标报价按废标处理”妥当。

理由：因为国有资金投资的建设工程招标，招标人必须编制招标控制价。

招标文件的规定（1）中“招标人设有最低投标限价，低于最低投标限价的投标报价按废标处理”不妥。

理由：不应规定最低投标限价，而限制竞争。

招标文件的规定（2）中“投标人应对工程量清单进行复核”妥当。

理由：投标人复核招标人提供的工程量清单的准确性和完整性是投标人科学投标的基础。

招标文件的规定（2）中“招标人不对工程量清单的准确性和完整性负责”不妥。

因为招标工程量清单必须作为招标文件的组成部分，其准确性和完整性应由招标人负责。

招标文件的规定（3）中“招标人将在投标截止日后的90日完成评标和公布中标候选人工作”妥当。

理由：因为一般项目投标有效期为60～90天。应在投标有效期内完成签订合同等工作。投标截止日后的90日完成评标和公布中标候选人工作，可以在剩余时间内完成合同谈判和签订合同工作。

【点拨】本题考查知识点：最高投标限价的设置、工程量复核、投标有效期的规定。

问题3：

（1）针对事件1，招标人应接收投标人A书面提出的澄清申请，并对工程量进行核实，如果没有误差，应书面通知所有潜在投标人。如果经核实工程量有误差，招标人应当在投标截止时间至少15日前，以书面形式通知所有获取招标文件的潜在投标人，修改工程量清单。不足15日的，招标人应当顺延提交资格预审申请文件或者投标文件的截止时间。

（2）针对事件2，招标人应接收投标人B要求撤回已递交的投标文件的书面文件，招标人应当自收到投标人书面撤回通知之日起5日内退还已递交的投标保证金。

【点拨】本题考查知识点：招标文件的澄清、投标保证金的退还。

问题4：

(1) 对于事件3，在评标过程中，评标委员会不接受投标人主动书面澄清、说明，故应拒绝接受投标人D的书面澄清文件。

(2) 对于事件4，评标委员会应将投标人E和投标人F视为相互串通投标，投标人E和投标人F投标行为无效（评标委员会应将投标人E和投标人F的投标文件作为废标处理）。

【点拨】本题考查知识点：投标文件的澄清、相互串通投标的情形。

【第五题】

问题1：

(1) 该项目招标人委托某具有招标代理和造价咨询资质的招标代理机构编制该项目的最低投标限价的做法不妥。

理由：因为按照有关规定，招标人不得规定最低投标限价。

(2) 该项目招标代理机构接受了该项目投标人D投标文件的编制的做法不妥。

理由：因为按照有关规定，接受委托编制标底的中介机构不得参加编制标底项目的投标，也不得为该项目的投标人编制投标文件或者提供咨询。

【点拨】本题考查知识点：最低投标报价、投标资格要求。

问题2：

事件1存在的不妥之处有以下几个方面：

(1) 2月20日～2月23日为招标文件发售时间不妥。

理由：按照有关规定，资格预审文件或招标文件的发售期不得少于5天。

(2) 3月6日下午4时为投标截止时间的做法不妥。

理由：按照有关规定，依法必须进行招标的项目，自招标文件开始发出之日起至投标人提交投标文件截止之日止，最短不得少于20天。

(3) 投标有效期自投标文件发售时间算起总计60天的做法不妥。

理由：按照有关规定，投标有效期应从递交投标文件的截止之日起算。

【点拨】本题考查知识点：发售招标文件、投标截止时间的计算。

问题3：

事件2存在的不妥之处如下：

投标保证金有效期从递交投标文件时间起算，总计60天不妥。

理由：投标保证金有效期应当与投标有效期一致，从递交投标文件截止时间起算。

【点拨】本题考查知识点：投标保证金的期限。

问题4：

事件3存在的不妥之处有以下几个方面：

(1) 评标委员会成员中有当地招标投标监督管理办公室人员不妥。

理由：招标投标监督管理办公室人员不可参加评标。

(2) 评标委员会成员中有公证处人员不妥。

理由：公证处人员不可参加评标。

(3) 评标委员会成员中技术、经济等方面的专家只有4人不妥。

理由：按照规定，评标委员会中技术、经济等方面的专家不得少于成员总数的2/3，由7

人组成的评标委员会中技术、经济方面的专家必须要有5人或5人以上。

(4) 投标人E的投标文件无法定代表人签字和委托人授权书，均已有项目经理签字的做法不妥。

理由：按照有关规定，投标文件应有企业法人的签字。但如果有授权书，则此做法妥当。

【点拨】本题考查知识点：评标委员会成员、投标文件签字盖章的规定。

问题5：

事件4中存在的不妥之处有以下几个方面：

(1) 5月30日招标人向投标人C发出了中标通知书的做法不妥。

理由：按照有关规定，依法必须进行招标的项目，招标人应当在收到评标报告之日起3日内公示中标候选人，公示期不得少于3天。

(2) 双方于7月1日签订了书面合同的做法不妥。

理由：按照有关规定，招标人和中标人应当自中标通知书发出之日起30日内，按照招标文件和中标人的投标文件订立书面合同，即招标人必须在6月30日前与中标单位签订书面合同。

(3) 7月15日，招标人向其他未中标企业退回了投标保证金的做法不妥。

理由：按照有关规定，招标人最迟应当在书面合同签订后5日内向中标人和未中标的投标人退还投标保证金及银行同期存款利息。

【点拨】本题考查知识点：中标、签订合同、投标保证金的退还。

学习笔记

第五章

工程合同价款管理

（建议学习时间：**1**周）

学习计划（第7周）：

Day 1

Day 2

Day 3

Day 4

Day 5

Day 6

Day 7

扫码即听
本章导学

第五章　工程合同价款管理

知识脉络

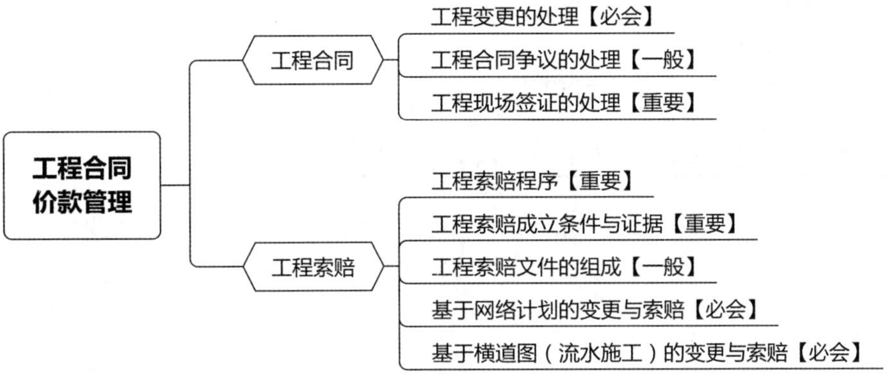

考试思路

第五章内容涉及的题目对应 2019 年考试试卷中试题三，分值为 20 分，主要考查网络图、横道图、流水施工、索赔相关内容。近年来考试中要区分建设单位责任和建设单位风险两个概念，并且涉及横道图和网络图相结合的知识点，尤其在题目背景中会隐藏几笔可以索赔的费用，从而加大了考试难度。

历年考点统计

年份	考查内容
2019	1. 综合单价的调整 2. 费用索赔、工期索赔 3. 基于双代号网络图的时间参数计算 4. 绘制横道图并计算工期
2018	1. 施工质量和检验 2. 分部分项工程费的调整 3. 费用索赔、工期索赔 4. 基于双代号网络图的工期索赔
2017	1. 不可抗力 2. 工程变更、措施项目费的调整 3. 费用索赔、工期索赔 4. 基于双代号网络图的工期索赔 5. 流水施工的工期计算

续表

年份	考查内容
2016	1. 发包人条款、施工质量和检验、工期延误 2. 平行发包模式下的多单位作业互相影响 3. 监理工作的合理性分析 4. 费用索赔、工期索赔 5. 基于双代号网络图的时间参数计算
2015	1. 不可抗力 2. 基于双代号网络图的工期索赔 3. 费用索赔、工期索赔 4. 施工质量缺陷、发包人采购设备、分包工程

模块一　典型真题精讲

【2018 真题】

某工程项目，发包人和承包人按工程量清单计价方式和《建设工程施工合同（示范文本）》（GF—2017—0201）签订了施工合同，合同工期 180 天。合同约定：措施费按分部分项工程费的 25%计取；管理费和利润为人材机费用之和的 16%，规费和税金为人材机费用、管理费与利润之和的 13%。

开工前，承包人编制并经项目监理机构批准的施工网络进度计划见图 5-1-1（单位：天）。

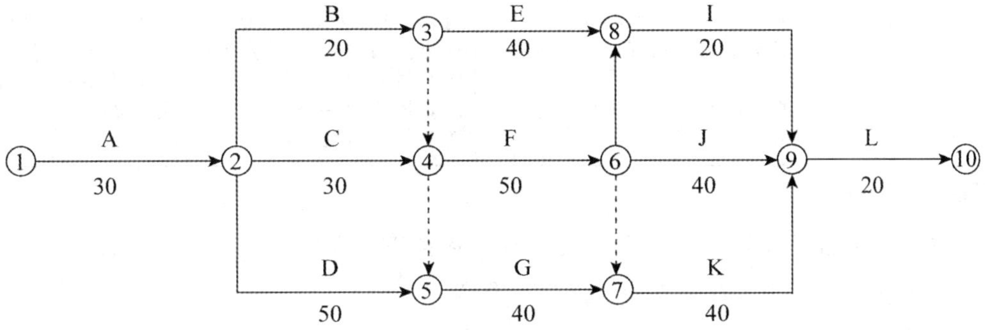

图 5-1-1　施工网络进度计划

施工过程中发生了如下事件：

事件 1：基坑开挖（工作 A）施工过程中，承包人发现基坑开挖部位有一处地勘资料中未标出的地下砖砌废井构筑物，经发包人与有关单位确认，该井内没有任何杂物，已经废弃。发包人、承包人和监理单位共同确认，废井外围尺寸为：长×宽×深＝3m×2.1m×12m，井壁厚度为 0.49m，无底，无盖，井口简易覆盖（不计覆盖物工程量），该构筑物位于基底标高以上部位，拆除不会对地基造成影响，三方签署了《现场签证单》。基坑开挖工期延长 5 天。

事件 2：发包人负责采购的部分装配式混凝土构件提前一个月运抵合同约定的施工现场，承包人会同监理单位共同清点验收后存放在施工现场。为了节约施工场地，承包人将上述构件集中堆放，由于堆放层数过多，致使下部部分构件产生裂缝。两个月后，发包人在承包人准备安装该批构件时知悉此事，遂要求承包人对构件进行检测并赔偿构件损坏的损失。承包人提出，部分构件损坏是由于发包人提前运抵现场占用施工场地所致，不同意进行检测和承担损失，而要求发包人额外增加支付两个月的构件保管费用。发包人仅同意额外增加支付一个月的保管费用。

事件 3：原设计工作 J 分项估算工程量为 400m^3，由于发包人提出新的使用功能要求，进行了设计变更。该变更增加了该分项工程量 200m^3。已知工作 J 人材机费用为 360 元/m^3，合同约定超过原估算工程量 15%以上部分综合单价调整系数为 0.9；变更前后工作 J 的施工方法和施工效率保持不变。

【问题】

1. 事件 1 中，若基坑开挖土方的综合单价为 28 元/m^3，砖砌废井拆除人材机单价 169 元/m^3（包括拆除、控制现场扬尘、清理、弃渣场内外运输）。其他计价原则按原合同约定执行，计算承包人可向发包人主张的工程索赔款。

2. 事件 2 中，分别指出承包人不同意进行检测和承担损失的做法是否正确？并说明理由。发包人只同意额外增加支付一个月的构件保管费是否正确？并说明理由。

3. 事件3中，计算承包人可以索赔的工程款为多少元？

4. 承包人可以得到的工期索赔合计为多少天？写出分析过程。

（计算结果保留两位小数）

➢ 真题精讲

【问题1·解题思路】

问题1考核的核心知识点是工程费用索赔的计算。本题要注意体积计算公式：体积＝长×宽×高。解题思路如下：

☑ 费用索赔的计算 → 基坑开挖过程中有一处地勘资料中未标出的地下砖砌废井构筑物需要拆除，事件导致承包人拆除废井所发生的费用可以向发包人提出索赔，但是因为废井所占的体积，也减少了土方开挖量 → 工程索赔中拆除废井为人材机[包括拆除（分项人材机）、控制现场扬尘（措施人材机）、清理（分项人材机）、弃渣场内外运输（分项人材机）]费用，需再计取管理费、利润、规费、税金。而挖基坑是分项工程综合单价，需要再计取措施费、规费、税金（题目中要求：合同约定措施费按分部分项工程费的25%计取，所以还要计取措施费用）

思路拓展

综合单价中包括了五笔费用分别是人工费、材料费、机械费、管理费、利润。而全费用综合单价除上述五笔费用之外还包括了规费、税金。

参考答案

由于发现砖砌废井，减少的开挖土方体积＝3×2.1×12＝75.60（m^3）。

废井拆除体积＝75.60－（3－0.49×2）×（2.1－0.49×2）×12＝48.45（m^3）。

承包人可向发包人主张的工程索赔款＝48.45×169×（1＋16%）×（1＋13%）－75.60×28×（1＋25%）×（1＋13%）＝7742.92（元）。

【问题2·解题思路】

问题2考核的核心知识点是建设工程施工合同中施工各方有关条款。本题要注意中标签约合同价中所包含的内容。解题思路如下：

☑ 判断承包人是否应该进行构件的检测和承担相应损失 ⇄ 承包人同监理人共同清点验收混凝土构件后存放在施工现场。施工方为了节约场地，将构件集中堆放，造成了下层构件产生裂缝，这是承包人的责任 → 双方签订的合同价中包括了检验试验费，所以承包人应该进行检测

☑ 判断发包人提出的额外增加费用 ⇄ 发包人提供的构件，应该由承包人清点数量并妥善保管 → 构件是提前一个月运抵施工现场，故发包人应支付一个月的构件保管费用

思路拓展

1. 发包人供应的材料和工程设备

发包人供应的材料和工程设备使用前，由承包人清点并妥善保管，保管费用由发包人承担，但已标价工程量清单或预算书已经列支或专用合同条款另有约定的除外。

2. 承包人原因造成的损失

因承包人原因发生丢失损毁的，由承包人负责赔偿。

思路拓展

3. 监理人原因造成的损失

监理人未通知承包人清点的，承包人不负责材料和设备的保管，由此导致丢失损毁的，由发包人负责。

4. 发包人供应的材料和工程设备

发包人供应的材料和工程设备使用前，由承包人负责检验，检验费用由发包人承担，不合格的不得使用。

参考答案

（1）事件2中，承包人不同意进行检测和不承担损失的做法是不正确的。

理由：承包人会同监理单位共同清点验收后存放在施工现场，构件是符合质量要求的。承包人为了节约施工场地将构件集中堆放，由于堆放层数过多，致使下部构件产生裂缝，产生裂缝的构件应用于工程中，不符合施工质量、安全等方面的要求，可能会发生安全质量事故，所以承包人应该同意进行检测。下部构件产生裂缝是由于施工方的存储不当造成的，是承包人原因导致的构件破损，所以应该承担相应的费用。

（2）发包人只同意额外增加支付一个月的构件保管费是正确的。

理由：发包人负责采购的部分装配式混凝土构件提前一个月运抵合同约定的施工现场，承包人多承担了一个月的保管费用，所以发包人应支付一个月的保管费用。

【问题3·解题思路】

问题3考核的核心知识点是费用索赔。本题要注意工程量变更超过合同约定的风险范围时，所引起的价款调整。解题思路如下：

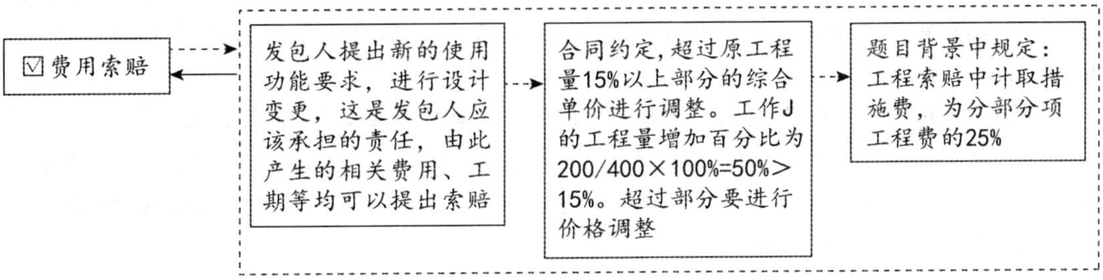

思路拓展

1. 工程量的变动率50%＞15%，按照合同约定，不超过原工程量15%的部分按照原价款计算，列式：400×15%×360。

2. 工程变更部分合同价款的确定原则：

（1）已标价工程量清单或预算书中有相同项目的，按照项目综合单价确定。

（2）已标价工程量清单或预算书中没有相同项目，但有类似项目的，参照类似项目确定。

（3）已标价工程量清单或预算书中没有相同项目，也没有类似项目的，由承包人提出新价格，发包人进行确认。

参考答案

工作J的工程量增加了200m^3，比原计划增加200/400×100%＝50%＞15%，需要调整综合单价。原综合单价为360×（1＋16%）＝417.60（元），调整后的综合单价为417.6×0.9＝375.84（元）。

工程量增加后工作J的工程款＝｛417.60×400×（1＋15%）＋375.84×［400＋200－400×（1＋15%）］｝×（1＋25%）×（1＋13%）＝345657.96（元）。

承包人可以索赔的工程款＝345657.96－417.60×400×（1＋25%）×（1＋13%）＝109713.96（元）。

【问题4·解题思路】

问题4考核的核心知识点是工期索赔。本题要注意事件导致的关键线路转移。解题思路如下：

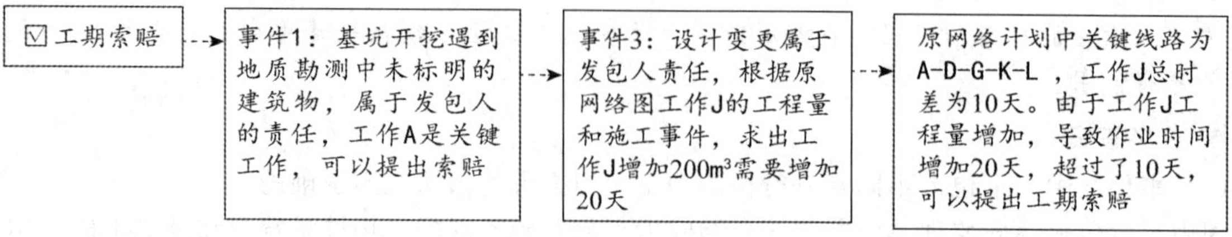

思路拓展

1. 业主方承担的风险

业主方承担的风险包括地下施工时遇到文物、化石、古墓、孤石等，施工场地区域性停电、停水等情况。

2. 业主方应承担的责任

业主方应承担的责任包括：业主方应提供的施工图纸晚于施工计划，业主方未能按时提供施工场地、监理方下发了错误指令等业主存在自身错误的情况。

参考答案

承包人可以得到的工期索赔合计为15天。分析过程如下：

事件1：基坑开挖（工作A）在关键线路上，工作A持续时间延长5天会造成总工期延长5天，而且承包人发现的废井在基坑开挖部位，地勘资料中未标出，是发包人的原因造成的，所以应该索赔工期5天。

事件3：由于变更前后工作J的施工方法和施工效率保持不变，工作J增加工作量后，增加持续时间20天［200/（400/40）］，因工作J为非关键工作，有10天的总时差，故工作J增加工期20天会造成总工期增加10天（20－10），且设计变更所导致的工期和费用增加应由发包人承担，所以可以索赔工期10天。

故，承包人共计可以索赔工期＝5＋10＝15（天）。

【2015真题】

某工业项目发包人采用工程量清单计价方式，与承包人按照《建设工程施工合同（示范文本）》签订了工程施工合同。合同约定：项目的成套生产设备由发包人采购；管理费和利润为人材机费用之和的18%，规费和税金为人材机费用与管理费和利润之和的10%；人工工资标准为80元/工日；窝工补偿标准为50元/工日，施工机械窝工闲置台班补偿标准为正常台班费的60%，人工窝工和机械窝工闲置不计取管理费和利润；工期270天，每提前或拖后一天奖励（或罚款）5000元（含税费）。承包人经发包人同意将设备与管线安装作业分包给某专业分包人，分包合同约定分包工程进度必须服从总包施工进度的安排，各项费用、费率标准约定与总承包施工合同相同。开工前，承包人编制并得到监理工程师批准的施工进度网络计划见图5-1-2，图中箭线下方括号外数字为工作持续时间（单位：天），括号内数字为每天作业班组工人数，所有工作均按最早可能时间安排作业。

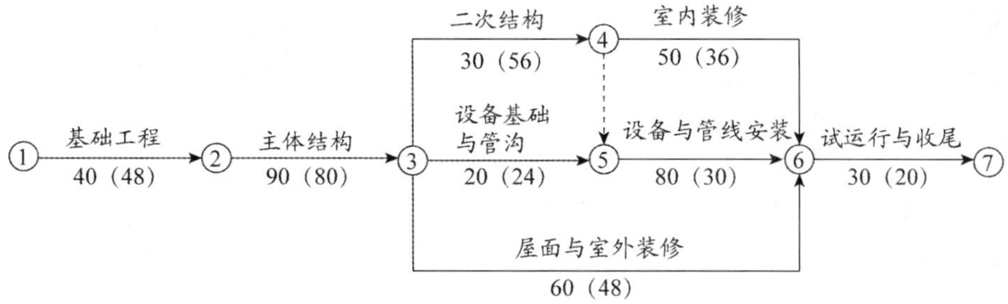

图 5-1-2 施工进度网络计划

施工中发生如下事件：

事件 1：主体结构作业 20 天后，遇到持续 2 天的特大暴风雨，造成工地堆放的承包人部分周转材料损失费用 2000 元；特大暴风雨结束后，承包人安排该作业队中 20 人修复倒塌的模板及支撑，30 人进行工程修复和场地清理，其他人在现场停工待命，修复和清理工作持续了 1 天时间。施工机械 A、B 持续窝工闲置 3 个台班（台班费分别为：1200 元/台班、900 元/台班）。

事件 2：设备基础与管沟完成后，专业分包人对其进行技术复核，发现有部分基础尺寸和地脚螺栓预留孔洞位置偏差过大。经沟通，承包人安排 10 名工人用了 6 天时间进行返工处理，发生人材机费用 1260 元，使设备基础与管沟工作持续时间增加 4 天。

事件 3：设备与管线安装作业中，因发包人采购成套生产设备的配套附件不全，专业分包人自行决定采购补全，发生采购费用 3500 元，并造成作业班组整体停工 3 天，因受干扰降效增加作业用工 60 个工日，施工机械 C 闲置 3 个台班（台班费：1600 元/台班），设备与管线安装工作持续时间增加 3 天。

事件 4：为抢工期，经监理工程师同意，承包人将试运行部分工作提前安排，和设备与管线安装搭接作业 5 天，因搭接作业相互干扰降效使费用增加 10000 元。其余各项工作的持续时间和费用没有发生变化。

上述事件后，承包人均在合同规定的时间内向发包人提出索赔，并提交了相关索赔资料。

【问题】

1. 分别说明各事件工期、费用索赔能否成立？简述其理由。

2. 各事件工期索赔分别为多少天？总工期索赔为多少天？实际工期为多少天？

3. 承包人可以得到的各事件费用索赔为多少元？总费用索赔额为多少元？工期奖励（或罚款）为多少元？

（计算结果除整数外，均保留两位小数）

➢ 真题精讲

【问题 1 · 解题思路】

问题 1 考核的核心知识点是对于索赔定性的判断。解题思路如下：

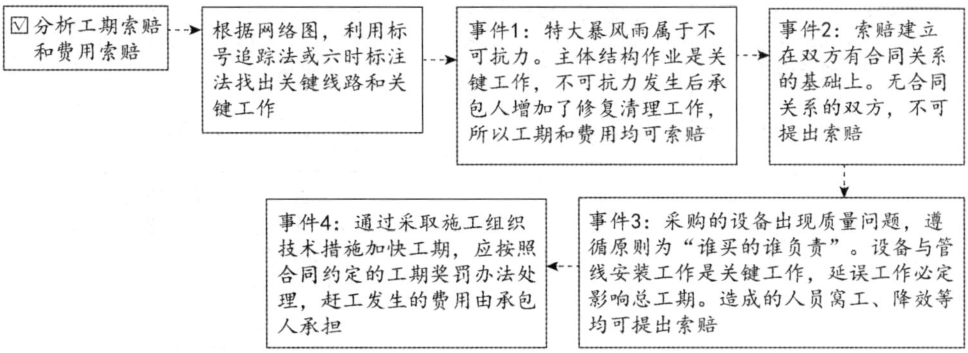

思路拓展

（1）事件1若改为在特大暴风雨结束后，发包人要求赶工以确保原工期实现，则承包人相应采取的赶工措施等费用由发包人承担。

（2）索赔应该发生在有合同关系的两个主体内。发包人与分包人未签订合同关系，所以分包人不可以向发包人提出索赔。

参考答案

（1）事件1中，工期索赔成立。

理由：主体结构作业是关键工作，并且由于不可抗力造成的工期延误及清理修复花费的时间是发包人应承担的风险和责任。

事件1中，部分周转材料损失费用，修复倒塌的模扳及支撑，清理现场时的窝工及机械闲置费用索赔不成立。

理由：不可抗力期间工地堆放的承包人部分周转材料损失及窝工闲置费用应由承包人承担。

事件1中，工程修复和场地清理工作发生的费用索赔成立。

理由：按不可抗力发生后责任的分担原则，工程修复和场地清理工作发生的费用应由业主承担。

（2）事件2中，工期和费用索赔均不能成立。

理由：施工方施工质量原因造成的延误和费用，应由承包人自己承担。

（3）事件3中，工期索赔成立。

理由：设备与管线安装作业是关键工作，且发生延误是因为发包人采购设备不全造成，属于发包人原因。

事件3中，现场施工的费用增加索赔成立。

理由：发包人原因造成的采购费用和现场施工的费用增加，应由发包人承担。

事件3中，采购费用3500元索赔不成立。

理由：专业分包人自行决定采购补全，发包人未确认。

（4）事件4中，工期和费用索赔均不成立。

理由：承包人自身原因决定增加投入加快进度，相应工期不会增加，费用增加应由承包人承担。施工单位自行赶工，工期提前，最终可以获得工期奖励。

【问题2·解题思路】

问题2考核的核心知识点是工期索赔的计算，原计划总工期、实际工期的计算和区分。解题思路如下：

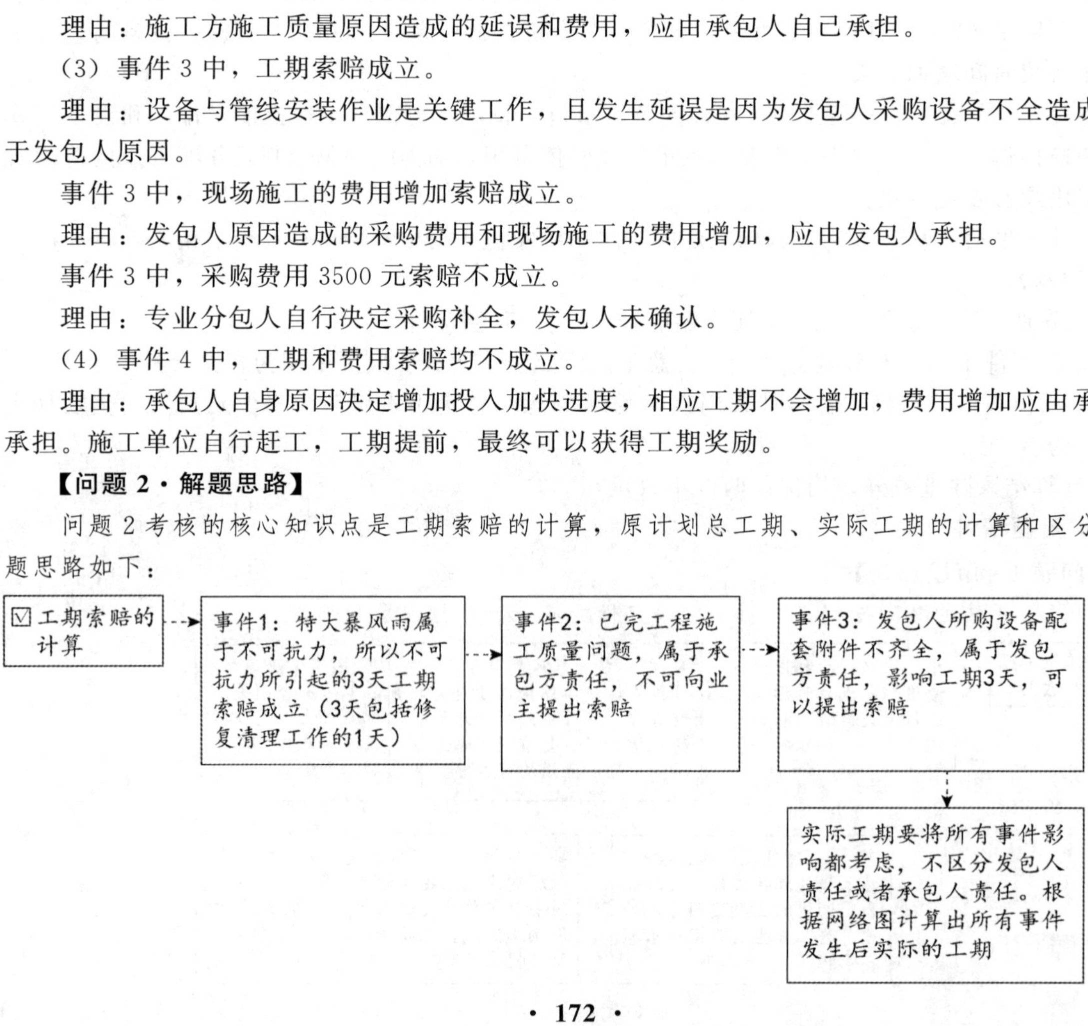

思路拓展

网络图中计算可索赔工期和最终工期步骤如下：

（1）根据原网络图计算出原工期。

（2）只考虑发包人应承担的责任或风险事件，再计算出工期，称作新工期。

（3）最后将所有事件全部考虑，重新绘制网络图，再计算出工期，就是实际工期。

（4）新工期—原工期是承包人可以向发包人提出索赔的工期天数。

（5）实际工期—新工期是最终判断是否延误工期的依据。

参考答案

（1）事件 1 索赔 3 天；事件 2 索赔 0 天；事件 3 索赔 3 天；事件 4 索赔 0 天。

（2）总工期索赔＝3＋3＝6（天）。

（3）实际工期＝40＋90＋3＋30＋80＋3＋30－5＝271（天）。

【问题 3 · 解题思路】

问题 3 考核的核心知识点是费用索赔的计算。

索赔要看合同关系，只有签约合同的双方才可以提出索赔。要仔细审题，本题背景中明确说明人员窝工和机械闲置不计取管理费、利润，但是要计取规费和税金。

☑费用索赔的计算 → 事件1：不可抗力下双方合理承担各自损失。承包人承担自己的人员窝工、伤亡和机械闲置、损毁。承包人的周转材料并未直接构成工程实体，不可索赔费用。而修复清理工作要计取管理费和利润 → 事件3：发包人造成的承包人的人员窝工、机械闲置、降效均可索赔，但是自行购买的补全零部件未经过发包人同意，不能提出索赔

思路拓展

（1）费用索赔只看是否是发包人应承担的责任或者风险。

（2）费用索赔中要注意管理费和利润的计取，根据题目背景的意思判断。

（3）未经过发包人同意的事项、自行购买的材料设备等不能提出索赔。

参考答案

（1）事件 1 费用索赔＝30×80×（1＋18%）×（1＋10%）＝3115.20（元）。

事件 3 费用索赔＝（30×3×50＋3×1600×60%）×（1＋10%）＋（60×80）×（1＋18%）×（1＋10%）＝14348.40（元）。专业分包人可以得到的费用索赔 14348.40 元，专业分包人应该向总承包单位提出索赔。

（2）总计费用索赔＝3115.20＋14348.40＝17463.60（元）。

（3）工期奖励＝（270＋6－271）×5000＝25000（元）。

模块二　精选章节习题

【第一题】

某工程项目合同工期为 20 个月，施工单位提交的施工进度计划见图 5-2-1（括号里是波形线长度），各项工作均匀速施工。合同约定，工期提前一个月业主奖励施工单位 10 万元，延误一个月罚款 10 万元。

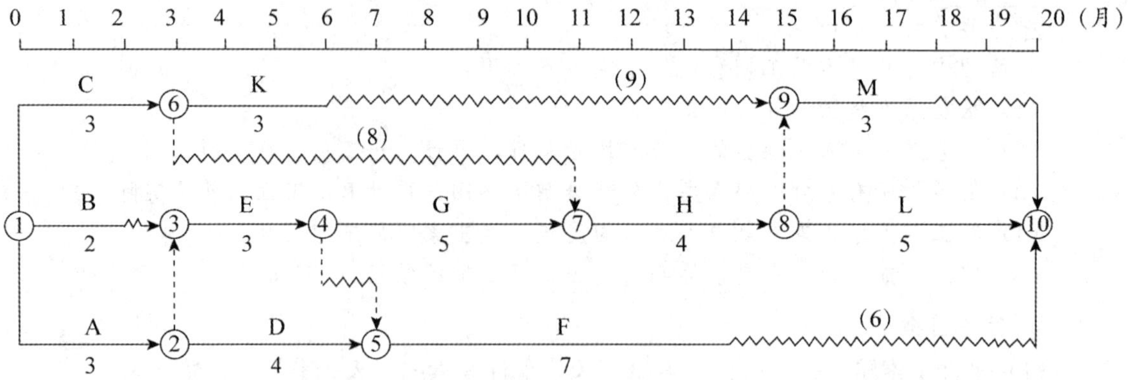

图 5-2-1 施工进度计划

为有效控制工程施工质量，工程师对各工作进行了初步风险分析，风险对项目产生的影响见表 5-2-1。

表 5-2-1 风险对项目产生的影响

工作名称	A	B	C	D	E	F	G	H	L	K	M
质量事故发生的可能性/%	6	15	3	43	50	6	8	4	66	18	3
质量事故的损失量/万元	5	80	18	45	16	70	30	90	5	60	45
质量事故使工作持续时间预计延长值/月	0.5	1	0.5	1.5	1	2	1	1	0.5	2	0.5

最后，依然采用了上图安排施工。在施工中，发生以下事件：

事件 1：工作 F 计划混凝土 $70m^3$，由于业主原因，开工前发出了变更，要求增加 $60m^3$ 的混凝土。

事件 2：开工后，工作 G 由于业主原因图纸没有到，晚开工了 3 天，工作 F 由于乙方施工机械调配问题，晚开工了 4 天。

【问题】

1. 计算该项目的质量事故损失量的期望值。

2. 图 5-2-1 中，工作 B、C、H 需要由一个专业施工队顺序施工，在不改变工艺关系又最紧凑的前提下，如何安排这三项工作最合理？合理安排工作 B、C、H 后的新进度计划与原进度计划相比，总工期是否有改变？此时该专业施工队最少的工作间断时间为多少天？关键线路包括哪些工作？

3. 工程按新进度计划实施过程中，如果工作 D、E 发生了质量事故，会影响到哪些工作？

4. 如果问题 3 中的风险事件发生，该项目的实际损失为多少？实际工期为多少？

（计算结果除整数外保留两位小数）

【第二题】

某工程合同工期为 37 天，合同价为 360 万元，采用清单计价模式下的单价合同，分部分项工程量清单项目单价、措施项目单价均采用承包商的报价，规费为人材机费和管理费与利润之和的 3.3%，税金为人材机费与管理费、利润、规费之和的 3.4%，业主草拟的部分施工合同条款内容如下：

1. 当分部分项工程量清单项目中工程量的变化幅度在 10%以上时，可以调整综合单价，不调整相关工程措施项目费用；调整方法是：由监理工程师提出新的综合单价，经业主批准后调整合同价格。

2. 安全文明施工措施费，根据分部分项工程量清单项目工程量的变化幅度按比例调整，专业工程措施费不予调整。

3. 材料实际购买价格与招标文件中列出的材料暂估价相比，变化幅度不超过 10%时，价格不予调整，超过 10%时，可以按实际价格调整。

4. 如果施工过程中发生极其恶劣的不利自然条件，工期可以顺延，损失费用均由承包商承担。

在工程开工前，承包商提交了施工进度网络计划，见图 5-2-2，并得到监理工程师的批准。

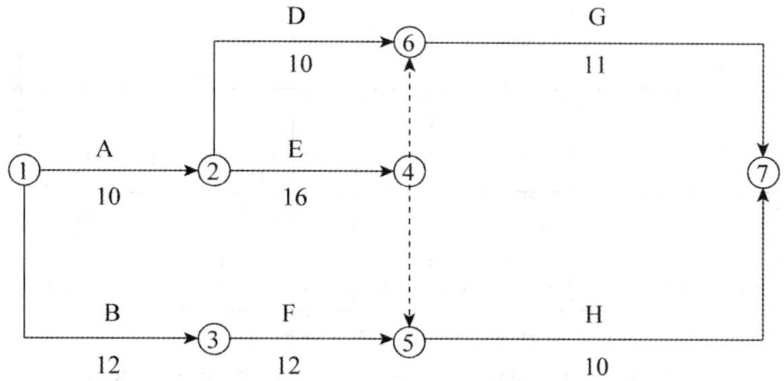

图 5-2-2　施工进度网络计划

施工过程中发生了如下事件：

事件 1：清单中工作 D 的综合单价为 450 元/m^3。在工作 D 开始之前，设计单位修改了设计，工作 D 的工程量由清单工程量 4000 m^3增加到 4800 m^3。工作 D 工程量的增加导致相应措施费用增加 2500 元。

事件 2：在工作 E 施工中，承包商采购了业主推荐的某设备制造厂生产的工程设备，设备到场后检验发现缺少一关键配件，使该设备无法正常安装，导致工作 E 作业时间拖延 2 天，窝工人工费损失 2000 元，窝工机械费损失 1500 元。

事件 3：工作 H 是一项装饰工程，其饰面石材由业主从外地采购，由石材厂家供货至现场。但因石材厂家所在地连续多天遭遇季节性大雨，使得石材运至现场的时间拖延，造成工作 H 晚开始 5 天，窝工人工费损失 8000 元，窝工机械费损失 3000 元。

【问题】

1. 该施工网络进度计划的关键工作有哪些？工作 H 的总时差为几天？

2. 指出业主草拟的合同条款中有哪些不妥之处，简要说明如何修改。

3. 对于事件 1，经业主与承包商协商确定，工作 D 全部工程量按综合单价 430 元/m^3结算。承包商可增加的工程价款是多少？可增加的工期是多少？

4. 对于事件 2，承包商是否可向业主进行工期和费用索赔？为什么？若可以索赔，工期和费用索赔各是多少？

5. 对于事件 3，承包商是否可向业主进行工期和费用索赔？为什么？若可以索赔，工期和费用索赔各是多少？

(计算结果除整数外均保留两位小数)

【第三题】

某工程项目，业主通过招标方式确定了承包商，双方采用工程量清单计价方式签订了施工合同。该工程共有 10 个分项工程，工期为 150 天，施工工期为 3 月 3 日至 7 月 30 日。合同规定，工期每提前 1 天，承包商可获得提前工期奖 1.2 万元，工期每拖后 1 天，承包商需承担逾期违约金 1.5 万元。开工前承包商提交经审批的施工进度计划见图 5-2-3。

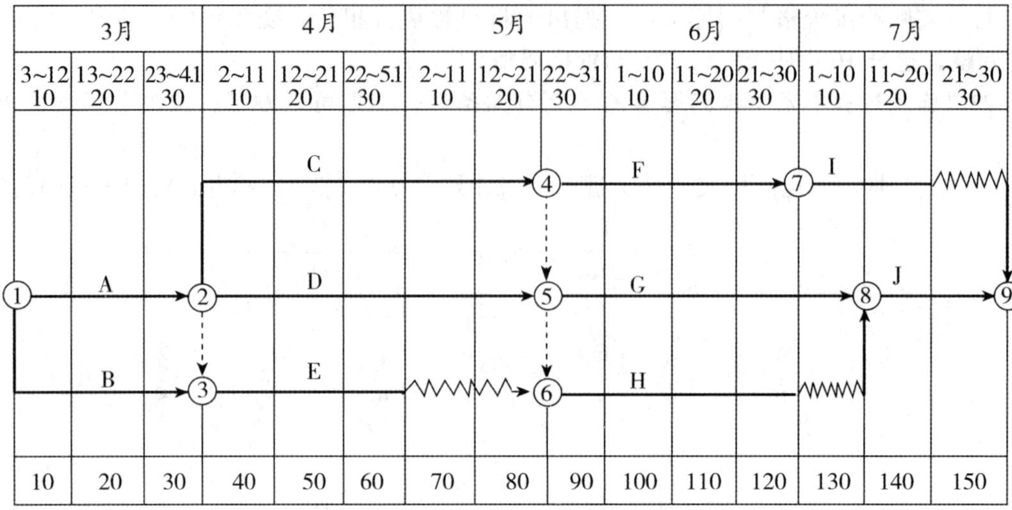

图 5-2-3　施工进度计划图

该工程如期开工后，在施工过程中发生了经监理人核准的如下事件：

事件 1：3 月 6 日，由于业主提供的部分施工场地条件不充分，致使工作 B 作业时间拖延 4 天，工人窝工 20 个工日，施工机械 B 闲置 5 天（台班费：800 元/台班）。

事件 2：4 月 25 日～26 日，当地供电中断，导致工作 C 停工 2 天，工人窝工 40 个工日，施工机械 C 闲置 2 天（台班费：1000 元/台班）；工作 D 没有停工，但因停电改用手动机具替代原配动力机械 D 使工效降低，导致作业时间拖延 1 天，增加用工 18 个工日，原配动力机械 D 闲置 2 天（台班费：800 元/台班），增加手动机具使用 2 天（台班费：500 元/台班）。

事件 3：按合同规定由业主负责采购且应于 5 月 22 日到场的材料，直到 5 月 26 日清晨才到场；5 月 24 日发生了脚手架倾倒事故，因处于停工待料状态，承包商未及时重新搭设；5 月 26 日上午承包商安排 10 名架子工重新搭设脚手架；5 月 27 日恢复正常作业。由此导致工作 F 持续停工 5 天，该工作班组 20 名工人持续窝工 5 天，施工机械 F 闲置 5 天（台班费：1200 元/台班）。

截止到 5 月末，其他工程内容的作业持续时间和费用均与原计划相符。承包商分别于 5 月 5 日（针对事件 1、2）和 6 月 10 日（针对事件 3）向监理人提出索赔。机械台班均按每天一个台班计。

【问题】

1. 分别指出承包商针对三个事件提出的工期和费用索赔是否合理？并说明理由。

2. 对于能被受理的工期索赔事件，分别说明每项事件应被批准的工期索赔为多少天？如果该工程最终按原计划工期（150 天）完成，承包商是可获得提前工期奖还是需承担逾期违约金？相应的数额为多少元？

3. 该工程架子工日工资为 180 元/工日，其他工种工人日工资为 150 元/工日，人工窝工补偿标准为日工资的 50%；机械闲置补偿标准为台班费的 60%；管理费和利润的计算为人材机费用之和的 10%，规费和税金的计算为人材机费用、管理费与利润之和的 9%，计算应被批准的费用索赔为多少元？

4. 按初始安排的施工进度计划，如果该工程进行到第 6 个月末时检查进度情况为：工作 F

完成50%的工作量，工作G完成80%的工作量，工作H完成75%的工作量，绘制实际进度前锋线，分析这三项工作进度有无偏差，并分别说明对工期的影响。

（计算结果保留两位小数）

【第四题】

某政府投资建设工程项目，采用《建设工程工程量清单计价规范》（GB 50500—2013）计价方式招标，发包方与承包方签订了施工合同，合同工期为110天（5月1日～8月18日）。

施工合同中约定：

（1）工期每提前（或拖延）1天，奖励（或罚款）3000元（含规费、税金）。

（2）各项工作实际工程量在清单工程量变化幅度±15%以外的，调价系数为0.95和1.05，变化幅度在±15%以内的，综合单价不予调整。

（3）因发包方原因造成机械闲置，其补偿单价按照机械台班单价的50%计算；人员窝工补偿单价，按照50元/工日计算。因发生甲方的风险事件导致的工人窝工和机械闲置费用，只计取规费和税金，因甲方的责任事件导致的工人窝工和机械闲置，除计取规费和税金外，还应补偿现场管理费，按人工费和机械费之和的5%计算现场管理费。

（4）规费和税金合计为18%。

工程项目开工前，承包方按时提交了施工方案及施工进度计划（见图5-2-4），所有工作都按最早开始时间安排，并获得发包方工程师的批准。

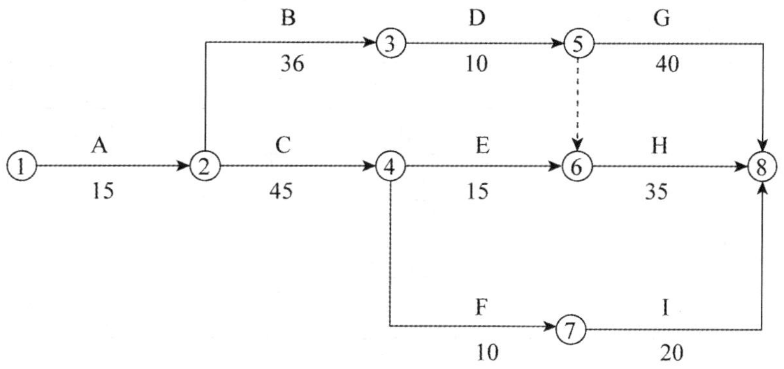

图5-2-4 施工进度计划

施工中发生如下事件：

事件1：工作A、C、E、I需要使用同一台施工机械，该机械的台班单价为1000元/台班。

事件2：5月1日由于区域停电，工作A推迟开工6天，承包商10名工人窝工6天。

事件3：工作B施工中，因设计方案调整，导致工作B持续时间延误12天，造成承包方人员窝工120个工日。

事件4：工作E由于设计变更，工程量由450 m^3（综合单价400元/m^3）增至600 m^3。

事件5：工作H施工中，受到持续特殊高温天气影响，工作效率下降，使该工作拖延5天，多用工20个工日。

事件6：工作I施工中，承包商采购了业主推荐的某设备制造厂生产的工程设备，设备到场后检验发现缺少一关键配件，使该设备无法正常安装，导致工作I作业时间拖延2天，窝工人工费损失2000元，窝工机械费损失1500元。

上述事件发生后，承包方及时向发包方提出了索赔，并得到了相应的处理。

【问题】

1. 为控制工期，施工单位应主要控制哪些工作？根据该进度安排，事件 1 中的施工机械是否是最经济的安排方式？按照最经济的安排方式，该施工机械第几天进场？第几天离场？根据事件 1 的要求重新绘制施工进度计划。

2. 承包方是否可以分别就事件 2～6 向发包方提出工期和费用索赔？说明理由。

3. 承包方可得到的合理工期补偿为多少天？该工程的实际工期是多少天？工期奖励为多少元？

4. 承包方可得到总的费用索赔为多少元？

（计算过程和结果取整数）

【第五题】

乙制造公司承包了甲公司所需的某设备的制造工程，根据合同编制了表 5-2-2 所示的制造工作及持续时间表。甲公司为了确保工期目标，在承包合同中明确规定，在保证质量和合同总价不变的前提下，乙公司工期提前可以获得工期提前奖励。

表 5-2-2　制造工作及持续时间表

工作名称	紧前工作	持续时间/天
A	—	15
B	—	10
C	A，B	10
D	A，B	10
E	B	5
F	D，E	5
G	C，F	20
H	D，E	10
I	G，H	15

【问题】

1. 根据表 5-2-2 编制的部分进度计划网络图见图 5-2-5，请绘出完整的进度计划网络图。

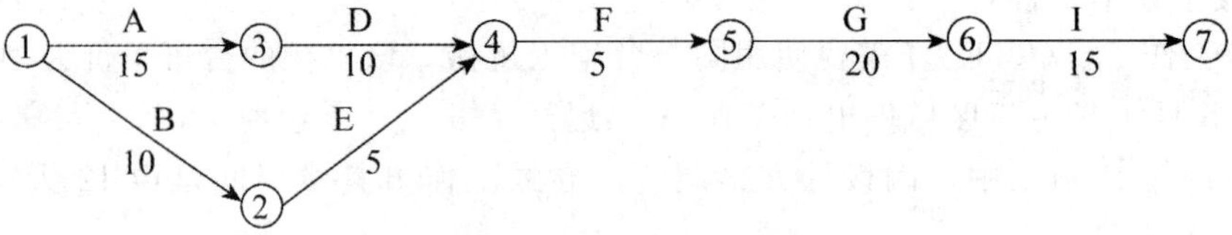

图 5-2-5　施工进度计划网络图

2. 指出该工程进度计划的关键线路，并指出总工期和各工作的总时差。

3. 由于乙公司自身原因，工作 E 持续时间增加 10 天，其他条件不变的情况下，乙公司能保证交货日期吗？说明理由。

4. 由于设计变更原因，工作 H 持续时间增加 18 天，乙公司提出了延长工期 18 天的索赔要求，设备监理工程师可以批准延期多少天？为什么？此时总工期为多少天？

5. 在工作 H 持续时间增加 18 天的条件下，乙公司通过资源优化，工作 G 和 I 持续时间分别减少 1 天，且保证质量和合同总价未发生变化，乙公司可以获得工期奖励吗？为什么？

（计算结果保留两位小数）

解析与点拨

【第一题】

问题1：

该项目质量事故损失量的期望值＝∑各工作质量事故的损失量（万元）×各工作质量事故发生的可能性（％）＝5×6％＋80×15％＋18×3％＋45×43％＋16×50％＋70×6％＋30×8％＋90×4％＋5×66％＋60×18％＋45×3％＝65.84（万元）。

【点拨】本题考查知识点：期望值的计算。

问题2：

（1）根据题目要求，由于工作C是非关键工作，在不改变工艺关系又最紧凑的前提下，将工作C安排在工作B之后，使得工作B、C、H顺序施工最合理，其中工作B晚开工1个月，在工作A开工1个月后开工。调整后的施工进度计划见图5-2-6。

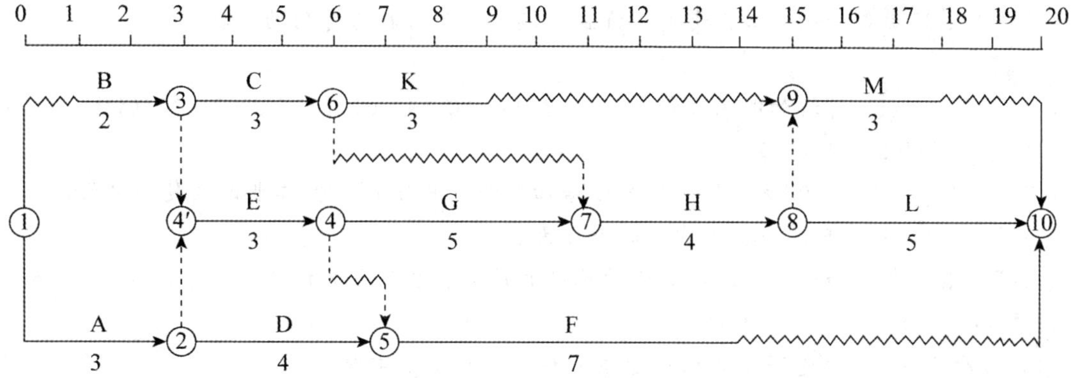

图5-2-6　施工进度计划

【点拨】本题考查知识点：根据网络图的逻辑关系进行工作安排。

问题3：

如果工作D、E发生了质量事故，根据上图可知会影响工作F、G、H、L、M。

【点拨】本题考查知识点：根据自由时差、总时差判断对后续工作的影响。

问题4：

（1）该项目的实际损失＝45＋16＝61（万元）。

（2）因工作E为关键工作，会影响到实际工期，使合同工期增加1个月，所以项目实际工期变为21个月。

【点拨】本题考查知识点：损失费用的计算、实际工期的计算。

【第二题】

问题1：

（1）关键工作有工作A、E、G。

（2）工作H的总时差为1天。

【点拨】本题考查知识点：关键线路的判定、总时差的计算。

问题2：

（1）第1款中，仅约定分部分项工程量清单项目工程量的变化幅度在10％以上时调整综合单价不妥。

改正：还要调整相应的措施项目费。

（2）第1款中，由监理工程师提出新的综合单价不妥。

改正：应由承包人提出新的综合单价和相应的措施项目费。

（3）第2款中，专业工程措施费不予调整不妥。

改正：对于专业工程措施费，原措施费中已有的措施项目，应按原措施费的组价方法调整；原措施费没有的措施项目，由承包人根据措施项目变更情况，提出适当的措施费变更，经发包人确认后调整。

（4）第3款中，暂估的材料价在实际购买时价格的变化幅度不超过10%时，价格不予调整不妥。

改正：应按发、承包双方最终实际确认的价格在综合单价中调整。

（5）第4款中，损失费用均由承包商承担不妥。

改正：应由合同双方各自承担自己的损失费用。

【点拨】本题考查知识：工程变更下价款的调整、不可抗力费用的分担。

问题3：

（1）对于事件1，可增加的工程价款＝（4800×430－4000×450＋2500）×（1＋3.3%）×（1＋3.4%）＝284654.51（元）。

（2）可增加的工期：0天。因为工作D增加工程量800 m^3，使作业时间延长2天，但工作D为非关键工作，且未超过该工作的总时差6天。

【点拨】本题考查知识点：新增工程量价款的计算、总时差的计算。

问题4：

（1）对于事件2，承包商不可以向业主进行工期和费用索赔。

（2）理由：因设备由承包商采购，设备缺少配件无法正常安装不是业主应该承担的责任。

【点拨】本题考查知识点：设备采购问题责任划分。

问题5：

（1）对于事件3，承包商可以向业主进行工期和费用索赔。

（2）理由：因为石材由业主购买，供货不及时而导致承包商的工期和费用损失应由业主承担。

（3）可索赔工期＝5－1＝4（天）。

（4）可索赔费用＝（8000＋3000）×（1＋3.3%）×（1＋3.4%）＝11749.34（元）。

【点拨】本题考查知识点：材料问题责任的划分、总时差的计算，结合网络图分析对工期的影响。

【第三题】

问题1：

（1）事件1：

工作B费用和工期索赔不合理。

理由：按照规定，施工承包单位应在知道索赔事件发生后28天内，向监理人递交索赔意向通知书，并说明发生索赔事件的事由。施工承包单位未在前述28天内发出索赔意向通知书的，丧失要求追加付款和延长工期的权利。本题中，事件1发生在3月6日，承包商于5月5日才向监理人提出索赔，已超过28天。

（2）事件2：

工作C工期和费用索赔合理。

理由：停电是业主承担的风险，工作C属于关键工作，而且造成了损失。

工作D工期索赔不合理。

理由：工作D初始状态下属于关键工作，但工作C补偿2天工期后，工作D不应再补偿工期。

工作D费用索赔合理。

理由：停电是业主承担的风险，工作D增加用工和机械窝工费可以索赔。

（3）事件3：

工作F工期索赔不合理。

理由：工作F为非关键工作，因业主责任延误4天，没有超过其总时差。

工作F费用索赔合理。

理由：因业主责任延误4天，应当赔偿由此造成的工人和机械窝工。

【点拨】本题考查知识点：工期索赔的规定、关键线路的判断、总时差的计算。

问题2：

（1）事件1：由于业主提供的部分施工场地条件不充分导致的工期延误超过索赔时限，故不能索赔工期。

事件2：当地供电中断导致的工期延误可以索赔，索赔工期2天。

事件3：共同延误事件中初始责任者是业主，但未超过总时差，故不能索赔工期。

（2）应当获得2天赶工奖励，总计2×1.2＝2.40（万元）。

【点拨】本题考查知识点：责任事件的判定、共同延误事件责任的判定、工期索赔的判定。

问题3：

（1）事件2：

工作C索赔费用＝（40×150×50％＋2×1000×60％）×（1＋9％）＝4578.00（元）。

工作D索赔费用（机械闲置）＝2×800×60％×（1＋9％）＝1046.40（元）。

新增加人工和机械费用＝（18×150＋2×500）×（1＋10％）×（1＋9％）＝4436.30（元）。

（2）事件3：

索赔费用＝（4×20×150×50％＋4×1200×60％）×（1＋9％）＝9679.20（元）。

应被批准的索赔费用总计＝4578＋1046.40＋4436.30＋9679.20＝19739.90（元）。

【点拨】本题考查知识点：窝工、机械闲置费用的计算，新增工程量费用的计算。

问题4：

工作F拖延20天，其有10天总时差，所以影响总工期10天。

工作G无进度偏差，不影响工期。

工作H延误10天，其有10天的总时差，对总工期没有影响。

实际进度前锋线见图5-2-7。

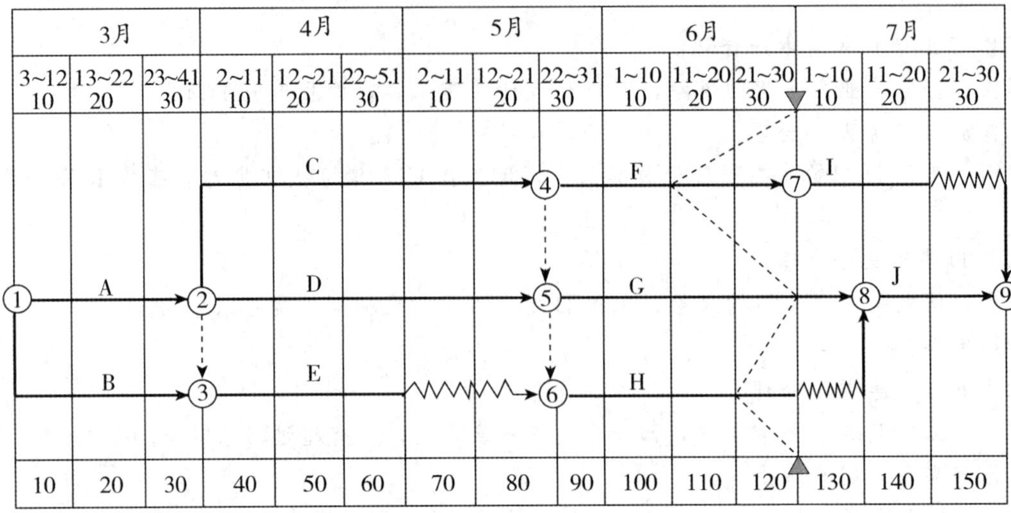

图 5-2-7　实际进度前锋线

【点拨】本题考查知识点：总工期的计算与分析。

【第四题】

问题 1：

(1) 根据事件 1 要求，主要控制工作为工作 A、C、E、H。

(2) 事件 1 中的施工机械是最经济的安排方式。

(3) 按照最经济的安排方式，该施工机械需在第 1 天进场；第 96 天离场。

(4) 事件 1 影响下的施工进度计划见图 5-2-8。

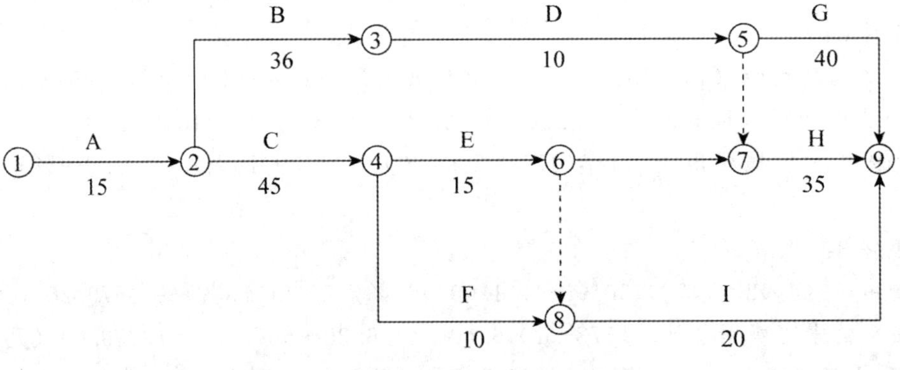

图 5-2-8　事件 1 影响下施工进度计划

【点拨】本题考查知识点：根据机械进场要求安排工作，调整绘制网络图。

问题 2：

(1) 事件 2：能够提出工期和费用索赔。

理由：因为区域停电是业主的风险，造成承包方费用增加由业主承担，且工作 A 为关键工作。

(2) 事件 3：能够提出工期和费用索赔。

理由：因为设计方案调整是业主的责任，造成承包方费用增加由业主承担，且延误的时间 12 天超过工作 B 的总时差 9 天。

(3) 事件 4：能够提出工期和费用索赔。

理由：因为设计变更是业主的责任，造成承包方费用增加由业主承担；且工作E增加的时间＝（600－450）/（450/15）＝5（天），超过工作E的总时差3天。

（4）事件5：不能提出费用索赔；可以提出工期索赔。

理由：因为特殊高温天气属于不可抗力，费用损失由承包商自己承担；特殊高温天气虽然属于不可抗力，且工作H是关键工作。

（5）事件6：不能提出工期和费用索赔。

理由：承包商购买的设备质量问题由承包商负责。

【点拨】本题考查知识点：区域性停电、设计变更、不可抗力、设备质量问题事件责任的判定及索赔内容的计算。

问题3：

事件2工期索赔：6天。

事件3工期索赔：3天。

事件4工期索赔：2天。

事件5工期索赔：5天。

事件6工期索赔：0天。

工期索赔天数＝6＋3＋2＋5＝16（天）。

该工程实际工期＝（15＋6）＋45＋（15＋5）＋（35＋5）＝126（天）。

工期奖罚＝［126－（110＋16）］×3000＝0（元）。

【点拨】本题考查知识点：工期索赔的计算，实际工期计算，奖罚款计算。

问题4：

事件2费用索赔＝（6×10×50＋1000×50％×6）×（1＋18％）＝7080（元）。

事件3费用索赔＝120×50×（1＋5％）×（1＋18％）＝7434（元）。

事件4：

不需调价工程量＝450×（1＋15％）＝517.5（m^3）；

需调价工程量＝600－517.5＝82.5（m^3）；

事件4费用索赔＝［82.5×400×0.95＋（150－82.5）×400］×（1＋18％）＝68853（元）。

总的费用索赔＝7080＋7434＋68853＝83367（元）。

【点拨】本题考查知识点：窝工和机械闲置费用的计算，工程量变化价款的计算。

【第五题】

问题1：

完整的施工进度计划网络图见图5-2-9。

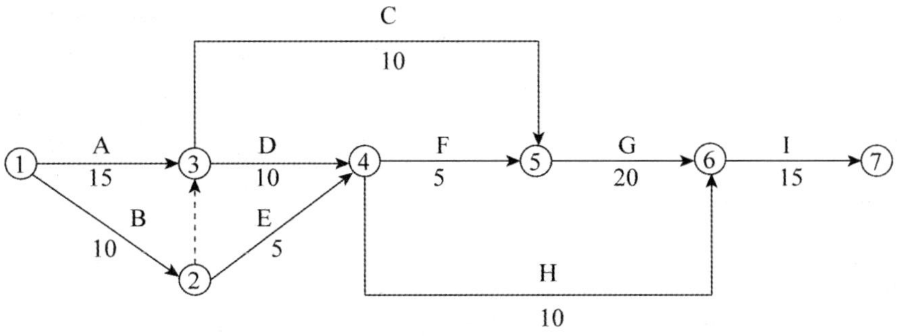

图5-2-9　完整的施工进度计划网络图

【点拨】本题考查知识点：施工进度计划网络图的绘制。

问题2：

(1) 关键线路为①—③—④—⑤—⑥—⑦，或A→D→F→G→I。

(2) 总工期为65天。工作A、D、F、G、I的总时差为0天，工作B的总时差为5天，工作E的总时差为10天，工作C的总时差为5天，工作H的总时差为15天。

【点拨】本题考查知识点：关键线路的判定，总时差的计算。

问题3：

(1) 能保证交货日期。

(2) 理由：因为工作E原处在非关键线路上，增加10天后，用掉了工作E的总时差，能保证交货日期，但已变成关键工作，处在关键线路上。

【点拨】本题考查知识点：总时差的计算，重新判定关键线路。

问题4：

(1) 设备监理工程师只能批准延期3天。

(2) 理由：因为工作H处在非关键线路上，有15天自由时差。

(3) 此时总工期为68天。

【点拨】本题考查知识点：自由时差的计算和分析。

问题5：

工作H增加18天后，工作G已是非关键工作，减少1天无用，不给予工期奖励，工作I仍处在关键线路上，减少1天可以减少总工期1天，可根据规定给予工期奖励。

【点拨】本题考查知识点：资源优化对工期的影响。

学习笔记

第六章

工程结算与决算

（建议学习时间：**1**周）

学习计划（第8周）：

Day 1

Day 2

Day 3

Day 4

Day 5

Day 6

Day 7

扫码即听
本章导学

第六章　工程结算与决算

知识脉络

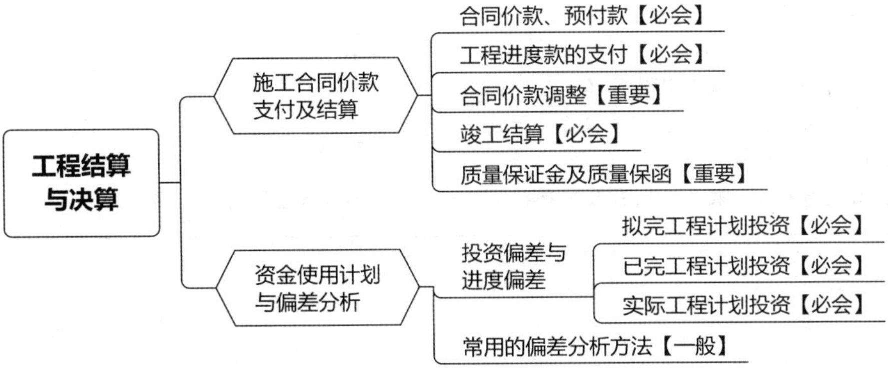

考试思路

第六章内容涉及的题目在2019年考试试卷中对应试题四，分值为20分。本章主要由建设工程发承包合同、工程预付款、进度款、结算款、投资偏差与进度偏差等知识点组成。工程结算与决算出题模式比较固定，解题思路容易掌握。通过近3年真题总结，本章题目以结合合同条款灵活计算的方式考查，比如综合单价、增值税、调量调价的计算等。

历年考点统计

年份	考查内容
2019	1. 签约合同价、预付款和安全文明施工费的计算 2. 累计工程款的计算、进度偏差的计算 3. 分项工程项目、措施项目、分包专业工程项目合同额（含总承包服务费）增减额的计算 4. 实际价款、竣工结算款的计算
2018	1. 签约合同价（含税）、预付款、安全文明施工费预付的计算 2. 发包人应支付给承包人的工程款、拟完工程计划投资、已完工程计划投资、进度偏差的计算及分析 3. 综合单价调整及相关增值税的计算 4. 实际总造价（含税）、签订合同价（含税）、结算尾款的计算
2017	1. 签约合同价、预付款、安全文明施工费预付的计算 2. 承包人完成合同价款、发包人应支付的合同价款、进度偏差的计算 3. 新增工程综合单价、工程费、相关增值税的计算 4. 实际总造价、签订合同价、结算尾款的计算

续表

年份	考查内容
2016	1. 签约合同价、预付款、安全文明施工费预付的计算 2. 综合单价、分项工程、单价措施项目费、发包人应支付给承包人工程价款的计算 3. 拟完工程计划投资、已完工程实际投资、已完工程计划投资、投资偏差、进度偏差的计算及分析 4. 实际总造价、结算款的计算
2015	1. 合同价、工程预付款的计算 2. 发包人应支付给承包人工程价款的计算 3. 进度偏差的计算 4. 工程调整后工程价款的计算、调值公式的计算、应付工程价款的计算

模块一　典型真题精讲

【2019 真题】

某工程项目发承包双方签订了建设工程施工合同，工期 5 个月，有关背景资料如下：

1. 工程价款方面：

（1）分项工程项目费用合计 824000 元，包括分项工程 A、B、C 三项，清单工程量分别为 $800m^3$、$1000m^3$、$1100m^2$，综合单价分别为 280 元/m^3、380 元/m^3、200 元/m^2，当分项工程项目工程量增加（或减少）幅度超过 15%时，综合单价调整系数为 0.9（或 1.1）。

（2）单价措施项目费用合计 90000 元，其中与分项工程 B 配套的单价措施项目费用为 36000 元，该费用根据分项工程 B 的工程量变化同比例变化，并在第 5 个月统一调整支付，其他单价措施项目费用不予调整。

（3）总价措施项目费用合计 130000 元，其中安全文明施工费按分项工程和单价措施项目费用之和的 5%计取，该费用根据计取基数变化在第 5 个月统一调整支付，其余总价措施项目费用不予调整。

（4）其他项目费用合计 206000 元，包括暂列金额 80000 元和需分包的专业工程暂估价 120000 元（另计总承包服务费 5%）。

（5）上述工程费用均不包含增值税可抵扣进项税额。

（6）管理费和利润按人材机费用之和的 20%计取，规费按人材机费、管理费、利润之和的 6%计取，增值税税率为 9%。

2. 工程款支付方面：

（1）开工前，发包人按签约合同价（扣除暂列金额和安全文明施工费）的 20%支付给承包人作为预付款（在施工期间的第 2～4 个月的工程款中平均扣回），同时将安全文明施工费按工程款支付方式提前支付给承包人。

（2）分项工程项目工程款逐月结算。

（3）除安全文明施工费之外的措施项目工程款在施工期间的第 1～4 个月平均支付。

（4）其他项目工程款在发生当月结算。

（5）发包人按每次承包人应得工程款的 90%支付。

（6）发包人在承包人提交竣工结算报告后的 30 天内完成审查工作，承包人向发包人提供所在开户银行出具的工程质量保函（保函额为竣工结算价的 3%），并完成结清支付。

施工期间各月分项工程计划和实际完成工程量见表 6-1-1。

表 6-1-1　施工期间各月分项工程计划和实际完成工程量表

分项工程		施工周期/月					合计
		1	2	3	4	5	
A	计划工程量/m^3	400	400				800
	实际工程量/m^3	300	300	200			800
B	计划工程量/m^3	300	400	300			1000
	实际工程量/m^3		400	400	400		1200
C	计划工程量/m^2			300	400	400	1100
	实际工程量/m^2			300	450	350	1100

施工期间第3个月，经发承包双方共同确认：分包专业工程费用为105000元（不含可抵扣进项税），专业分包人获得的增值税可抵扣进项税额合计为7600元。

【问题】

1. 该工程签约合同价为多少元？安全文明施工费工程款为多少元？开工前发包人应支付给承包人的预付款和安全文明施工费工程款分别为多少元？

2. 施工至第2个月末，承包人累计完成分项工程合同价款为多少元？发包人累计应支付承包人的工程款（不包括开工前支付的工程款）为多少元？分项工程A的进度偏差为多少元？

3. 该工程的分项工程项目、措施项目、分包专业工程项目合同额（含总承包服务费）分别增减多少元？

4. 该工程的竣工结算价为多少元？如果在开工前和施工期间发包人均已按合同约定支付了承包人预付款和各项工程款，则竣工结算时，发包人完成结清支付时，应支付给承包人的结算款为多少元？

（计算结果四舍五入取整数）

➢ 真题精讲

【问题1·解题思路】

问题1主要考核签约合同价、安全文明施工费、预付款的计算。解题思路如下：

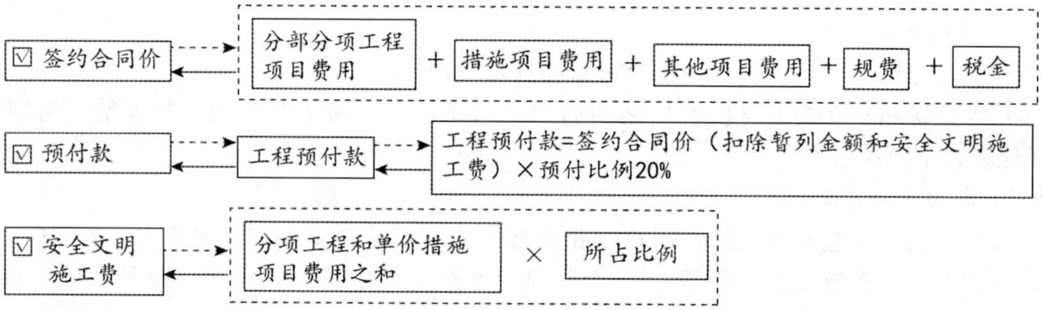

思路拓展

安全文明施工费按照有关规定计算，不得作为竞争性费用。

参考答案

（1）签约合同价=（824000+90000+130000+206000）×（1+6%）×（1+9%）=1444250（元）。

（2）安全文明施工费工程款=（824000+90000）×5%×（1+6%）×（1+9%）=52802（元）。

（3）应付预付款=［1444250−（824000+90000）×5%×（1+6%）×（1+9%）−80000×（1+6%）×（1+9%）］×20%=（1444250−52801.78−92432）×20%=259803（元）。

（4）应付安全文明施工费工程款=52802×90%=47522（元）。

【问题2·解题思路】

问题2主要考核工程进度款、进度偏差的计算。解题思路如下：

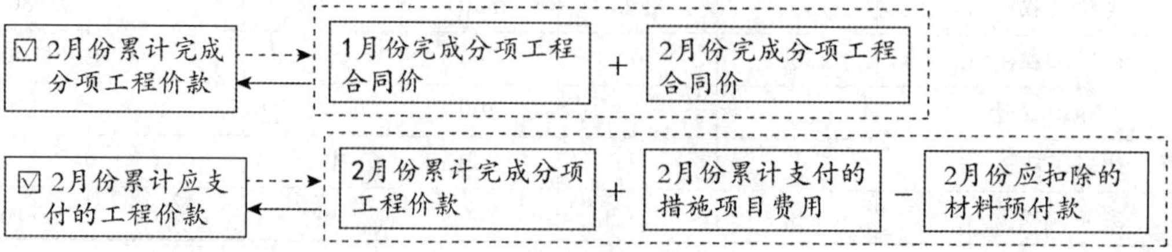

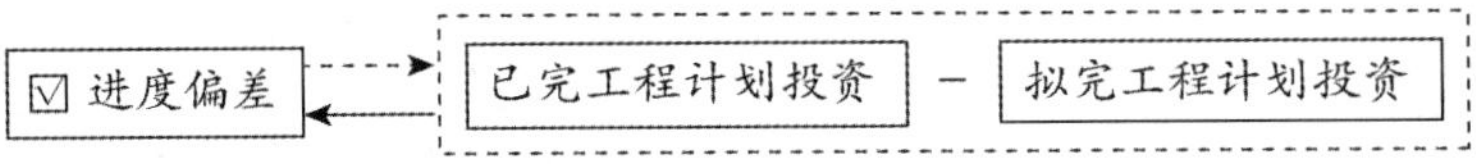

思路拓展

1. 累计分项工程价款

累计分项工程价款＝Σ累计完成的分项工程费用×（1＋规税率）。分项工程价款只包含工程累计完成的分项工程项目，做题前一定把题目看清楚。

2. 累计已完成工程价款

累计已完成工程价款＝Σ计价项目费用×（1＋规税率）。

本题题干中给出不包括开工前支付的工程款，如果问题中没有提到不包括开工前支付的工程款，需要考虑预付的安全文明施工费。

参考答案

（1）2月份承包人累计完成分项工程合同价款：

$[(300+300)\times280+400\times380]\times(1+6\%)\times(1+9\%)=369728$（元）。

（2）2月份承包人累计完成工程款：

$$\left[(300+300)\times280+400\times380+\frac{(90000+130000)-(824000+90000)\times5\%}{4}\times2\right]\times(1+6\%)\times(1+9\%)=\left(168000+152000+\frac{174300}{4}\times2\right)\times(1+6\%)\times(1+9\%)=470421\text{（元）}。$$

发包人累计应支付承包人的工程款：

$$470421\times90\%-\frac{259803}{3}=336778\text{（元）}。$$

（3）分项工程A的进度偏差计算：

拟完工程计划投资＝（400＋400）×280×（1＋6%）×（1＋9%）＝258810（元）。

已完工程计划投资＝（300＋300）×280×（1＋6%）×（1＋9%）＝194107（元）。

进度偏差＝194107－258810＝－64703（元）。

分项工程A进度落后64703元。

【问题3·解题思路】

问题3主要考核分项工程项目、措施项目、分包专业工程项目合同额（含总承包服务费）增减额的计算。解题思路如下：

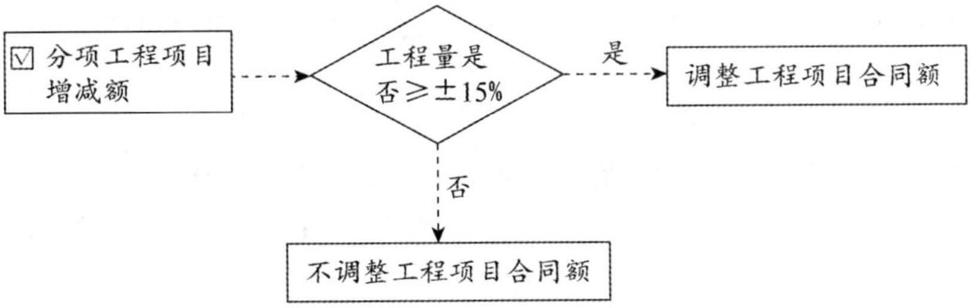

思路拓展

1. 分项工程项目增减额

分项工程项目增减额按照分项工程项目工程量是否超过±15%确定，如果超过，需调整综合单价，计算出调整后的工程款；反之，不调。

2. 措施项目费用增减额

措施项目费用增减额依据题目要求，本题与分项工程B相关的单价措施项目费、安全文明施工费，随其工程量的变化进行调整，其他措施项目费不调整。措施项目费是否调整，需要根据题目要求，题目中要求调整措施项目费用的，需要明确哪些措施项目调整，哪些措施项目不调整；如果题目没明确给出措施项目费用调整，则不予考虑这部分费用的增减额。

3. 分包专业工程项目增减额

分包专业工程项目增减额需要考虑配套的总承包服务费，总承包服务费的增减随分包专业工程项目费用的变化而变化。

（1）分项工程项目增减额：

分项工程B工程量的增加＝（1200－1000）/1000×100%＝20%＞15%，故需调整分项工程B项目合同额。

故，分项工程项目增加合同额＝｛［1200－1000×（1＋15%）］×380×0.9＋1000×（1＋15%）×380－1000×380｝×（1＋6%）×（1＋9%）＝85615（元）。

（2）措施项目增减额：

分项工程B的单价措施费增加额＝36000×20%×（1＋6%）×（1＋9%）＝8319（元）。

安全文明施工费增加额＝［85615＋8319］×5%＝4697（元）。

故，措施费增加额＝4697＋8319＝13016（元）。

（3）分包专业工程项目增减额：

分包专业工程项目（含总承包服务费）减少额＝［120000×（1＋5%）－105000×（1＋5%）］×（1＋6%）×（1＋9%）＝18198（元）。

【问题4·解题思路】

问题4主要考核工程实际总造价、竣工结算款的计算。本题需要注意质量保证金是以保函方式提供，所以在计算竣工结算时不需要扣减质量保证金。

思路拓展

1. 质量保证金

质量保证金是指施工单位根据建设单位的要求，在建筑工程竣工验收交付使用后，从应付的建设工程款中预留的用以维修建筑工程在保修期限和保修范围内出现的质量缺陷的资金。

竣工结算款＝实际总造价×（1－质保金比例）－已支付的工程款－已支付的预付款。

2. 质量保函

质量保函指的是银行应承包商的请求，给业主方开立的，保证当工程质量不符合合同约定，而承包商又不能如约修理时，一旦业主索赔，银行将赔款给业主的书面担保。

竣工结算款＝实际总造价－已支付的工程款－已支付的预付款。

（1）竣工结算价（实际造价）＝1444250＋85615＋13016－18198－80000×（1＋6%）×（1＋9%）＝1432251（元）。

（2）竣工结算款（尾款）＝1432251×（1－90%）＝143225（元）。

【2018真题】

某工程项目发包人与承包人签订了施工合同，工期5个月。合同约定的工程内容及其价款包括：分部分项工程项目（含单价措施项目）4 项。费用数据与经批准的施工进度计划见表 6-1-2；总价措施项目费为 10 万元（其中含安全文明施工费 6 万元）；暂列金额 5 万元。管理费和利润为不含税人材机费之和的 12%，规费为不含税人材机费与管理费、利润之和的 6%，增值税税率为 10%。

表 6-1-2 分部分项工程项目费用数据与施工进度计划表

分部分项工程项目（含单价措施项目）				施工进度计划/月				
名称	工程量/m^3	综合单价/（元/m^3）	合价/万元	1	2	3	4	5
A	800	360	28.8	——	——			
B	900	420	37.8		——	——		
C	1200	280	33.6			——	——	——
D	1000	200	20.0				——	——
合计			120.2	注：计划和实际施工进度均为匀速进度				

有关工程价款支付条款如下：

（1）开工前，发包人按签约合同价（扣除安全文明施工费和暂列金额）的 20%作为预付款支付承包人，预付款在施工期间的第 2～5 个月平均扣回，同时将安全文明施工费的 70%作为提前支付的工程款。

（2）分部分项工程项目工程款在施工期间逐月结算支付。

（3）分部分项工程 C 所需的工程材料 C_1 用量 1250m^3，承包人的投标报价为 60 元/m^3（不含税）。当工程材料 C_1 的实际采购价格在投标报价的±5%以内时，分部分项工程 C 的综合单价不予调整；当变动的幅度超过该范围时，按超过的部分调整分部分项工程 C 的综合单价。

（4）除开工前提前支付的安全文明施工费工程款之外的总价措施项目工程款，在施工期间的第 1～4 个月平均支付。

（5）发包人按每次承包人应得工程款的 90%支付。

（6）竣工验收通过后 45 天内办理竣工结算，扣除实际工程含税总价款 3%工程质量保证金，其余工程款发承包双方一次性结清。

该工程如期开工，施工中发生了经发承包双方确认的下列事项：

（1）分部分项工程 B 的实际施工时间为第 2～4 月。

（2）分部分项工程 C 所需的工程材料 C_1 实际采购价格为 70 元/m^3（含可抵扣进项税，税率为 3%）。

（3）承包人索赔的含税工程款为 4 万元。

其余工程内容的施工时间和价款均与签约合同相符。

【问题】

1. 该工程签约合同价（含税）为多少万元？开工前发包人应支付给承包人的预付款和安全文明施工费工程款分别为多少万元？

2. 第 2 个月，发包人应支付给承包人的工程款为多少万元？截止到第 2 个月末，分部分项工程的拟完工程计划投资、已完工程计划投资分别为多少万元？工程进度偏差为多少万元？并根据结算结果说明进度快慢情况。

3. 分部分项工程 C 的综合单价应调整为多少元/m^3？如果除工程材料 C_1 外的其他进项税额为 2.8 万元（其中，可抵扣进项税额为 2.1 万元），则分部分项工程 C 的销项税额、可抵扣进项税额和应缴纳增值税额分别为多少万元？

4. 该工程实际总造价（含税）比签订合同价（含税）增加（或减少）多少万元？假定在办理竣工结算前发包人已支付给承包人的工程款（不含预付款）累计为 110 万元，则竣工结算时发包人应支付给承包人的结算尾款为多少万元？

（计算结果以元为单位的保留两位小数，以万元为单位的保留三位小数）

➢ **真题精讲**

【问题 1·解题思路】

问题 1 主要考核签约合同价和预付款的计算。本题计算时需要注意合同价的构成和预付款的计算原则。解题思路如下：

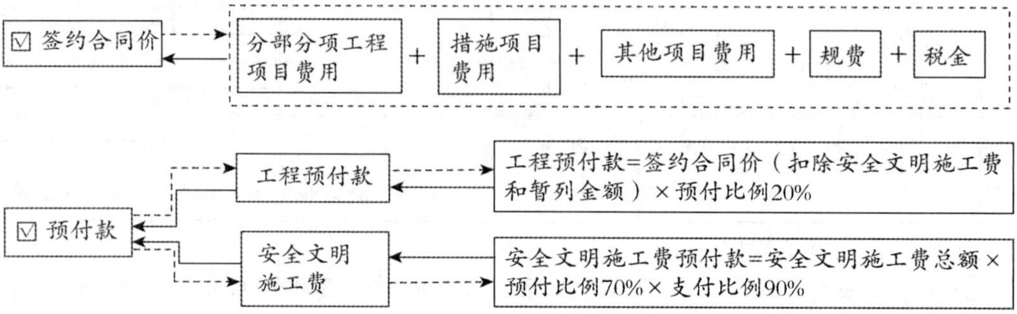

思路拓展

1. 分部分项工程项目费用

首先确定每个分部分项工程量清单项目的工程量和综合单价；然后以工程量和综合单价的乘积作为每个分部分项工程量清单项目的费用；最后汇总形成分部分项工程项目费用合计。本题汇总后的分部分项工程费用表 6-1-2 中直接给出，计算签约合同价时可以直接使用。

2. 措施项目费用

措施项目分为单价措施项目和总价措施项目。单价措施项目是指可以计算工程量的措施项目，如脚手架、模板等。单价措施项目费用计算与分部分项工程项目计价方式一样。总价措施项目是指不能计算工程量的措施项目，如安全文明施工费、二次搬运费。总价措施项目费用应按照规定的取费基数乘以取费系数计算。本题单价措施项目费用包含在分部分项工程费用中，总价措施项目直接给出，计算签约合同价时可以直接使用。

3. 其他项目费用

其他项目费用包括暂列金额、暂估价、计日工、总承包服务费。一般题目中会直接给出，有时只包含其中的一项或两项，考试时具体问题具体分析。本题其他项目费用只包含暂列金额，计算签约合同价时直接带入该项。

4. 规费、税金（增值税）

规费与税金（增值税）按照有关规定计算，不得作为竞争性费用。

参考答案

（1）该工程签约合同价（含税）＝（120.2＋10＋5）×（1＋6％）×（1＋10％）＝157.643（万元）。

（2）预付款＝［157.643－6×（1+6％）×（1+10％）－5×（1+6％）×（1+10％）］×20％＝28.963（万元）。

（3）安全文明施工费工程款＝6×70％×（1+6％）×（1+10％）×90％＝4.897×90％＝4.407（万元）。

【问题 2 · 解题思路】

问题 2 主要考核工程进度款、进度偏差的计算。本题计算应付工程进度款时需考虑支付比例及预付款的扣留问题。解题思路如下：

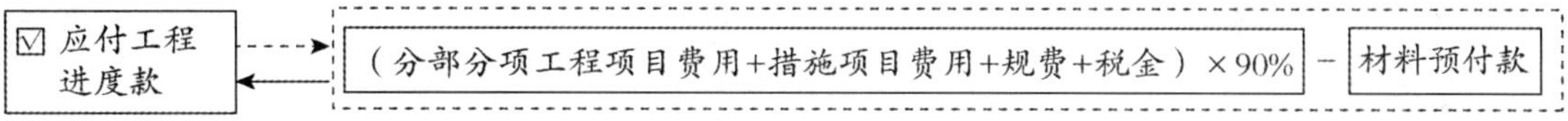

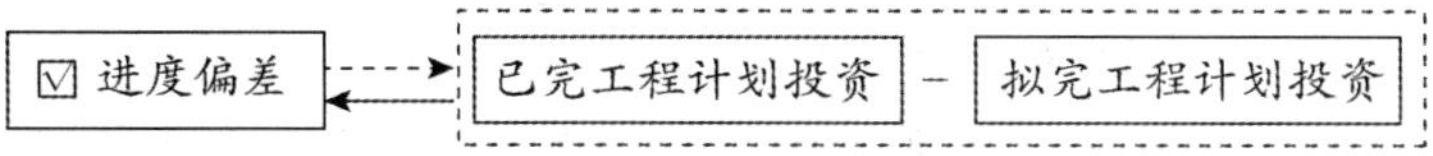

思路拓展

1. 工程进度款

工程进度款是指承包商当月完成的全部工程款，包括分部分项工程价款、措施项目价款、专业工程价款、计日工价款、变更价款、索赔价款、工程价款调整、赶工措施费等。

2. 材料预付款和安全文明施工费

（1）材料预付款是预支，需要在后期承包商应得工程款中扣除。

（2）安全文明施工费是工程款提前支付，不需要在后期承包商应得工程款中扣除。

3. 已完工程计划投资和拟完工程计划投资

（1）已完工程计划投资＝已完工程量×计划单价。

（2）拟完工程计划投资＝拟完工程量×计划单价。

参考答案

（1）第 2 个月发包人应支付的工程款：

［（28.8/2）＋（37.8/3）＋（10－6）/4＋6×（1－70%）/4］×（1＋6%）×（1＋10%）×90%－28.963/4＝22.615（万元）。

（2）拟完工程计划投资：

(28.8＋37.8/2）×（1＋6%）×（1＋10%）＝55.618（万元）。

（3）已完工程计划投资：

(28.8＋37.8/3）×（1＋6%）×（1＋10%）＝48.272（万元）。

（4）进度偏差＝48.272－55.618＝－7.346（万元），进度滞后 7.346 万元。

【问题 3 · 解题思路】

问题 3 主要考核调整后的综合单价、销项税、进项税、增值税的计算。本题计算调整后的综合单价前，需要先判断工程材料 C_1 的实际采购价格是否在投标报价的±5%以内，超过±5%需要调整，反之不调整。解题思路如下：

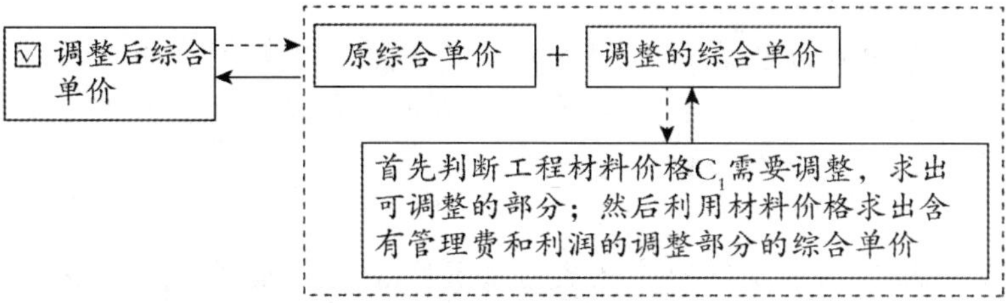

思路拓展

1. 材料价格上涨风险承担

承包商投标自报材料价格，购买价上涨风险，承包商有限承担。承包商在投标时对材料的报价风险，其幅度在±5%以内的应由承包商承担，超过±5%以上的部分由业主承担。本题材料价格涨幅13.27%，超过5%，所以可以调整材料价格。

2. 增值税、销项税、进项税

无可抵扣进项税额时，应纳税额=不含税销售额×税率。

有可抵扣进项税额时，应纳税额=销项税额-进项税额=不含税销售额×税率-可抵扣进项费用×税率-可抵扣设备投资×税率=含税销售额×税率/（1+税率）-可抵扣进项费用×税率-可抵扣设备投资×税率。

参考答案

（1）工程材料 C_1 实际采购价（不含税）=70/（1+3%）=67.96（元/m^3）。

（67.96-60）/60=13.27%>5%，综合单价可以进行调整。

C_1 的材料单价可调整额为：（67.96-60×1.05）×（1+12%）=5.56（元/m^3）。

分部分项工程C的综合单价调整为：280+5.56×1250/1200=285.79（元/m^3）。

（2）销项税额=285.79×1200/10000×（1+6%）×10%=3.635（万元）。

可抵扣的进项税额=2.1+67.96×3%×1250/10000=2.355（万元）。

或：可抵扣的进项税额=2.1+（70-67.96）×1250/10000=2.355（万元）。

应缴纳增值税额=3.635-2.355=1.280（万元）。

【问题4·解题思路】

问题4主要考核实际工程价款、竣工结算款的计算。本题做题时需要注意累计支付的110万元工程款是不包含预付款的，所以题目中的材料预付款在竣工结算时需要扣除。解题思路如下：

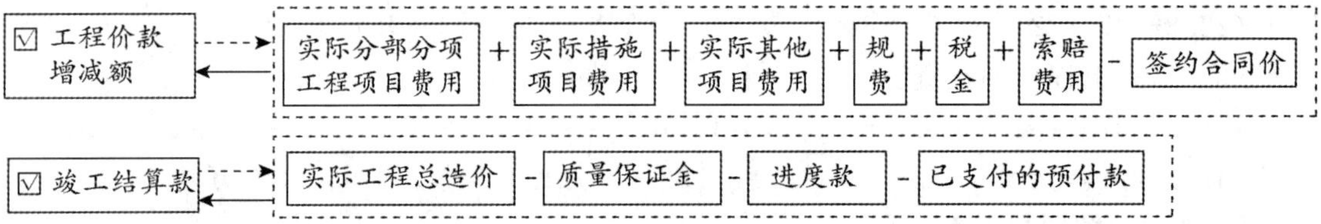

思路拓展

1. 实际总造价

实际总造价=签约合同价+签约合同价调整额。

或实际总造价=Σ承包商各阶段完成的工程款。

本题中实际总造价调整主要是分部分项工程C综合单价的调整、索赔费用引起的。因工程项目施工过程中未发生其他项目费用（暂列金额），所以本题实际总造价由实际的分部分项工程费用、措施项目费用、规费、税金及索赔费用构成。

2. 竣工结算费用

竣工结算最终支付金额是实际工程总造价扣除已支付的预付款、进度款和质量保证金后的剩余部分工程款。

参考答案

（1）实际总造价=（28.8+37.8+1200×285.79/10000+20+10）×（1+6%）×（1+10%）+4=156.623（万元）。

签约合同价＝157.643 万元。

实际总造价－签约合同价＝156.623－157.643＝－1.020（万元），实际总造价（含税）比签约合同价（含税）减少了 1.020 万元。

（2）假定在办理竣工结算前发包人已支付给承包人的工程款（不含预付款）累计为 110 万元，则竣工结算时发包人应支付给承包人的结算尾款为：

156.623×（1－3%）－110－28.963＝12.961（万元）。

模块二　精选章节习题

【第一题】

某工程，建设单位与施工单位签订了施工承包合同。

合同约定工期为 6 个月；工作 A、B 所用的材料由建设单位采购；合同价款采用以直接费为计算基础的全费用综合单价计价；施工期间若遇物价上涨，只对钢材、水泥和骨料的价格进行调整，调整依据为工程造价管理部门公布的材料价格指数。招标文件中工程量清单所列各项工作的估算工程量和施工单位的报价见表 6-2-1，该工程的各项工作按最早开始时间安排，按月均速施工，经总监理工程师批准的施工进度计划见图 6-2-1。

表 6-2-1　估算工程量和报价

工作	A	B	C	D	E	F	G
估算工程量/m^3	2500	3000	4500	2200	2300	2500	2000
报价/（元/m^3）	100	150	120	180	100	150	200

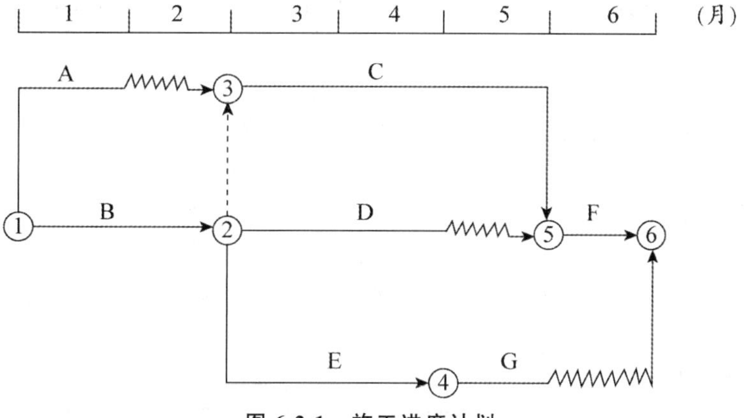

图 6-2-1　施工进度计划

施工过程中，发生如下事件：

事件 1：施工单位有两台大型机械设备需要进场，施工单位提出由建设单位支付其进场费，但建设单位不同意另行支付。

事件 2：建设单位提供的材料运抵现场后，项目监理机构要求施工单位及时送检，但施工单位称施工合同专用条款并未对此作出约定，因此，建设单位提供的材料，施工单位没有送检的义务，若一定要施工单位送检，则由建设单位支付材料检测费用。

事件 3：当施工进行到第 3 个月末时，建设单位提出一项设计变更，使工作 D 的工程量增加 2000m^3。施工单位调整施工方案后，工作 D 持续时间延长 1 个月。从第 4 个月开始，工作 D 执行新的全费用综合单价。经测算，新单价中人材机费用为 160 元/m^3，管理费费率为 15%，利润率为 5%，规费税金系数为 3.41%。

事件4：由于施工机械故障，工作G的开始时间推迟了1个月。第6个月恰遇建筑材料价格大幅上涨，造成工作F、G的造价提高，造价管理部门公布的价格指数见表6-2-2。施工单位随即向项目监理机构提出了调整工作F、G结算单价的要求。经测算，工作F、G的单价中，钢材、水泥和骨料的价格所占比例均分别为25%、35%和10%。

表6-2-2 建筑材料价格指数

费用名称	基准月价格指数	结算月价格指数
钢材	105	130
水泥	110	140
骨料	100	120

【问题】

1. 事件1中，建设单位的做法是否正确？说明理由。

2. 指出事件2中施工单位说法的正确和错误之处，分别说明理由。

3. 事件3中，针对施工单位调整施工方案，写出项目监理机构的处理程序。列式计算工作D调整后新的全费用综合单价。（计算结果保留两位小数）

4. 事件4中，施工单位提出调整工作F、G单价的要求是否合理？说明理由。列式计算应调价工作的新单价。

5. 计算4、5、6月份的拟完成工程计划投资额和施工单位的应得工程款额。（计算结果保留两位小数）

【第二题】

某工程项目发承包双方签订了施工合同，工期为4个月。有关工程价款及其支付条款约定如下：

1. 工程价款：

（1）分部工程项目费用合计59.2万元，包括分项工程A、B、C三项，清单工程量分别为600m^3、800m^3、900m^2，综合单价分别为300元/m^3、380元/m^3、120元/m^2。

（2）单价措施项目费用6万元，不予调整。

（3）总价措施项目费用8万元，其中，安全文明施工费按分项工程和单价措施项目费用之和的5%计取（随计取基数的变化在第4个月调整），除安全文明施工费之外的其他总价措施项目费用不予调整。

（4）暂列金额5万元。

（5）管理费和利润按人材机费用之和的18%计取，规费按人材机费和管理费、利润之和的5%计取，增值税税率为11%。

（6）上述费用均不包含增值税可抵扣进项税额。

2. 工程款支付：

（1）开工前，发包人按分项工程和单价措施项目工程款的20%支付给承包人作为预付款（在第2～4个月的工程款中平均扣回），同时将安全文明施工费工程款全额支付给承包人。

（2）分项工程价款按完成工程价款的85%逐月支付。

（3）单价措施项目和除安全文明施工费之外的总价措施项目工程款在工期第1～4个月均衡考虑，按85%比例逐月支付。

（4）其他项目工程款的85%在发生当月支付。

（5）第4个月调整安全文明施工费工程款，增（减）额当月全额支付（扣除）。

（6）竣工验收通过后30天内进行工程结算，扣留工程总造价的3%作为质量保证金，其余工程款作为竣工结算最终付款一次性结清。

施工期间分项工程计划和实际进度见表6-2-3。

表6-2-3　分项工程计划和实际进度表

分项工程及其工程量		第1月	第2月	第3月	第4月	合计
A	计划工程量/m^3	300	300			600
	实际工程量/m^3	200	200	200		600
B	计划工程量/m^3	200	300	300		800
	实际工程量/m^3		300	300	300	900
C	计划工程量/m^2		300	300	300	900
	实际工程量/m^2		200	400	300	900

在施工期间第3个月，发生一项新增分项工程D。经发承包双方核实确认，其工程量为300m^2，每m^2所需不含税人工和机械费用为110元，每m^2机械费可抵扣进项税额为10元；每m^2所需甲、乙、丙三种材料不含税费用分别为80元、50元、30元，可抵扣进项税率分别为3%、11%、17%。

【问题】

1. 该工程签约合同价款为多少万元？开工前发包人应支付给承包人的预付款和安全文明施工费工程款分别为多少万元？

2. 第2个月，承包人完成合同价款为多少万元？发包人应支付合同价款为多少万元？截止到第2个月末，分项工程B的进度偏差为多少万元？

3. 新增分项工程D的综合单价为多少元/m^2？该分项工程费为多少万元？销项税额、可抵扣进项税额、应缴纳增值税额分别为多少万元？

4. 该工程竣工结算合同价款增减额为多少万元？如果发包人在施工期间均已按合同约定支付给承包商各项工程款，假定累积已支付合同价款87.099万元，则竣工结算最终付款为多少万元？

（计算过程和结果保留三位小数）

【第三题】

某项目按照《建设工程施工合同》（示范文本）签订了施工合同，其中部分条款如下：

1. 工程合同价为2000万元，工程价款按照调值公式计算，其中人工费可调，占工程价款的35%，材料费中有3种可调，材料1占20%，材料2占15%，材料3占15%，价格指数见表6-2-4。

表6-2-4　价格指数表

费用名称	基期代号	基期价格指数	计算期代号	计算期价格指数
人工费	A_0	124	A	133
材料1	B_0	125	B	128
材料2	C_0	126	C	146
材料3	D_0	118	D	136

2. 投标书中部分分部分项工程量清单报价见表6-2-5。

表 6-2-5　分部分项工程量清单报价表

序号	编码	项目	单位	工程量	单价	合价	说明
1	略	A	m^3	10	132.62	1326.20	
2		B	m^3	26	157.81	4103.06	
3		C	m^3	36	32.88	1183.68	
4		D	m^3	28			
5		E	m^3	166	72.18	11981.88	

规费按照分部分项工程量清单价的 5%计取，税金税率 11%。

结算时，承包方提出，原来的报价单有误，项目 D 没有报价，但是实际施工中的项目 D 已经完成，在施工前曾口头告知监理，现在除要求按调值公式计算结算价之外，需要增补项目 D 的报价，由于原报价有误，所以承包方准备放弃该部分的调值，项目 D 原拟定的清单的综合单价为 88.65 元。

【问题】

1. 请用调值公式法计算调整后的结算价增加了多少万元？

2. 针对清单的项目 D，承包方拟提出多少元价款？

3. 针对清单的项目 D，造价工程师是否批准承包方提出价款？为什么？

（计算结果保留整数）

【第四题】

某工程项目采用工程量清单招标方式确定中标人，业主与中标人签订了施工合同，工期 5 个月。分项工程和单价措施项目的造价数据与经批准的施工进度计划见表 6-2-6；总价措施项目费用 9 万元，其中含安全文明施工费 3 万元；暂列金额 12 万元。管理费和利润为人材机费用之和的 16%。规费和税金为人材机费用与管理费、利润之和的 12%。

表 6-2-6　分项工程和单价措施项目的造价数据与施工进度计划表

分项工程和单价措施项目				施工进度计划/月				
名称	工程量/m^3	综合单价/（元/m^3）	合价/万元	1	2	3	4	5
A	600	200	12.0	——	——			
B	900	360	32.4		——	——		
C	1000	280	28.0		——	——	——	
D	600	120	7.2				——	——
合计			79.6	计划施工与实际施工均为匀速进度				

有关工程价款结算与支付的合同约定如下：

（1）开工前发包人向承包人支付签约合同价（扣除安全文明施工费与暂列金额）的 20% 作为预付款，预付款在 3、4 个月平均扣回。

（2）安全文明施工费工程款于开工前一次性全额支付，除安全文明施工费之外的总价措施项目费用支付 30%；剩余的总价措施项目费用工程款在开工后的每个月平均支付。

（3）施工期间除总价措施项目费用外的工程款按实际施工进度逐月结算。

（4）发包人按每次承包人应得工程款的 90%支付。

（5）竣工验收通过后的60天内进行工程竣工结算，竣工结算时扣除工程实际总价的3%作为工程质量保证金，剩余工程款一次性支付。

（6）分项工程C所需的甲种材料用量为500m³，在招标时确定的暂估价为80元/m³，乙种材料用量为400m³，投标报价为40元/m³。工程款逐月结算时，甲种材料按实际购买价格调整，乙种材料当购买价格在投标报价的±5%以内变动时，分项工程C的综合单价不予调整，变动超过±5%以上时，超过部分的价格调整至分项工程C的综合单价中。

该工程如期开工，施工中发生了经承发包双方确认的以下事项：

（1）分项工程B的实际施工时间为2～4月。

（2）分项工程C甲种材料实际购买价格为85元/m³，乙种材料实际购买价格为50元/m³。

（3）第4个月发生现场签证零星工作费用2.4万元（包含规费、税金）。

【问题】

1. 该工程签约合同价为多少万元？预付款为多少万元？开工前支付的措施项目款为多少万元？

2. 分项工程C的综合单价是多少元/m³？3月份完成的分部和单价措施费是多少万元？3月份业主应付的工程款是多少万元？

3. 计算第3月末累计分项工程和单价措施项目进度偏差与费用偏差（用投标额表示）。

4. 除现场签证费用外，若工程实际发生其他项目费用9.6万元，计算工程实际造价及竣工结算价款。

（计算结果保留三位小数）

【第五题】

某工程项目，业主通过招标确定了承包商并签订了施工合同，合同内容包括六项分项工程，其分项工程工程量、费用和计划作业时间明细见表6-2-7。总价措施项目费用30万元（其中包括安全文明施工费20万元），暂列金额18万元；甲方供应材料20万元（总包服务费费率为1%，用于分项工程D）。管理费、利润与风险费以人工费、材料费、机械费之和为计算基数，费率为15%；规费、税金以分项工程、总价措施项目和其他项目之和为计算基数，费率为18%；合同工期为8个月，工期奖罚5万元/月（含税费）。

表6-2-7　分项工程工程量、费用和计划作业时间明细表

分项工程	A	B	C	D	E	F
总工程量/m³	600	680	800	120	760	400
计划综合单价/（元/m³）	1200	300	800	3000	200	350
分项工程费/万元	72	20.4	64	36	15.2	14
计划起止时间	1～3	1～2	4～5	3～6	3～4	7～8
实际起止时间	1～3	1～3	4～5	4～7	4～6	8～9

有关工程价款支付条件如下：

（1）开工前业主向承包商支付分项工程合同价的25%作为材料预付款，在开工后的第4～7月平均扣回。

（2）安全文明施工费工程款于开工前支付70%，剩余的30%和其他总价措施费于第1～5

个月平均支付。

(3) 分项工程实际工程量超过计划工程量的±15%以上时，该分项工程超出（不足）部分的工程量的综合单价调整系数为0.9（1.1）。

(4) 业主每次按承包商应得工程款的90%支付。

(5) 工程质量保证金为实际造价的3%，竣工结算时一次扣留。

工程施工期间，经监理人核实的有关事项如下：

(1) 第5个月发生现场签证计日工人材机费用5万元。

(2) 分项工程C开工前因设计变更，工程量变更为1000m^3，不考虑增加措施费也不影响工期。

(3) 甲供材料在分项工程D上均匀使用。

(4) 其余作业内容及时间没有变化，每项分项工程在施工期间各月匀速施工，施工单位延误1个月。

【问题】

1. 该工程合同价为多少万元？业主在开工前应支付给承包商的材料预付款、安全文明施工费工程款分别为多少万元？

2. 计算第3个月末分项工程的进度偏差（用投资表示）。

3. 计算第5个月业主应支付承包商的工程进度款为多少万元？

4. 该工程工期延误罚款金额为多少万元？实际总造价为多少万元？假设竣工结算前业主支付给施工单位200万工程款（不含材料预付款），竣工结算尾款是多少万元？

（以万元为计算单位，计算结果保留三位小数）

>>> 解析与点拨 <<<

【第一题】

问题1：

(1) 建设单位的做法正确。

(2) 理由：大型机械的进出场费已包含在合同价（建安工程造价）中。

【点拨】本题考查知识点：建设工程施工合同。

问题2：

(1) 施工单位说法的正确和错误之处：

正确之处：建设单位提供的材料，由建设单位支付材料检测费用。

错误之处：建设单位提供的材料，施工单位没有送检的义务。

(2) 理由：根据施工合同通用条款规定，对于建设单位提供的材料，施工单位应负责送检，建设单位应支付检测费用。

【点拨】本题考查知识点：建设工程施工合同。

问题3：

(1) 项目监理机构的处理程序：

项目监理机构应要求施工单位提交调整后的施工方案，由专业监理工程师审查，总监理工程师签认指令后施工单位执行。

(2) 工作D的新单价计算如下：

①人材机费用=160元/m^3；

②管理费=①×15%=160×15%=24.00（元/m^3）；

③利润＝（①＋②）×5%＝（160＋24）×5%＝9.20（元/m^3）；

④全费用综合单价＝（①＋②＋③）×（1＋3.41%）＝（160＋24＋9.2）×1.0341＝199.79（元/m^3）。

【点拨】本题考查知识点：全费用综合单价的计算。

问题4：

（1）施工单位提出的调整工作G单价的要求不合理，因施工单位的原因致使该工作拖延；施工单位提出的调整工作F单价的要求合理，因符合合同约定。

（2）工作F的新单价＝150×［（1－25%－35%－10%）＋25%×（130/105）＋35%×（140/110）＋10%×（120/100）］＝150×（0.30＋0.3095＋0.4455＋0.12）＝176.25（元/m^3）。

【点拨】本题考查知识点：综合单价的计算。

问题5：

（1）4月份拟完工程计划投资额＝120×（4500/3）＋180×（2200/2）＋100×（2300/2）＝180000＋198000＋115000＝493000.00（元）。

4月份施工单位应得工程款＝120×（4500/3）＋199.79×（2200/2＋2000）/2＋100×（2300/2）＝180000＋309674.5＋115000＝604674.50（元）。

（2）5月份拟完工程计划投资额＝120×（4500/3）＋200×2000＝180000＋400000＝580000.00（元）。

5月份施工单位应得工程款＝120×（4500/3）＋199.79×（2200/2＋2000）/2＝180000＋309674.5＝489674.50（元）。

（3）6月份拟完工程计划投资额＝150×2500＝375000.00（元）。

6月份施工单位应得工程款＝176.25×2500＋200×2000＝440625＋400000＝840625.00（元）。

【点拨】本题考查知识点：拟完工程计划投资额、施工单位应得工程款的计算。

【第二题】

问题1：

（1）该工程签约合同价＝（59.2＋6＋8＋5）×（1＋5%）×（1＋11%）＝91.142（万元）。

（2）开工前发包人应支付给承包人的预付款＝（59.2＋6）×（1＋5%）×（1＋11%）×20%＝15.198（万元）。

（3）安全文明施工费工程款＝（59.2＋6）×5%×（1＋5%）×（1＋11%）＝3.800（万元）。

【点拨】本题考查知识点：合同价款、预付款和安全文明施工费工程款的计算。

问题2：

（1）第2个月，承包人完成合同价款＝｛（200×300＋300×380＋200×120）/10000＋[6＋8－（59.2＋6）×5%]/4｝×（1＋5%）×（1＋11%）＝26.206（万元）。

（2）发包人应支付合同价款＝26.206×85%－15.198/3＝17.209（万元）。

（3）截止到第2个月末，分项工程B的进度偏差＝已完成工程计划费用－拟完工程计划费用＝（300×380－500×380）/10000＝－7.600（万元），进度拖后7.600万元。

或：已完工程计划投资＝300×380/10000×1.1655＝13.287（万元）；

拟完工程计划投资＝（200＋300）×380/10000×1.1655＝22.145（万元）；

进度偏差＝已完工程计划投资－拟完工程计划投资＝13.287－22.145＝－8.858（万元），进度拖后8.858万元。

➢ **注**：因题目没有要求偏差的计算方式，所以费用或者投资两种计算方法均可采用。

【点拨】 本题考查知识点：工程进度款、应付工程款、进度偏差的计算。

问题3：

(1) 新增分项工程D的综合单价＝（110＋80＋50＋30）×（1＋18%）＝318.600（元/m^2）。

(2) 该分项工程费＝300×318.6/10000＝9.558（万元）。

(3) 分项工程D不含税造价＝9.558×（1+5%）＝10.036（万元）；

分项工程D含税造价＝9.558×（1+5%）×（1+11%）＝11.140（万元）。

1) 销项税额＝不含税造价×11%＝10.036×11%＝1.104（万元）。

2) 可抵扣的进项税额：

甲材料：300×80/10000×3%＝0.072（万元）；

乙材料：300×50/1000×11%＝0.165（万元）；

丙材料：300×30/10000×17%＝0.153（万元）；

机械费：300×10/10000＝0.300（万元）。

可抵扣的进项税额合计＝0.072+0.165+0.153+0.300＝0.690（万元）。

3) 应缴纳增值税额＝销项税额－可抵扣的进项税额＝1.104－0.690＝0.414（万元）。

【点拨】 本题考查知识点：综合单价、增值税的计算。

问题4：

(1) 分项工程B合同价款增减额＝（900－800）×380/10000×（1+5%）×（1+11%）＝4.429（万元）。

分项工程B安全文明施工费调整额＝4.429×5%＝0.221（万元）。

新增分项工程D安全文明施工费调整额＝11.140×5%＝0.557（万元）。

该工程竣工结算合同价增减额＝4.429+0.221+11.140+0.557－5×（1+5%）×（1+11%）＝10.520（万元）。

(2) 竣工结算最终付款＝（91.142+10.520）×（1－3%）－87.099＝11.513（万元）。

【点拨】 本题考查知识点：工程竣工结算合同价款增减额、竣工结算的计算。

【第三题】

问题1：

用调值公式法进行结算，结果如下：

$P=P_0\times(a_0+a_1A/A_0+a_2B/B_0+a_3C/C_0+a_4D/D_0)$

$=2000\times(0.15+0.35A/A_0+0.20B/B_0+0.15C/C_0+0.15D/D_0)$

$=2000\times(0.15+0.35\times133/124+0.20\times128/125+0.15\times146/126+0.15\times136/118)$

$=2000\times(0.15+0.375+0.205+0.174+0.173)=2000\times1.077=2154$（万元）。

调值结果为2154万元，即增加154万元。

【点拨】 本题考查知识点：调值公式的应用、工程价款增加额的计算。

问题2：

针对清单的项目D，承包方拟提出价款：

补偿价款＝28×88.65×（1+5%）×（1+11%）＝2893（元）。

【点拨】本题考查知识点：工程价款的计算。

问题 3：

(1) 造价工程师不予批准。

(2) 理由：①按照《建设工程工程量清单计价规范》填表须知的规定，工程量清单计价格式中列明的所有需要填报的单价和合价，投标人均应填报，未填报的单价和合价，视为此项费用已包含在工程量清单的其他单价和合价中；②虽然承包方就此事向监理工程师请示过，但是因为是口头请示，没有证据表明监理工程师和发包方同意补偿该费用。

【点拨】本题考查知识点：建设工程工程量清单计价规范。

【第四题】

问题 1：

(1) 签约合同价＝（79.6＋9＋12）×（1＋12%）＝112.672（万元）。

(2) 预付款＝（79.6＋9－3）×（1＋12%）×20%＝19.174（万元）。

(3) 开工前支付的措施项目款＝［3＋（9－3）×30%×90%］×（1＋12%）＝5.174（万元）。

【点拨】本题考查知识点：合同价款、材料预付款和安全文明施工费的计算。

问题 2：

(1) 甲种材料实际购买价格为 85 元/m^3，甲种材料增加材料款＝500×（85－80）×（1＋16%）＝2900.000（元）。

乙种材料实际购买价格为 50 元/m^3，由于（50－40）/40＝25%＞5%，乙种材料增加材料款＝400×40×20%×（1＋16%）＝3712.000（元）。

分项工程 C 的综合单价＝280＋（2900＋3712）/1000＝286.612（元/m^3）。

(2) 3 月份完成的分部和单价措施费＝32.4/3＋1000/3×286.612/10000＝20.354（万元）。

(3) 3 月份业主应支付的工程款＝［20.354＋（9－3）×（1－30%）/5］×（1＋12%）×90%－19.174/2＝11.777（万元）。

【点拨】本题考查知识点：综合单价、分部和单价措施费、工程进度款的计算。

问题 3：

(1) 第 3 月末累计分项工程和单价措施项目费用：

拟完工程计划费用＝（12＋32.4＋28×2/3）×（1＋12%）＝70.635（万元）；

已完工程计划费用＝（12＋32.4×2/3＋28×2/3）×（1＋12%）＝58.539（万元）；

已完工程实际费用＝（12＋32.4×2/3＋1000×2/3×286.612/10000）×（1＋12%）＝59.032（万元）。

(2) 进度偏差＝已完工程计划费用－拟完成工程计划费用＝58.539－70.635＝－12.096（万元），实际进度拖后 12.096 万元。

(3) 费用偏差＝已完工程计划费用－已完工程实际费用＝58.539－59.032＝－0.493（万元），实际费用增加 0.493 万元。

【点拨】本题考查知识点：进度偏差、投资偏差的计算。

问题 4：

(1) 工程实际造价＝（79.6＋9＋9.6）×（1＋12%）＋2.4＝112.384（万元）。

(2) 竣工结算价＝［112.384×（1－3%）－3］×（1－90%）＝10.601（万元）。

【点拨】本题考查知识点：工程实际造价、竣工结算款的计算。

【第五题】

问题1：

(1) 分部分项工程费用＝72＋20.4＋64＋36＋15.2＋14＝221.600（万元）；

措施项目费用＝30万元；

其他项目费用＝18＋20×1%＝18.200（万元）；

该工程合同价＝（221.600＋30＋18.200）×（1＋18%）＝318.364（万元）。

(2) 材料预付款＝221.6×（1＋18%）×25%＝65.372（万元）。

(3) 安全文明施工费工程款＝20×（1＋18%）×70%×90%＝14.868（万元）。

【点拨】本题考查知识点：合同价款、材料预付款和安全文明施工费的计算。

问题2：

(1) 已完工程计划投资累计＝（72＋20.4）×（1＋18%）＝109.032（万元）。

(2) 拟完工程计划投资累计＝（72＋20.4＋36/4＋15.2/2）×（1＋18%）＝128.620（万元）。

(3) 进度偏差＝109.032－128.62＝－19.588（万元），进度拖延19.588万元。

【点拨】本题考查知识点：进度偏差的计算。

问题3：

(1) 第5个月承包商完成的分项工程工程款：

分项工程C工程量变更比例＝1000/800－1＝25%＞15%，所以需要调整综合单价。

执行原单价的工程量＝800×1.15＝920（m^3），执行新单价的工程量＝1000－920＝80（m^3）。

分项工程C费用＝（920×800＋80×800×0.9）/10000＝79.360（万元）。

第5个月分项工程C费用＝79.36/2＝39.680（万元）。

第5个月分项工程D费用＝36/4＝9.000（万元）。

第5个月分项工程E费用＝15.2/3＝5.067（万元）。

(2) 措施项目费＝（30－20＋20×30%）/5＝3.200（万元）。

(3) 其他项目费：

计日工费用＝5×（1＋15%）＝5.750（万元）；

总承包服务费＝20/4×1%＝0.050（万元）。

(4) 第5个月承包商完成工程款＝（39.680＋9.000＋5.067＋3.200＋5.750＋0.050）×（1＋18%）＝74.041（万元）。

(5) 第5个月业主应支付承包商的工程进度款＝74.041×90%－20/4－65.372/4＝45.294（万元）。

【点拨】本题考查知识点：工程进度款的计算。

问题4：

(1) 因工期延误1个月，罚款金额为5万元。

(2) 分部分项工程费用＝72＋20.4＋79.36＋36＋15.2＋14＝236.960（万元）；

措施项目费用＝30万元；

其他项目费用：计日工费用为5.750万元；总承包服务费为0.200万元；

实际造价＝（236.960＋30＋5.750＋0.200）×（1＋18%）－5＝317.034（万元）。

(3) 竣工结算尾款=317.034－65.372－200－317.034×3%－20=22.151（万元）。

【点拨】本题考查知识点：竣工结算款的计算。

学习笔记

亲爱的读者：

如果您对本书有任何感受、建议、纠错，都可以告诉我们。我们会精益求精，为您提供更好的产品和服务。

祝您顺利通过考试！

扫码参与调查